电厂化学仪表培训教材

西安热工研究院有限公司　编著

中国电力出版社
CHINA ELECTRIC POWER PRESS

内 容 提 要

电厂化学仪表是发电厂水汽化学监督的重要手段，因此明确各类化学仪表的测量原理，正确使用、维护及管理各类仪表对发电厂安全运行至关重要。由于国内针对电厂化学仪表的专业书籍和教材非常少，因此大部分在线化学仪表维护人员及化学监督人员理论知识欠缺，化学仪表维护不到位，严重影响了发电机组运行安全性。本书为了提高电厂化学仪表维护人员及化学监督人员的理论知识水平、全面提高化学仪表测量准确性而编写。

本书系统地介绍了在线电导率表、在线 pH 表、在线钠表、在线溶解氧表、水汽中痕量有机物测量仪表、水汽中痕量氯离子测量仪器、在线硅酸根分析仪、在线磷酸根分析仪、在线 ORP 表、在线联氨表、在线浊度仪、在线余氯分析仪和在线酸碱浓度计的测量原理、影响因素及使用与维护。另外还详细阐述了化学监督与在线化学仪表的关系、提高在线化学仪表准确性方法等。

本书可作为发电厂化学仪表使用和维护人员的培训教材，也可作为化学监督、化学分析及从事相应工作人员的参考书。

图书在版编目（CIP）数据

电厂化学仪表培训教材/西安热工研究院有限公司编著 . —北京：中国电力出版社，2017.9
ISBN 978 - 7 - 5198 - 1016 - 0

Ⅰ . ①电⋯　Ⅱ . ①西⋯　Ⅲ . ①电厂化学—化工仪表—岗位培训—教材　Ⅳ . ①TM62

中国版本图书馆 CIP 数据核字（2017）第 182904 号

出版发行：中国电力出版社
地　　址：北京市东城区北京站西街 19 号（邮政编码 100005）
网　　址：http://www. cepp. sgcc. com. cn
责任编辑：郑艳蓉　　（63412379）
责任校对：王小鹏
装帧设计：郝晓燕　赵姗姗
责任印制：蔺义舟

印　　刷：三河市百盛印装有限公司
版　　次：2017 年 9 月第一版
印　　次：2017 年 9 月北京第一次印刷
开　　本：787 毫米×1092 毫米　16 开本
印　　张：14.75
字　　数：356 千字
印　　数：0001—3000 册
定　　价：80.00 元

编写人员

主　编　曹杰玉

参　编　刘　玮　田　利　李俊菀

　　　　张维科　黄　茜

前　言

随着我国高参数、大容量机组的不断发展，GB/T 12145—2016《火力发电机组及蒸汽动力设备水汽质量》标准对各项水汽控制指标的要求也越来越严格，因此，电厂化学仪表在发电厂化学监督与控制中的作用也越来越重要，对电厂化学仪表维护人员及化学监督人员进行相关系统性专业知识培训的要求也越来越迫切。为了使化学仪表维护人员及化学监督人员掌握各类化学仪表的测量原理，正确使用、维护及管理各类仪表，提高化学仪表测量准确性，特编写本教材。

本教材内容涵盖了发电厂水汽系统所有的化学仪表，包括在线电导率表、在线 pH 表、在线钠表、在线溶解氧表、水汽中痕量有机物测量仪表、水汽中痕量氯离子测量仪器、在线硅酸根分析仪、在线磷酸根分析仪、在线 ORP 表、在线联氨表、在线浊度仪、在线余氯分析仪和在线酸碱浓度计。另外，还详细阐述了化学监督与在线化学仪表的关系、提高在线化学仪表准确性方法等。

第一章、第三章、第四章、第五章由曹杰玉和刘玮编写，第二章由曹杰玉、刘玮和张维科编写，第六章、第七章由田利编写，第八章、第九章由刘玮编写，第十章、第十一章、第十二章由李俊菀编写，第十三章、第十四章由张维科编写，第十五章由曹杰玉编写，附录由黄茜编写并整理。全书由曹杰玉、刘玮校阅和统稿。由于作者水平和时间有限，难免有错误和不妥之处，敬请广大读者批评指正。

编　者
2017 年 8 月

目　录

第一章

化学监督与在线化学仪表

第一节 化学监督与发电厂安全运行及节能降耗的关系

一、水汽化学监督对发电厂安全运行及节能降耗的影响

火力发电厂水汽系统化学监督不准确，水汽品质恶化问题不能及时发现，化学控制出现偏差，会导致发电机组水汽系统发生腐蚀、结垢和积盐，造成巨大的经济损失。

据国外资料介绍，美国发电厂机组发生非计划停机事故，其中约有 50% 是因蒸汽热力设备腐蚀结垢造成，导致每年增加 30 亿美元运行和检修成本。发电厂由于腐蚀造成运行成本增加 10% 以上，在美国所有工业中，腐蚀造成的损失排名第一位。

近年来，我国电力装机容量增加迅猛，但热力设备水汽系统化学监督管理水平和技术水平相对滞后，由此引起的热力设备腐蚀、结垢和积盐问题比较普遍，严重影响了电厂的安全经济运行。

例如，山西某电厂两台 600MW 亚临界机组，2004 年年底相继投产，由于汽包汽水分离装置存在缺陷使饱和蒸汽大量带水。同时，由于蒸汽在线钠表测量结果偏低，所以一直未能及时发现该问题。2006 年初大修检查发现汽轮机严重积盐，高压缸叶片积盐最厚达 3mm，导致汽轮机效率显著降低。机组满负荷运行时的蒸汽流量从投产初期的 1790t/h（额定蒸发量），增加到 1900t/h 以上，煤耗增加 20g/(kW·h) 以上。据估算，每年增加成本约 5600 万元。2006 年以来，天津、内蒙古、广东等地多台亚临界参数大机组高压缸发生程度相似的严重积盐问题。另外，全国有更多的机组出现不同程度的汽轮机积盐，据估算，平均煤耗增加 5g/(kW·h) 以上。

国内某电厂 300MW 汽包炉，炉水在线 pH 表测量值偏高，仪表显示 pH 值始终大于 9.0（合格），而炉水实际 pH 值经常低于 8.3。运行两年后锅炉水冷壁管频繁发生爆管事故。割管检查发现大量水冷壁管发生酸性腐蚀，造成重大损失。

某电厂给水在线 pH 表测量值偏高，造成实际给水 pH 控制值偏低，导致给水及高压加热器疏水系统发生严重腐蚀，高压加热器疏水铁含量高达 $70\mu g/L$。高压加热器腐蚀泄漏会造成高压加热器退出运行，严重影响机组效率；给水系统腐蚀产生的大量铁腐蚀产物会加速水冷壁管的沉积和腐蚀，降低锅炉效率，并造成爆管事故的发生。

某电厂炉水水质控制不当，造成水冷壁管严重结垢，降低了水冷壁管的传热系数，使锅炉效率降低，并导致水冷壁管超温爆管；同时造成过热器烟气温度升高近 100℃，发生过热器爆管事故。

综上所述，火力发电厂热力设备水汽系统化学监督和控制工作出现偏差，不仅会造成汽轮机积盐和锅炉管内壁结垢、降低汽轮机和锅炉效率，还会造成热力设备腐蚀，引起机组非计划停机和高压加热器退出运行，影响机组的安全性和经济性，不利于电厂节能降耗。

1

二、发电厂加强水汽化学监督的重要性

国内外大量实例表明，水汽化学监督和控制对发电厂的安全运行及节能降耗工作有很大影响。然而，国内多数发电厂对水汽化学监督工作的重视程度不够，其根本原因有以下两方面：

1. 水汽化学监督对节能降耗的影响是隐性的

在节能降耗工作中，发电厂普遍对热力设备的改造比较重视。例如，对风机、泵等设备电动机的变频改造，对汽轮机的改造，可以获得降低煤耗的直接显性效果。由于这种煤耗降低可以通过试验测定，见效直观明显，所以电厂投入大量资金进行主设备的改造。

而水汽化学监督获得的效益，是防止热力设备由于腐蚀、结垢或积盐造成的锅炉和汽轮机效率的降低。这种防止效率降低获得的节能降耗效益不能通过试验直接测定，是防止问题出现时造成损失。因此，水汽化学监督对节能降耗的影响是隐性的，不容易引起电厂的重视。但是，实际上水汽化学监督工作出现问题，造成热力设备腐蚀、结垢和积盐，降低了锅炉效率和汽轮机效率，造成煤耗的增加少则每千瓦时几克，多则每千瓦时十几克以上。虽然不能直接测量，但水汽化学监督获得的节能降耗经济效益也是客观存在的，并且是长期的，有时是巨大的。

2. 水汽化学监督对热力设备的影响是慢性的

火力发电厂热工、电气、汽轮机和锅炉等专业出现问题，会使机组短期、甚至瞬间出现停机事故，因此各电厂对上述专业非常重视；而水汽化学监督出现问题，一般不会造成短期停机事故，而是长期缓慢的影响，因此，发电厂普遍不太重视水汽化学监督。然而，如果水汽化学监督出现问题，积累到一定时间后，同样会造成频繁的爆管事故，同时还会降低锅炉效率和汽轮机效率，长期影响电厂的节能降耗。

由此可见，不重视水汽化学监督对节能降耗的作用，不利于长期经济效益。重视水汽化学监督，电厂只需投入较少的资金，却可以获得长期的节能降耗效果。

第二节 水汽化学监督的技术关键

一、水汽化学监督工作中的"两高问题"

"两高问题"是指电厂水汽化学监督合格率很高，而大修检查时热力设备的腐蚀、结垢和积盐速率也很高的异常现象。这是国内发电厂经常出现的问题，是困扰了国内电力行业几十年的一个技术难题。

近年来，随着化学仪表技术的不断进步，确认"两高问题"主要是由于在线化学仪表测量不准确造成的。例如，某电厂蒸汽在线钠表测量不准确，严重偏低，蒸汽实际钠浓度已严重超标，而仪表测量值显示合格，结果就出现了蒸汽钠"合格率"很高，同时汽轮机又发生严重积盐的异常现象；某电厂给水在线 pH 表测量值偏低 0.73，当在线 pH 表显示值为 9.0 时（合格范围是 8.8~9.3），给水实际 pH 值已达 9.73，严重超标，导致凝汽器铜管发生大面积的氨腐蚀泄漏，造成热力设备严重腐蚀、结垢和积盐，显著增加了煤耗，并且一次更换6000 多根铜管。

由此可见，"两高问题"的根源是在线化学仪表测量不准确，而化学监督合格率高，其实是假象。

二、在线化学仪表测量不准确的根本原因

在线电导率表（包括在线氢电导率表）、在线 pH 表、在线钠表和在线溶解氧表是水汽系统化学监督与控制中最重要的在线化学仪表，国外化学控制导则称这四种在线化学仪表为核心仪表，国内有些电力公司称其为关口表或关键仪表。确保这四种在线化学仪表测量准确，并控制其测量值在合格范围内，基本上就可以有效防止热力设备的腐蚀、结垢和积盐问题。

但是，这四种在线化学仪表最不容易测量准确，原因是造成这些在线化学仪表测量不准确的主要误差来源是在线干扰因素和纯水干扰因素，而离线检验这些仪表测量准确性的标准方法却不能发现在线干扰和纯水干扰产生的测量误差，因此检验不出仪表实际测量值是否准确。

在线氢电导率表测量准确性不仅受交换柱（树脂再生度、树脂裂纹、树脂失效）、系统漏气、电极污染、流通池水位等在线干扰因素的影响，还受温度补偿、测量频率、电极常数等纯水因素的影响。国内以前的电导率表检验标准方法是采用标准溶液进行离线检验，既脱离了在线条件，也脱离了纯水条件，无法检验由于纯水和在线干扰因素造成的仪表测量误差。由于水汽系统在线氢电导率表的主要误差来源是纯水和在线干扰因素，因此，采用以前的离线方法检验准确的氢电导率表，在电厂纯水条件下在线测量时，仍然会出现很大的测量误差，但电厂监督人员和仪表维护人员却认为氢电导率表测量准确，以此统计水汽化学监督合格率就会出现偏差。

在线 pH 表测量准确性不仅受流动电位、地回路等在线因素的影响，还受液接电位、温度补偿等纯水因素的影响，采用标准缓冲溶液，对 pH 表进行离线检验，既脱离了在线条件，也脱离了纯水条件，无法检验由于纯水和在线因素造成的仪表测量误差。由于水汽系统在线 pH 表的主要误差来源是纯水和在线干扰因素，所以采用离线方法检验准确的 pH 表，在电厂纯水条件下进行在线测量时，仍然会出现很大的测量误差，但电厂监督人员和仪表维护人员却认为 pH 表测量准确，以此统计水汽化学监督合格率同样会出现偏差。

在线溶解氧表和在线钠表的主要误差来源同样是纯水和在线干扰因素，因此，采用以前的离线方法检验准确的仪表，在电厂纯水条件下在线测量时仍然会出现很大的测量误差，但电厂监督人员和仪表维护人员却认为测量准确，并以此统计水汽化学监督合格率。

综上所述，在电厂纯水系统中，在线（氢）电导率表、pH 表、钠表、溶解氧表的主要误差来源是纯水干扰因素和在线干扰因素，国内原有的检验标准和电厂具备的离线检验手段无法发现测量误差超标的在线化学仪表。因此，超过半数的在线化学仪表测量不准确，电厂监督人员和仪表维护人员无法知道。由此可见，电厂缺乏正确的在线化学仪表检验方法和检验手段，是导致大量在线化学仪表测量不准确的主要原因。

三、正确检验在线化学仪表准确性是水汽化学监督的技术关键

电厂缺乏检验在线化学仪表准确性的正确方法和必要手段，无法发现在线化学仪表测量不准确，导致大量在线化学仪表测量值不准确，造成水汽化学监督和控制的偏差，给节能降耗造成影响。使用能够检验在线和纯水干扰因素的在线化学仪表检验装置，检验 20 个电厂的 4 种关键在线化学仪表，平均 58% 的在线化学仪表测量误差超标。

电厂按照错误的方法校验在线化学仪表，导致在线化学仪表测量值不准确而无法发现，并依据不准确的在线化学仪表测量数据进行化学监督和控制，不可避免地会出现监督和控制

的偏差。这就好比医院检查病人所用的医疗仪器不准确，既不能及时发现病情导致治疗延误，也可能导致误诊，将造成严重后果。

比如，蒸汽在线钠表测量偏低，就不能及时发现蒸汽钠浓度超标问题，会导致汽轮机积盐，降低汽轮机效率；给水或炉水在线 pH 表测量偏高，就会使实际控制值偏低，会造成高压加热器流动加速腐蚀损坏、增加锅炉结垢速率、水冷壁酸性腐蚀等问题，降低机组效率，甚至造成机组非计划停机。

按照 DL/T 677—2009《发电厂在线化学仪表检验规程》采用在线检验方法对在线化学仪表检验后，对误差超标的在线化学仪表进行误差原因查定和消除，使误差超标的化学仪表恢复准确。随后对机组水汽系统进行简单的查定，7 个电厂水汽系统查定结果统计情况见表 1-1，共发现腐蚀、结垢和积盐隐患 25 项，其中严重影响机组安全经济运行的隐患 15 项。

表 1-1   7 个电厂水汽系统查定结果统计情况汇总

电厂名称	发现的问题	存在的隐患及可能产生的危害	危害程度
A 电厂	2 号机组在每天后半夜机组低负荷运行时，饱和蒸汽钠浓度一直处于较高水平，同时氢电导率也出现小幅度上升现象	会增加过热器和汽轮机的积盐，影响机组的安全经济运行	严重
	1 号机组所有氢电导率表测量值偏低。饱和蒸汽和过热蒸汽氢电导率表测量值分别偏低 26.2% 和 23.2%。同时发现 1 号机组给水、蒸汽氢电导率较高	如果水质受到低水平的污染，如精处理漏氯离子，得不到及时发现，有造成汽轮机腐蚀的隐患	严重
	1 号机组炉水在线 pH 表偏低 0.27	如果炉水采用固体碱化剂处理，有发生水冷壁管碱性腐蚀破坏的风险	严重
	部分在线钠表测量值偏低。如 1 号机组过热蒸汽在线钠表，真实值为 4.55μg/kg，在线表测量值为 1.46μg/kg，偏低 3.09μg/L；3 号机组精处理 2 号混床在线钠表，真实值为 3.24μg/L，在线表测量值为 1.52μg/L，偏低 1.72μg/L	如果蒸汽钠超标、凝结水钠超标，将得不到及时发现，有造成过热器、汽轮机积盐的隐患	严重
B 电厂	1 号机组主蒸汽品质在升负荷时，蒸汽钠浓度和氢电导率显著升高	有造成过热器、汽轮机积盐的风险	严重
	1 号机组锅炉汽包就地水位计零点标注偏高	有引起蒸汽品质恶化，造成过热器、汽轮机积盐的风险	严重
	在线 pH 表测量值偏低。给水 pH 表偏低 0.21，炉水 pH 表偏低 0.38	增加混床再生次数及再生废液的排放。有增加系统铜部件腐蚀的风险。如果炉水采用固体碱化剂处理，有发生水冷壁管碱性腐蚀破坏的风险	较严重
C 电厂	4 号机省煤器入口给水、主蒸汽和凝结水泵出口凝结水的氢电导率实际测量值大于 0.30μS/cm，远高于标准要求的小于 0.20μS/cm	有造成锅炉设备和汽轮机腐蚀的风险	严重
	钠表测量值均偏低。凝结水泵出口钠表真实值为 5.02μg/L，在线表测量值为 3.2μg/L；主蒸汽钠表真实值为 5.23μg/kg，在线表测量值为 3.71μg/kg	蒸汽钠超标的现象不能及时被发现，有造成过热器、汽轮机积盐的隐患	严重

续表

电厂名称	发现的问题	存在的隐患及可能产生的危害	危害程度
C电厂	3号机组省煤器入口氢电导率表没有水样，主蒸汽、再热器、启动分离器等水样氢电导率表的氢交换柱完全失效	不能及时发现氢电导率超标、漏氯离子情况，有造成热力设备腐蚀、结垢和积盐的隐患	严重
D电厂	钠表测量值均严重偏低。9号机组饱和蒸汽钠表真实值为5.6μg/kg，在线表测量值为1.3μg/kg，偏低4.3μg/kg；过热蒸汽钠表真实值为5.4μg/kg，在线表测量值为1.0μg/kg，偏低4.4μg/kg	蒸汽钠超标的现象不能及时被发现，有造成过热器、汽轮机积盐的隐患	严重
	（氢）电导率表测量值偏低。4号机组饱和蒸汽在线氢电导率表测量值偏低18.7%，凝结水在线氢电导率表测量值偏低12.7%	不能发现如凝汽器微漏、饱和蒸汽带水等水汽品质低水平污染的异常现象，积累到一定程度会造成腐蚀、结垢及积盐	一般
	炉水pH表测量值偏低	会导致炉水pH值控制过高，存在水冷壁碱腐蚀的风险	较严重
	凝结水、给水pH表测量值偏低。9号机组给水在线pH表测量值偏低0.46，精处理母管在线pH表测量值偏低0.24~3.98	会造成加氨量的浪费及凝结水精处理混床运行周期缩短，增加混床再生次数及再生废液的排放	一般
	9号机组炉水氢电导率大于10μS/cm，超过标准	存在水冷壁腐蚀的风险	严重
E电厂	4号机组主蒸汽的氢电导率大于再热蒸汽的氢电导率	汽轮机、过热器有积盐的倾向	一般
	钠表测量值均偏低。如4号机组过热蒸汽在线钠表真实值为3.77μg/kg，在线表测量值为0.41μg/kg，偏低3.36μg/L	蒸汽钠超标的现象不能及时被发现，有造成汽轮机积盐的隐患	严重
	给水、凝结水、除氧器入口pH表测量值偏低	会造成加氨量的浪费及凝结水精处理混床运行周期缩短	一般
	省煤器入口pH表测量值偏高，会导致实际pH值控制偏低	有增加给水系统腐蚀的风险	较严重
F电厂	蒸汽品质超标。饱和蒸汽氢电导率为0.4μS/cm，饱和蒸汽钠浓度为21~31μg/kg	有造成过热器、汽轮机积盐的风险	严重
	1号炉水在线pH表测量值偏低0.39。在机组正常运行期间，发现炉水pH值控制在9.7~10.0，其实真实炉水pH值已超过10	有发生水冷壁管碱性腐蚀破坏的风险	严重
G电厂	除氧器入口溶解氧严重超标	导致要增大除氧器排汽门的开度，才能使给水的溶解氧合格，使机组热经济性降低	一般

续表

电厂名称	发现的问题	存在的隐患及可能产生的危害	危害程度
G电厂	钠表测量值均偏低。凝结水泵出口钠表真实值为 $6.1\mu g/L$，在线测量值为 $2.6\mu g/L$，偏低 $3.5\mu g/L$；主蒸汽钠表真实值为 $5.4\mu g/kg$，在线表测量值为 $1.9\mu g/kg$，偏低 $3.5\mu g/kg$	如果蒸汽钠超标、凝结水钠超标，将得不到及时发现，有造成过热器、汽轮机积盐的隐患	严重
	所有氢电导率表测量值偏低	如果水质受到低水平的污染，如精处理漏氯离子，得不到及时发现，有造成汽轮机腐蚀的隐患	较严重
	省煤器入口 pH 表测量值偏高，会导致实际 pH 值控制偏低	有增加给水系统腐蚀的风险	较严重

　　发现并及时消除这些隐患，对于防止热力设备腐蚀、结垢和积盐，提高机组运行的安全性、经济性以及节能降耗有重要意义。

　　因此，正确检验在线化学仪表的准确性，确保在线化学仪表测量准确，是水汽化学监督的技术关键。

复习题

一、填空题

　　1. 火力发电厂水汽系统化学仪表测量不准确、水汽品质恶化问题得不到及时发现、化学控制出现偏差，会导致发电机组水汽系统发生_____、_____和_____，造成巨大的经济损失。

　　2. 大型火力发电机组由于蒸汽在线钠表测量结果偏低，未能及时发现蒸汽钠超标，会使_____积盐，导致_____显著降低，增加_____。

　　3. 炉水在线 pH 表测量值偏高，会使炉水实际控制的 pH 值_____，导致水冷壁管发生_____，锅炉水冷壁管发生爆管事故。

　　4. 给水在线 pH 表测量值偏低，会使给水实际控制的 pH 值_____，导致凝汽器铜管发生_____，凝汽器管发生泄漏。

　　5. "两高问题"的根源是_____不准确，而化学监督合格率高，其实是假象。

二、选择题

　　1. 炉水在线 pH 表测量偏低，会造成水冷壁（　　）的风险。
　　　　A. 酸腐蚀；　　　　　　　　B. 碱腐蚀；　　　　　　　　C. 结垢。

　　2. 蒸汽在线钠表测量偏低，会造成汽轮机（　　）的风险。
　　　　A. 腐蚀；　　　　　　　　　B. 积盐；　　　　　　　　　C. 冲蚀。

　　3. 饱和蒸汽在线氢电导率表测量偏低，会造成（　　）的风险。
　　　　A. 水冷壁腐蚀；　　　　　　B. 水冷壁结垢；　　　　　　C. 汽轮机腐蚀。

　　4. 超临界机组给水在线氢电导率表测量偏低，会造成（　　）的风险。

A. 水冷壁腐蚀；　　　　B. 水冷壁结垢；　　　　C. 汽轮机腐蚀。

5. 给水在线 pH 表测量偏高，会造成（　　）的风险。

A. 给水系统腐蚀；　　　B. 汽轮机积盐；　　　C. 水冷壁结垢。

三、判断题

1. 某机组过热蒸汽在线钠表测量值为 $0.41\mu g/kg$，实际蒸汽中的钠浓度为 $3.77\mu g/kg$，汽轮机会发生积盐。（　　）

2. 某机组炉水在线 pH 表测量值偏低 0.39。在机组正常运行期间，发现炉水 pH 值控制在 9.7～10.0，其实真实炉水 pH 值已超过 10，有发生水冷壁管碱性腐蚀破坏的风险。（　　）

3. 某机组给水在线 pH 表测量值偏高，会导致实际给水 pH 控制值偏高。（　　）

4. 某机组蒸汽在线氢电导率表测量值偏低，会造成汽轮机腐蚀的风险。（　　）

5. 某机组炉水在线 pH 表测量值偏高，会造成水冷壁酸洗腐蚀的风险。（　　）

四、问答题

1. "两高问题"是指什么？其根本原因是什么？

2. 在线化学仪表测量不准确的根本原因是什么？

3. 发电厂对水汽化学监督不重视的原因是什么？

4. 为什么说在线化学仪表准确性是水汽化学监督的技术关键？

参考答案

一、填空题

1. 腐蚀；结垢；积盐。

2. 高压缸叶片；汽轮机效率；煤耗。

3. 偏低；酸性腐蚀。

4. 偏高；氨腐蚀。

5. 在线化学仪表测量。

二、选择题

1. B；2. B；3. C；4. C；5. A。

三、判断题

1. √；2. √；3. ✕；4. √；5. √。

四、问答题

1. "两高问题"是指电厂水汽化学监督合格率很高，而大修检查时热力设备的腐蚀、结垢和积盐速率也很高的异常现象。

"两高问题"的根本原因是在线化学仪表测量不准确，实际水汽指标已经超标，而在线化学仪表测量不超标，依据在线仪表测量结果统计的化学监督合格率比真实的水汽合格率高。

2. 在线（氢）电导率表、pH 表、钠表、溶解氧表的主要误差来源是纯水干扰因素和在线干扰因素，采用离线检验手段无法发现测量误差超标的在线化学仪表。因此，电厂监督人员和仪表维护人员无法发现测量不准确的在线化学仪表。电厂缺乏正确的在线化学仪表检验方法和检验手段，是导致大量在线化学仪表测量不准确的根本原因。

3. （1）水汽化学监督对节能降耗的影响是隐性的。水汽化学监督是防止热力设备由于腐蚀、结垢或积盐造成锅炉和汽轮机效率的降低。这种防止效率降低获得的节能降耗效益不能通过试验直接测定，是防止问题出现造成的损失，不容易引起电厂的重视。

（2）水汽化学监督对热力设备的影响是慢性的。水汽化学监督出现问题，一般不会造成短期停机事故，积累到一定时间后，同样会造成频繁的爆管事故，同时还会降低锅炉效率和汽轮机效率，长期影响电厂的节能降耗。

4. 如果在线化学仪表测量值不准确，依据不准确的在线化学仪表测量数据进行化学监督和控制，不可避免地会出现监督和控制的偏差，导致热力设备的腐蚀、结垢和积盐，严重影响机组的安全性和经济性。

在 线 电 导 率 表

第一节　电导率测量基本原理

一、溶液电导率测量原理

溶液的电导率指边长为 1cm 的立方体内所包含的溶液电导。测量溶液的电导率（电阻率的倒数），必须有两片金属插入水中，测量示意图如图 2-1 所示。

将两片金属板放入溶液中，在金属板间施加一定的电压，在电场的作用下，溶液中的阴、阳离子便向与本身极性相反的金属板方向移动并传递电子，像金属导体一样，离子的移动速度与所施加的电压呈线性关系，因此，电解质溶液也遵守欧姆定律，所呈现的电阻和金属导体一样可用式（2-1）表示，即

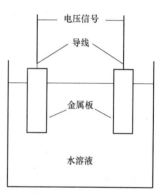

$$R = \rho \frac{L}{A} \qquad (2-1)$$

式中　R——溶液电阻，Ω；

　　　ρ——溶液电阻率，$\Omega \cdot cm$；

　　　L——金属板间距离，cm；

　　　A——溶液导电的有效截面积，cm^2。

图 2-1　溶液电导率测量示意图

不同种类或不同浓度的溶液一般具有不同的电阻率 ρ，电阻率 ρ 的大小表示了溶液的导电能力。但是，习惯上用电阻率 ρ 的倒数 κ 来表示，κ 称为溶液的电导率。溶液电导率 κ、电阻率 ρ、电阻 R 及电导 G 之间的关系为

$$\kappa = \frac{1}{\rho} = \frac{1}{R} \cdot \frac{L}{A} = G \cdot \frac{L}{A} \qquad (2-2)$$

二、电导电极和电极常数

用于测量溶液电导率的两块金属板称为电导电极。常规用的电导电极一般是两个金属片（或圆筒）用绝缘体固定在支架上。当电导电极制成后，两个金属片（或圆筒）之间溶液导电的有效截面积 A 和金属片间距离 L 是不变的。L 与 A 的比值是一个常数，称为电极常数。

电极常数 J 与溶液的电导率 κ、溶液电导 G、溶液电阻 R 的关系见式（2-3）。

$$J = \frac{L}{A} = \frac{\kappa}{G} = \kappa \cdot R \qquad (2-3)$$

式中　J——电极常数，cm^{-1}；

　　　L——金属片间距离，cm；

　　　A——溶液导电的有效截面积，cm^2；

　　　κ——溶液电导率，S/cm；

　　　G——溶液电导，S；

R——溶液电阻，Ω。

理论上讲，对于确定的电导电极可以通过测量电导率电极的面积及距离来计算电极常数，但实际上，由于溶液导电状况复杂，不能用几何尺寸面积代表真正的导电面积，所以不能通过式（2-2）精确计算电导电极的电极常数。电导电极的电极常数是用标准溶液进行标定的，即将电导电极放入已知电导率 κ 的标准溶液中，用标准仪表测量溶液的电导 G，按式（2-3）计算得到该电导电极的电极常数 J。但是，对于测量纯水的电导电极，由于在普通标准溶液中测量误差较大，不能用普通标准溶液进行标定，通常用电导率为 $0.055\mu S/cm$ 的纯水做标准溶液，用标准仪表测量溶液的电导 G，按式（2-3）计算得到该电导电极的电极常数 J。也可以用 DL/T 677—2009《发电厂在线化学仪表检验规程》中标准电极法标定电极常数。

为了取得精确的测量结果，测量不同范围的电导率应选取不同级别的电极常数，见表2-1。

表 2-1 推荐选择的电极常数

测量范围（$\mu S/cm$）	推荐选用电极的电极常数（cm^{-1}）	测量范围（$\mu S/cm$）	推荐选用电极的电极常数（cm^{-1}）
$\kappa<20$	$0.01\sim0.1$	$100<\kappa<20000$	10
$1<\kappa<200$	0.1	$1000<\kappa<200000$	50
$10<\kappa<2000$	1		

三、电导电极的电容

电导率表属于电导式分析仪表，是把两个电极及电极间溶液组成的电导池系统看作一个电阻元件，因此电导（率）的测量实际上是转化为电阻（率）的测量来实现的，即

$$\kappa = JG = J/R$$

然而，实际上电导率的测量不同于一个纯电阻值的测量。当向电极施加测量电压时，电极表面会发生电化学反应，产生电极的极化问题。极化所产生的电场方向与外电场方向相反，起阻止离子导电的作用，相当于一个较大的电阻，这个电阻称为电极极化电阻。同时，电极与水溶液接触的表面存在双电层，相当于一个电容，也称为微分电容，该电容与电极表面的极化电阻呈并联关系。两个电极的引出线之间存在一个电容，称为分布电容，与两个电极呈并联关系。电导池的交流等效电路可用图2-2表示。采用较高频率的交流电源作为电导池的激励源，可使微分电容的容抗降低，从而减小电极表面极化电阻带来的测量误差。然而，当测量电阻率很高的纯水时，当用较高频率的交流电作为激励源时，分布电容的容抗降低到与溶液电阻接近时，会使电阻测量结果偏低。因此，测量电阻率高的纯水时，通常使用较低频率的交流电作为激励源。

其中，C_e 和 C_e' 表示电极和溶液接触处的微分电容；C_w 为导线分布电容；R_1 和 R_1' 表示电极极化电阻，R_X 为电解质溶液的电阻。

为了消除或减少极化电阻及各类电容对电导率测量造成的影响，国内外电导率测量的方法有很多种，比较成熟的

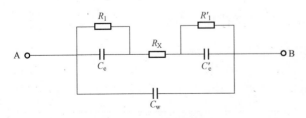

图 2-2 电导池的交流等效电路

有相敏检波法、双脉冲法、动态脉冲法和频率法。这些方法对于解决电导率测量中的极化效应、电容效应效果较好，各有优势。频率法能够根据待测溶液的电导率大小实现自动变频，很好地抑制极化效应和电容效应，是电导率测量仪表采用的主要方法，其原理如下：

在测量高电导率（低电阻率）水样时，极化电阻对测量的影响较大。因此，采用较高频率的交流信号源，通过微分电容的短路作用，可以消除电极表面极化电阻的影响。在测量低电导率、纯水（高电阻率）水样时，电极表面极化电阻的影响很小，而且相对于分布电容来说，微分电容的影响也很小，因此低电导率的纯水水样电导率测量主要受分布电容的影响，选择低频率的交流信号源有助于减少分布电容对测量造成的影响。另外，选择电极常数小的电导电极，降低电极之间溶液的电阻，也可减少纯水测量时分布电容的影响。

四、发电厂电导率测量的分类

电导率是电厂水汽系统严格控制的水汽指标之一，它可以直接反映水样中的杂质含量和水汽品质的好坏。在电厂实际测量中，电导率可分为三类：

（1）直接电导率（specific conductivity，SC）。指直接测定的水样电导率。它是反映水汽系统中总溶解物含量的电导率。

（2）氢电导率（cation conductivity，简称CC）。指水样先流经氢型阳离子交换柱，去除碱化剂对电导率的影响；然后测量氢离子交换后水样的电导率。它直接反映水样中杂质阴离子的总量。

（3）脱气氢电导率（degassed cation conductivity，DGCC 或 DCC）。是通过某种脱气技术除去水样中 CO_2 后测定的水样的氢电导率，用来表征水汽样品中不包含 CO_2 的其他阴离子含量的多少。

第二节 在线电导率测量的意义、原理及影响因素

一、在线电导率测量的意义

发电厂通过测量水样电导率（指直接电导率）反映水汽系统中总溶解物含量。GB/T 12145—2016《火力发电机组及蒸汽动力设备水汽质量》对水汽系统各水样的电导率有严格、明确的规定，将电导率控制在一定范围内，从而达到系统防垢、防积盐的目的。例如，炉水通过测量电导率来确定炉水含盐量、调节锅炉排污量，除盐水及锅炉补给水通过测量电导率判断制水系统水处理设备的出水水质，发电机内冷水通过电导率监测控制内冷水系统水质。

发电厂水汽系统除炉水、闭式循环水冷却水外，其他水样的电导率一般不超过 $10\mu S/cm$，因此，水汽系统水样电导率一般采用在线电导率表进行在线测量。

二、在线电导率表基本组成

在线电导率表由电导率变送器（二次仪表）和电导率传感器组成，典型的在线电导率表如图 2-3 所示。电导率传感器包括电导电极、温度测量传感器或补偿器，并将

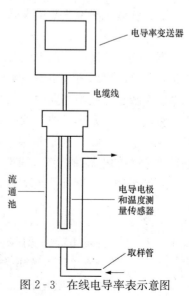

图 2-3 在线电导率表示意图

其安装在一个流动、密封的流通池中。

发电厂大部分水汽系统水样电导率低于 $10\mu S/cm$，由于纯水的特殊性，对于这类纯水在线电导率表的变送器、电导电极和流通池、取样系统都有特殊的规定、要求与注意事项。

（一）纯水在线电导率表变送器的要求

变送器能够测量纯水，具有合适的交流电压、波形、频率、相位校正和信号处理技术，以克服电极极化、微分电容及分布电容产生的误差。采用 DL/T 677—2009《发电厂在线化学仪表检验规程》中电导率表二次仪表检验中的模拟电路可以检验该纯水在线电导率表是否符合测量纯水电导率的要求。

在线电导率表变送器应具有针对理论纯水、发电厂混床出水、氢电导率水样、加氨纯水水样的非线性温度补偿功能，能将测量的电导率值补偿到 25℃ 的电导率值。

（二）纯水在线电导率表电导电极和流通池的要求

流通池建议采用不锈钢材质，应彻底密封，防止空气漏入，影响测量结果。测量纯水时，电导电极可选用钛、镍、不锈钢等材质，但不能选用带镀层的电导电极，因为带微孔的镀层会存留杂质离子，影响测量结果及响应时间。电导电极还应带有精确的温度测量传感器，能灵敏测量水样温度的变化，以确保准确的温度补偿。电导电极不能安装在 pH 电极的下游，以免 pH 电极的内充液渗出，影响氢电导率测量值。

（三）纯水在线电导率表取样系统的要求

设计和安装的取样管线应保证取样具有代表性。水样不能与空气接触，以免二氧化碳溶解到水样中改变水的电导率。对于发电厂水汽取样系统，纯水水样中有铁的氧化物和其他固体颗粒，应控制较高的取样流量，减少固体杂质在管道中积累，以免影响电导率；应保持取样流量连续稳定，以保证取样系统内表面与水样达到平衡。当水样流量突然变化后，经过一定的时间后，才能得到准确的测量值。

制水系统有时将电导率电极直接安装在工艺管道上，必须将电导电极安装在水流畅通的部位，不能安装在死区或水流静止的区域，以免水样缺乏代表性，防止气泡黏附在电极表面。

三、在线电导率表测量准确性影响因素

（一）温度补偿的影响

温度会直接影响溶液中电解质的电离度、溶解度、离子迁移速率等，从而影响溶液的电导率，并且温度对溶液中各种离子的影响程度是不一样的，表现在电导率测量时，各种离子的温度系数也是互不相同的。因此，溶液的电导率温度系数并不是一个常数，而是随离子种类、温度范围以及离子浓度的不同而变化的。电导率随温度变化而变化，为了统一和比较水质，国际上公认 25℃ 作为测量电导率的基准温度。当水温偏离 25℃ 时，就要进行温度补偿，补偿到 25℃ 的电导率。

不同水样的温度补偿系数计算公式为

$$\beta = \frac{1}{\kappa_{25}} \left(\frac{\kappa_T - \kappa_{25}}{T - 25} \right) \times 100 \qquad (2-4)$$

式中　β——溶液的电导率温度补偿系数，$\%/℃$；

　　　κ_{25}——溶液在 25℃ 时的电导率，$\mu S/cm$；

　　　κ_T——溶液测定温度下未经温度补偿的电导率，$\mu S/cm$；

T——溶液的测定温度，℃。

溶液的温度补偿系数是随着离子的种类、温度范围以及离子浓度的不同而变化的。对于一般的高电导率溶液（大于 $10\mu S/cm$），在 $0\sim50$℃ 的范围内，盐类溶液温度补偿系数在 $2\%/$℃ 附近变化，因此高电导率盐类温度补偿系数大约为 $2\%/$℃；同理，酸类溶液的温度补偿系数大约为 $1.6\%/$℃，碱类溶液的温度补偿系数大约为 $1.92\%/$℃，用以上所述的温度补偿系数对高电导率溶液进行温度补偿，测量误差在工程上是允许的。在火力发电厂水汽系统中，炉水的电导率较高，在十几到几十微西每米之间，采用以上的温度补偿系数进行补偿是可行的。而其他的水样，如补给水混床出水、精处理混床出水的电导率，或凝结水、蒸汽、给水等的氢电导率，通常不超过 $0.2\mu S/cm$。对于这样的高纯水，温度补偿要比以上的方式复杂得多。

1. 研究结论

西安热工研究院就发电厂高纯水电导率和氢电导率的温度补偿系数进行大量试验及研究，得出以下结论：

（1）电厂高纯水的电导率和氢电导率随温度增加而增加，并呈抛物线关系。

（2）同一高纯水水样的电导率温度补偿系数和氢电导率温度补偿系数不同，在测量条件相同的情况下，电导率的温度补偿系数要大于氢电导率的温度补偿系数。

（3）高纯水的电导率和氢电导率的温度补偿系数随温度的增加而增加，并且在同一温度下，两种类型的温度补偿系数都随着电导率或氢电导率的增加而减少。

（4）各类高纯水所含的不同离子对电导率及氢电导率温度补偿系数影响不大，水汽系统中不同取样点水样的电导率温度系数与 NaCl 溶液电导率温度补偿系数近似相等，氢电导率温度补偿系数也和 NaCl 溶液氢电导率温度补偿系数近似一致。

理论纯水的电导率、电导率温度补偿系数与温度的关系见表 2-2。

表 2-2　　　　　　　　　　理论纯水电导率、电导率温度补偿系数与温度的关系

温度（℃）	10	15	20	25	30	35
理论纯水电导率（$\mu S/cm$）	0.0229	0.0313	0.0418	0.0550	0.0714	0.0911
温度补偿系数 β（$\%/$℃）	3.9	4.3	4.8	—	5.8	6.6

很多电厂由于在线电导率表温度补偿选择不合适，导致测量结果产生很大误差。例如 35℃ 时理论纯水的电导率为 $0.0911\mu S/cm$，从表 2-2 查出温度系数为 $6.6\%/$℃，根据式（2-4）进行温度补偿，得出 25℃ 时理论纯水的电导率为 $0.055\mu S/cm$。而如果选择普通水的温度系数 $2\%/$℃ 进行补偿，得出 25℃ 时理论纯水的电导率为 $0.076\mu S/cm$，测量相对误差为

$$(0.076-0.055)/0.055 = 38\%$$

由此可见，温度补偿系数选择不当，在线电导率表会产生较大的误差。

2. 为了尽量减少温度补偿对在线电导率测量造成的影响采取的措施

（1）尽可能调整控制水样的温度在 25℃±1℃ 范围内。

（2）目前，大部分在线电导率表具有自动非线性温度补偿功能。其原理是仪表中已储存了各温度、各电导率下各类溶液的温度补偿系数；电导电极带有自动温度测量传感器，仪表根据所测量的电导率和温度，自动选取相应的温度补偿系数，并将温度补偿后得到的电导率值显示在屏幕上。采用这种非线性自动温度补偿的电导率表监测电导率很低的高纯水，可以

大大减少温度变化产生的误差。

3. 具体温度补偿方式选择

（1）所有氢电导率表选择酸性、HCl（盐酸）或 Cation（阳离子）的非线性补偿。

（2）对于测量给水和凝结水的电导率表，选择含氨溶液的非线性补偿方式。

（3）测量炉水、闭式循环水冷却水等水样的电导率表，选择 2% 线性补偿。

（二）电极常数的影响

1. 电导率变送器电极常数设置值不准确

电导率电极在出厂时，厂家会对电极常数进行标定，因此每支电导率电极都会标识电极常数。在使用时，必须设置电导率变送器上的电极常数值与电极本身的电极常数标识值一致。目前，很多仪表维护人员没有对在线电导率表电极常数进行正确设置，使电导率变送器设置的电极常数与电导率电极标识的电极常数不一致，产生测量误差。因此，在日常维护过程中，应检查电导率变送器上电极常数的设置值，使设置值和电导电极的标识值一致。

2. 电极水位过低，导致实际电极常数改变

某些在线电导率表电导电极出水口开孔位置太低，低于测量电极导流孔（如图 2-4 所示）。电导率电极不能全部浸入测量水样中，导致电极实际测量表面积发生变化。由于电极常数为两电极间距离与表面积的比值，所以电极实际测量表面积变化引起实际电极常数发生变化。变化后的实际电极常数与电导率变送器设置的电极常数不一致，从而造成较大的测量误差。

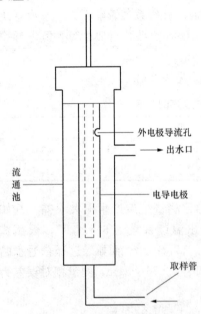

图 2-4 电导率测量传感器示意图

另外，由于外电极导流孔的位置在测量池出水口上方，测量电极内的水不流动，造成测量响应速率大大降低，当水样的电导率发生变化时，测量电极内的水样是"死水"，在线电导率表显示的仍然是以前水样的电导率，从而造成较大的测量滞后。

为了解决上述问题，首先应检查电导电极出水口开孔位置，观察是否低于测量电极导流孔（如图 2-4 所示）。如果存在上述情况，应对流通池进行更换或改造，使出水口开孔位置高于电极导流孔。

3. 电极污染，导致实际电极常数改变

发电厂水汽系统大部分水样电导率很低，接近纯水，但是电导电极表面长时间运行后仍会有铁的氧化物、树脂粉末或其他固体杂质等覆盖层形成，改变电极常数，使电导率测量值偏低；或在电导电极之间堆积的导电性杂质，如树脂颗粒，引起电极短路，改变电极常数，导致电导率测量值偏高。为了防止电极污染或堆积导电性杂质引起电极常数改变，应按照厂家说明书的要求或按照 ASTM D1125—1995《水的电导率和电导率测量方法》推荐的方法或 DL/T 1207—2013《发电厂纯水电导率在线测量方法》定期清洗电导电极。

4. 电极常数标定错误

很多电厂采用 146.93μS/cm 的电导率标准溶液来标定测量纯水在线电导率表的电极常

数，这种做法是错误的。因为纯水电导率测量会受到极化电阻、微分电容和分布电容的影响。在交流测量信号源的情况下，电极常数为 $0.01cm^{-1}$ 的在线电导率表，采用 $146.93\mu S/cm$ 的电导率标准溶液标定电极常数时，电极间的溶液电阻为 68Ω，而微分电容和极化电阻对测量造成的影响达几欧姆，因此使总阻抗偏大，电导偏低，计算出来的电极常数（电极常数＝标准溶液电导率/电导＝标准溶液电导率·总阻抗）就会偏大。

为了消除测量纯水在线电导率表电极常数标定误差，建议通过在线纯水试验台制出的理论纯水作为标准液进行在线标定，或是按照 DL/T 677—2009《发电厂在线化学仪表检验规程》采用标准电极法进行标定。

（三）二次仪表误差

溶液电导率测量的基本原理是测量溶液电阻，但实际上测量的是图 2-2 所示的等效电路。为了消除极化电阻、微分电容和分布电容的影响，国内外各仪表生产商采用了相敏检波法、双脉冲法、动态脉冲法和交流频率法等方法减少电导率测量中的极化效应、电容效应的影响。为了检验在线电导率表消除极化效应、电容效应的影响，二次仪表引用误差，应采用下述的方法进行检验：

对于测量电导率值大于 $0.30\mu S/cm$ 的电导率表，采用标准交流电阻箱（如图 2-5 所示）作为电导率标准输入信号进行检验。用精度优于 0.1 级的标准交流电阻箱和标准直流电阻箱，分别模拟溶液等效电阻 R_X 和温度电阻 R_t，作为检验的模拟信号。调节模拟温度电阻 R_t，使仪表显示的温度为 25℃。将被检仪表的电导池常数设为 1（或 0.1）。

对于测量电导率值不大于 $0.30\mu S/cm$ 的电导率表，应采用模拟电路（如图 2-6 所示）作为电导率标准输入信号进行检验。用图 2-6 的模拟电路取代图 2-5 中的交流电阻箱 R_X，其中 R_X 为标准交流电阻箱。将被检仪表的电导池常数设为 0.01（或 0.1）。

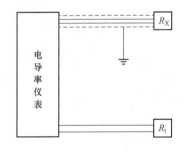

图 2-5 被检仪表与标准电阻箱之间的连接

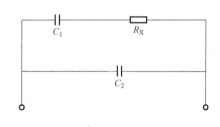

图 2-6 纯水电导率表二次仪表检验模拟电路
（C_1：$5\mu F$；C_2：$330pF$；R_X：$100k\Omega$）

被检仪表测量值稳定后，再根据式（2-5）的计算结果向二次仪表输入模拟等效电阻信号，即

$$R_X = \frac{J \times 10^6}{\kappa_L} \tag{2-5}$$

式中　R_X——等效电阻值，Ω；

　　　J——被检仪表设定的电导池常数，cm^{-1}；

　　　κ_L——理论电导率值，$\mu S/cm$。

记录被检仪表电导率示值 κ_S，二次仪表引用误差的计算方法为

$$\delta_{Y} = \frac{\kappa_{S} - \kappa_{L}}{M} \times 100\% \qquad (2-6)$$

式中　δ_{Y}——二次仪表引用误差，%FS；

　　　κ_{S}——被检仪表电导率示值，$\mu S/cm$；

　　　κ_{L}——理论电导率值，$\mu S/cm$；

　　　M——量程范围内最大值，$\mu S/cm$。

DL/T 677—2009《发电厂在线化学仪表检验规程》规定在线电导率表二次仪表引用误差不超过±0.25%FS。如果二次仪表引用误差超标，应该进行校准。

（四）水中气体的影响

如果水样中含有溶解的气体，应保持足够高的取样流速，以免气体在流通池中析出和积累，造成电导率测量值偏低。取样管不严密，水样在管道内流动形成负压，将空气吸入取样管中，形成气泡，造成电导率测量值不稳定。为了避免此类问题，应保证取样系统严密性。

（五）温度测量误差

温度测量是在线电导率表进行准确温度补偿、准确测量电导率的基础，一旦温度测量不准确，将会造成很大的测量误差。为了检验在线电导率表是否存在温度测量误差，可以通过以下方法进行检验和校准：

将被检电导率表的电导电极和温度测量传感器与标准温度计放入同一水溶液中，待被检表读数稳定后，同时读取被检表温度示值和标准温度计示值。如果温度示值误差超过±0.2℃，调整被检电导率表，使仪表显示温度与标准温度计测量值一致。

（六）其他干扰

pH传感器中的参比电极会渗出少量离子，影响纯水的电导率，因而不能将电导传感器安装在pH传感器的下游。应采用专用取样管线，或者将电导传感器安装在pH传感器的上游。

汽水取样架上安装的滤芯长时间不更换，没有过滤的能力反倒会成为污染源污染水质，影响在线电导率表测量结果。

过长的电极电缆线，会导致导线分布电容增加，建议不要使用过长的电极电缆线。

第三节　在线氢电导率测量的意义、原理及影响因素

一、在线氢电导率测量的意义

氢电导率反映水汽系统杂质阴离子的总体含量，能够连续监测水汽系统中的有害杂质，是保证发电机组安全经济运行的主要手段之一，达到间接监测水汽系统热力设备腐蚀情况的目的。水汽系统监测氢电导率的水样主要有凝结水、精处理混床出水、给水和蒸汽。测量凝结水氢电导率可反映凝汽器是否存在泄漏，凝结水是否污染；测量精处理混床出水氢电导率可反映精处理设备运行是否正常，出水水质是否达标；测量给水和蒸汽氢电导率可反映水质是否合格，是否存在造成设备腐蚀风险。

氢电导率测量是被测水样先经过氢型阳离子交换树脂，再进入在线电导率表流通池后所测得的电导率。在这一过程中，水样会和氢型阳离子交换树脂发生离子交换，将水样中的阳离子置换成氢离子，水样中仅留下阴离子（如 Cl^{-}、SO_4^{2-}、PO_4^{3-}、NO_3^{-}、HCO_3^{-} 和 F^{-}）和相应的氢离子，而水中的氢氧根离子则与氢离子中和消耗掉，不在电导中反映，因此，测

量氢电导率可直接反映水中杂质阴离子的总量。

假设某种离子占主导，则可以从氢电导率估算这种离子的最大浓度。例如，设水样中其他阴离子浓度为零，可根据氢电导率估算出水中 HCO_3^-（以 CO_2 计）的最大浓度（见表2-3）。又例如，设水样中其他阴离子浓度为零，可根据氢电导率估算出水中 Cl^- 的最大浓度（见表2-4）。

表2-3　二氧化碳浓度与氢电导率的关系（25℃，无其他阴离子时）

CO_2（mg/L）	0.00	0.01	0.02	0.05	0.10
氢电导率（$\mu S/cm$）	0.06	0.09	0.12	0.21	0.32

表2-4　氯离子与氢电导率的关系（25℃，无其他阴离子时）

Cl^-（$\mu g/L$）	0.00	2.0	4.0	6.0	10
氢电导率（$\mu S/cm$）	0.06	0.07	0.08	0.10	0.14

从表2-4可以看出，如果控制给水的氢电导率小于 $0.07\mu S/cm$（25℃），其水中 Cl^- 浓度不超过 $2\mu g/L$。这样，通过简单的氢电导率，可以估算出某个有害阴离子的最大浓度，以及整个有害阴离子的控制水平。

二、在线氢电导率表基本组成

在线氢电导率表和在线电导率表相比不同之处在于，水样进入电导率流通池前先进入氢型阳离子树脂交换柱。在线氢电导率表示意图如图2-7所示。

三、在线氢电导率表测量准确性影响因素

在线氢电导率表主要由在线电导率表和氢型阳离子树脂交换柱构成，因此，所有影响在线电导率表的因素都会影响在线氢电导率表的测量，例如温度补偿、电极常数（电极常数设置值不准确；电极水位过低、电极污染，导致实际电极常数改变；电极常数标定错误）、水样中气体、温度测量等因素的影响。除上述因素外，由于水样要先经过氢型阳离子树脂交换柱，所以交换树脂的状态及交换柱会对在线氢电导率表测量结果造成显著影响。

（一）氢型交换柱设计不合理

某些电厂与在线氢电导率表配套的树脂交换柱设计不合理，更换树脂时只能将不带水的树脂装入交换柱。如果水样是按照上进下出的顺序进入交换柱，投入运行后，水样从上部流进交换柱的树脂层中，树脂之间的空气由于浮力的作用向上升，水流的作用力将气泡向下

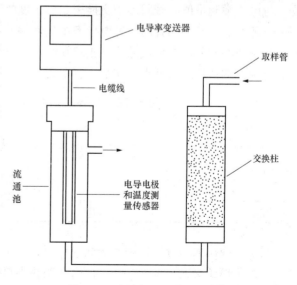

图2-7　在线氢电导率表示意图

压，造成大量气泡滞留在树脂层中（如图2-8所示）。空气泡使水样发生偏流和短路，使部分树脂得不到冲洗，这些树脂再生时残留的酸会缓慢扩散释放，空气中的二氧化碳也会缓慢溶解到水样中，使测量结果偏高，影响氢电导率测量的准确性。

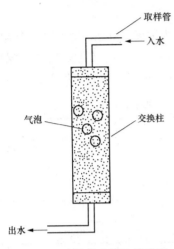

取样管

入水

气泡

交换柱

出水

图 2-8　交换柱中气泡示意图

为了解决氢型交换柱设计不合理问题，应对交换柱进行改造，使更换树脂时能够存留住水，树脂与水同时装进交换柱中，避免运行时树脂层中存在空气泡，或通过交换柱顶部排气阀将气体排净。也可以采用从交换柱底部进水、顶部出水的运行方式减少气泡的数量。

（二）阳离子交换树脂再生度

西安热工研究院工作人员就阳离子交换树脂再生度对氢电导率测量影响进行了大量试验研究，结果显示：

水样经过再生完全的阳离子交换树脂，其中的阳离子全部被树脂交换，产生与阴离子数量相对应的氢离子，由于氢离子的极限摩尔电导率比其他阳离子的极限摩尔电导率大 4～6 倍，见表 2-5，它与阴离子组成的酸性物质的电导率比中性盐大得多。当水样经过未完全再生的阳离子交换树脂时，其中的阳离子未能全部被树脂交换，只有部分阳离子（如铵离子）经过交换柱，取代了氢离子；而另外一部分阳离子经过交换柱后还是原来的阳离子，因此，水样成为酸类和中性盐类的混合物，这就使测量的氢电导率值大大降低。

表 2-5　　　　　　　　　　　25℃时一些离子的极限摩尔电导率

离子类型	H^+	Na^+	K^+	NH_4^+	$1/2Ca^{2+}$
$\Lambda_m^\infty \times 10^4 (S \cdot m^2 \cdot mol^{-1})$	349.65	50.08	73.48	73.50	59.47

阳离子交换树脂再生度对氢电导率测量的影响试验结果见表 2-6。结果表明，同一水样，氢电导率测量值随着阳离子交换树脂再生度的降低而降低；不同水样，在同一树脂再生度下，随着氢电导率的升高，氢电导率测量值偏低程度越明显。对于水汽品质监督而言，这种偏低是一种误差，当水汽品质真正恶化时，会掩盖水质的真实变化。实际水样氢电导率越大，这种影响造成的偏低也越明显，其危害也越大。

表 2-6　　　　　阳离子交换树脂再生度对氢电导率测量的影响试验结果

再生度	水样 1		水样 2		水样 3	
（%）	氢电导率（μS/cm）	偏低程度（%）	氢电导率（μS/cm）	偏低程度（%）	氢电导率（μS/cm）	偏低程度（%）
>99	0.094	—	0.387	—	1.080	—
70	0.093	1.1	0.356	8.0	0.948	12.2
50	0.091	3.2	0.332	14.2	0.837	22.5

目前，我国大部分电厂阳离子交换树脂的再生方式为 5% 盐酸溶液静态浸泡。在这种方式下，由于离子交换平衡的存在，使得树脂相不可能为 100% 氢型，而是氢型和铵型（或其他阳离子型）的混合型态。因此，盐酸静态浸泡再生方式最大的缺陷是树脂再生不彻底，使得氢电导率测量结果偏低，导致水汽品质异常时不能被及时发现。

为了检验在线氢电导率表测量用的阳离子交换树脂再生度是否达标，应采用移动式在线化学仪表检验装置按照 DL/T 677—2009《发电厂在线化学仪表检验规程》对交换柱附加误差进行检验。如果检验树脂再生度不足，应采用逆流动态再生的方法或采用专门的动态再生装置进行再生，以确保树脂再生度能够满足氢电导率测量的要求。

（三）阳离子交换树脂裂纹

氢交换柱中填装的树脂一般为强酸性阳离子交换树脂，这类树脂在保存过程中失水或使用过程中处理不当，有产生裂纹的趋势。对有裂纹的树脂进行再生处理时，盐酸再生液会扩散到树脂裂纹中，再生后的水冲洗很难将裂纹中的盐酸冲洗干净。当这种有裂纹的树脂装入交换柱中投入运行时，树脂裂纹中残余的盐酸会缓慢地扩散出来，造成氢电导率测量结果偏高。采用 001×7 凝胶型阳离子交换树脂进行裂纹对氢电导率测量影响试验的结果见表 2-7。由表 2-7 试验结果看出，当树脂裂纹比例上升时，氢电导率测量值明显偏高，引起正误差。当这种偏高的测量值超过水质的控制范围时，将会引起运行人员对水质实际情况的误判断。

表 2-7 阳离子交换树脂裂纹对氢电导率测量的影响试验结果

树脂品种	裂纹树脂比例（％）	氢电导率测量值（$\mu S/cm$）	
		水样 1	水样 2
001×7 凝胶型阳离子交换树脂	<0.5	0.103	0.388
	2	0.115	0.401

注 阳离子交换树脂再生度均大于 99％。

为了消除和减少树脂裂纹对氢电导率测量的影响，可以按照以下的方法对阳离子交换树脂进行处理。

（1）树脂在保存过程中失水或使用过程中处理不当，有产生裂纹的趋势，使用前一定要先浸入 10％NaCl 溶液中，以防止树脂开裂。

（2）对树脂裂纹进行检查，在 10～100 倍的显微镜下观察树脂裂纹情况，一般要求有裂纹的树脂颗粒小于树脂总数的 1％。

（3）树脂在盐酸中再生后，应使用二级除盐水连续冲洗 8h 以上，再装入交换柱中投入使用。

（四）阳离子交换树脂的失效判断

目前，大部分电厂更换阳离子交换树脂时以氢电导率的测量值是否超过控制指标为更换标准。当电导率测量值超出控制指标时，仪表维护人员即认为树脂失效，更换新的再生好的树脂。因为氢电导率的上升不仅由树脂失效引起，还有可能是水质恶化引起，因此，这种判断标准有一定的盲目性。当水汽品质真正恶化时，氢电导率的测量值也会升高，超出控制指标，仪表维护人员以为树脂失效而更换树脂，更换后，由于再生后残存的再生酸液慢慢释放，氢电导率还会有一段时间的偏高。这种偏高掩盖了水质的真正恶化，对化学监督和控制造成不利影响。为了解决上述问题，国外采用变色阳离子交换树脂进行氢电导率的测量。由于变色阳离子交换树脂失效前、后的颜色明显不同，能够准确判断树脂是否失效，提高了电导率测量结果的可靠性。西安热工研究院于 1993 年成功研制 CJ-2 型变色阳离子交换树脂，目前已经在全国大部分发电厂得到应用，取得良好的使用效果。

（五）交换柱水样流向

测量氢电导率时，交换柱内的水样流向一般有顺流和逆流两种形式。顺流即水样按照从上往下的方向流经交换柱，逆流即水样按照从下往上流经交换柱，具体测量示意图如图 2-9 和图 2-10 所示。

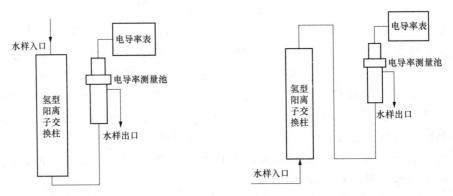

图 2-9　顺流方式测量氢电导率示意图　　　　图 2-10　逆流方式测量氢电导率示意图

采用顺流方式时，水样从交换柱上部进入交换柱树脂层中，会造成大量空气气泡滞留在树脂层中，空气泡使水样发生偏流和短路。水样从局部树脂层通过，造成部分树脂未得到冲洗，这些树脂再生时残留的酸液将缓慢扩散到水样中，同时空气泡中的二氧化碳也会缓慢溶解到水样中，使氢电导率测量结果偏高。因此，采用顺流方式测量电导率，应在安装交换柱前，尽可能让交换柱充满树脂和水，尽量避免空气漏入。运行过程中，如果树脂层混有气泡，可将水样流量调大，待冲走气泡后再恢复水样的正常测量流量。

采用逆流方式时，由于水从交换柱底部进入交换柱，再加上气泡本身在水中上浮的特性，所以可以自动消除交换柱内的气泡。但是，采用逆流方式时，水样流速过低，树脂再生时残留的酸液将缓慢扩散到水样中，使氢电导率测量结果偏高；水样流速过高，将会引起树脂层的乱层和偏流，影响树脂交换能力，使离子交换的程度不彻底，对测量结果造成影响。因此，采用逆流方式时，为了避免树脂乱层和偏流，交换柱必须填满阳离子交换树脂，使水样在通过交换柱时树脂处于层流状态。

（六）其他影响因素

若被测水样中漏入空气，空气中的 CO_2 溶解在水中形成碳酸后会引起氢电导率增加，因此，应确保氢电导率测量管路系统，如交换柱、流量计、各类阀门等处严密，防止空气中的 CO_2 漏入。

再生好的阳离子交换树脂如果冲洗不充分，在投运初期可能会释放痕量杂质离子，导致氢电导率测量值偏高。

填装阳离子交换树脂的交换柱出水应装有滤网，防止树脂颗粒被冲走，带入电导率表测量池中，对氢电导率测量造成影响。

第四节　在线脱气氢电导率测量的意义、原理及影响因素

一、在线脱气氢电导率测量的意义

氢电导率是水汽样品通过氢型阳离子交换树脂后测得的电导率，用来表征水汽样品中阴离子含量的多少。但是对于没有凝结水精处理除盐的机组，水汽系统中会吸收 CO_2 并形成碳

酸氢根，虽然给水中存在的 CO_2 被认为是腐蚀性非常小的污染物，但是它却能导致氢电导率升高，表 2-8 为 ASTM D4519—94（R2005）《通过氢电导率和脱气氢电导率在线测定高纯水阴离子和 CO_2 标准测试方法》给出的不同 CO_2 含量时纯水的电导率值。

表 2-8 不同 CO_2 含量时纯水的电导率

CO_2（$\mu g/L$）	0	10	20	30	40	50	60	70	80	90	100
电导率（$\mu S/cm$）	0.055	0.09	0.12	0.16	0.19	0.21	0.24	0.26	0.28	0.30	0.32

由于 CO_2 的存在，使得氢电导率不能直接反映水汽中 Cl^-、SO_4^{2-} 等腐蚀性杂质阴离子含量的多少，这给通过氢电导率监测水汽品质带来了一定的麻烦。例如，饱和蒸汽氢电导率的升高可能是由于蒸汽携带盐含量增加，会造成过热器、再热器和汽轮机积盐，并引起汽轮机低压缸腐蚀。但如果蒸汽的氢电导率升高是由于吸收较多 CO_2 引起的，并不会引起积盐和腐蚀问题。仅从氢电导率的升高无法准确判断是蒸汽携带盐含量升高还是 CO_2 引起的影响，这给现场水汽监督带来了很大的麻烦。

对于没有设置凝结水除盐系统、只有粉末树脂覆盖过滤器的直接空冷机组，水汽氢电导率普遍较高，经常超过 $0.3\mu S/cm$ 的标准要求，但采用离子色谱测定水汽中的阴离子含量却很低，与氢电导率测定结果不一致。其根本原因是由于空冷岛面积大，真空严密性相对较差，导致凝结水吸收了较多空气中的 CO_2 引起的。但是运行人员无法从表观的氢电导率超标判断是由于腐蚀性杂质阴离子超标引起的，还是 CO_2 含量升高引起的。因此，对于没有凝结水精处理除盐装置的机组，测定水汽的脱气氢电导率对控制蒸汽系统的积盐和腐蚀有实际意义。

二、在线脱气氢电导率表测量原理

脱气氢电导率（DGCC 或 DCC）是通过某种脱气技术除去水样中 CO_2 而测定的水样氢电导率，用来表征水汽样品中不包含 CO_2 的其他阴离子含量的多少，其测量原理如图 2-11 所示。

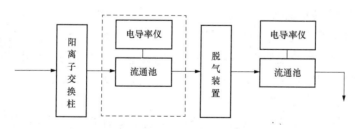

图 2-11 脱气氢电导率测量示意图

目前，有 3 种脱气氢电导率测量技术被采用：沸腾法、选择性渗透膜法、N_2 吹脱法。

（1）沸腾法脱气技术分 2 类：

1）加热沸腾法。即将通过氢交换柱后的被测水样加热至略低于沸点以除去溶解的 CO_2。

2）真空沸腾法。即将被测水样在密闭条件下减压沸腾除去水中溶解的 CO_2。

（2）选择性渗透膜法是将被测水样通过选择性中空纤维渗透膜，并与真空脱气技术相结合，从而除去溶解的 CO_2。此法设备价格昂贵，使用比较麻烦，实际应用较少。

（3）N_2 吹脱法是根据亨利定律原理，向被测水样中通入 N_2，除去溶解的 CO_2。此法

CO_2脱除率受 N_2 纯度、吹脱时间等因素影响较大，使用比较麻烦，实际应用很少。

目前，商品销售的脱气氢电导率表主要采用加热沸腾法，图 2-12 所示为加热沸腾法脱气氢电导率测定仪测量示意图。

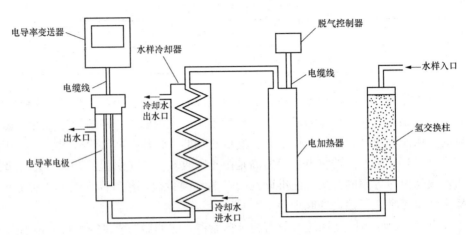

图 2-12 加热沸腾法脱气氢电导率测定仪测量示意图

三、脱气氢电导率测定的影响因素

（一）CO_2脱除效率

CO_2脱除效率是决定脱气氢电导率测量准确性的关键因素，要尽可能将水样中的 CO_2 全部除去；由于目前还没有评价脱气效率的相关标准，所以对脱气氢电导率测量准确性检验造成很大困难，即整机工作误差无法检验；只能分步检验二次仪表的准确性和电极的性能，脱气效率无法检验。一种可行的方法是，采用离子色谱仪测定脱气前水样中的阴离子含量，然后理论计算这些阴离子含量条件下的氢电导率，并与在线测定的脱气氢电导率比较，差值越小，表明脱气效率越高。

（二）脱气过程中其他阴离子的损失

脱除 CO_2 的同时不能脱除水样中的 $HCOO^-$、CH_3COO^-、F^-、Cl^- 等离子，否则，将会导致脱气氢电导率测量结果偏低，给水汽化学监督造成误判。可以采用离子色谱仪测定脱气前、后水样中的阴离子含量，然后进行比较，应该基本无差别；否则，不能使用。

（三）污染

脱气过程中脱气设备不能产生或释放离子态污染物，不能对水样产生污染；否则，会使脱气氢电导率的测量结果偏大，给水汽化学监督造成误判。

（四）温度补偿

由于加热沸腾法脱除 CO_2 后，水样温度较高，一般在 35℃以上，偏离 25℃较多，因此，电导率表必须要有强酸性非线性温度补偿功能；否则，将导致脱气氢电导率测量结果不准确。

四、国内外的应用情况

脱气氢电导率在国外应用比较多，主要应用在燃气-蒸汽联合循环电厂的余热锅炉水汽系统以及没有凝结水精处理的燃煤机组，2010 年以后，国内部分机组也开始应用，也主要是燃气-蒸汽联合循环电厂。

复习题

一、填空题

1. 溶液的电导率指边长为1cm的立方体内所包含的溶液_____。

2. 在测量高电导率水样时，测量仪表采用_____交流信号；在测量低电导率水样时，测量仪表采用_____交流信号。

3. 在线电导率表测量准确性影响因素包括_____、_____、_____、_____、_____、_____、_____等。

4. 在线氢电导率表测量准确性影响因素包括_____、_____、_____、_____、_____、_____、_____、_____、_____、_____。

5. 脱气氢电导率常用的3中脱气方法有_____、_____、_____。

6. 测量纯水电导率时，温度补偿系数比测量普通水的温度补偿系数_____，并且温度补偿系数随_____和_____的变化而变化。

7. 测量氢电导率时，阳离子交换树脂再生度低，会使氢电导率测量值_____。

8. 在测量纯水电导率时，如果电导电极中卡入树脂颗粒，会使电导率测量结果_____。

9. 在线电导率表变送器电极常数设置值应与_____一致。

10. 纯水在线电导率表的电极常数应采用_____或是按照_____采用_____进行标定。

11. 对于测量电导率值不大于$0.30\mu S/cm$的电导率表，应采用_____作为电导率标准输入信号进行检验。

12. 为了避免氢电导率测量用氢型阳离子交换树脂失效判断不准确带来的影响，应采用_____。

13. 纯水电导率表应采用_____检验_____。

14. 影响脱气氢电导率测量准确性的因素有_____、_____、_____、_____等。

二、选择题

1. 测量频率1000Hz以上的电导率表，适合测量（   ）水样。

    A. 低电导率；   B. 高电导率；   C. 任何。

2. 对于测量电导率值不大于$0.30mS/cm$的电导率表，应使用（   ）检验电导率表的二次仪表。

    A. 标准交流电阻箱；

    B. 标准直流电阻箱；

    C. 标准交流电阻箱与电容组成的模拟电路。

3. 对于测量水样电导率值小于$0.3\mu S/cm$的电导率表，应采用（   ）法进行整机工作误差的检验。

    A. 水样流动；   B. 标准溶液；   C. 二次仪表检验。

4. 电极常数为 $0.01cm^{-1}$ 的电极，应该采用（　　）进行标定。

 A. 以理论纯水为标准溶液法；   B. 纯水标准电极法；

 C. 任何方法。

5. 测量电导率小于 $0.3\mu S/cm$ 水样的电导率表，应选用哪种温度补偿方式？（　　）

 A. 线性补偿，温度补偿系数为 $0.02/℃$；

 B. 线性补偿，温度补偿系数为 $0.018/℃$；

 C. 非线性温度补偿。

6. 在线电导率表测量池出水水位偏低，导致电导电极不能完全浸泡在水样中，会使测量结果（　　）。

 A. 偏低；   B. 偏高；   C. 不受影响。

7. 测量氢电导率时，阳离子交换树脂失效过程中，会使测量值（　　）。

 A. 偏高；   B. 偏低；   C. 先偏低，后偏高。

三、判断题

1. 发电厂测量蒸汽、给水、凝结水的在线氢电导率表的电极常数可以用 $146.93\mu S/cm$ 的标准溶液进行标定。（　　）

2. 再生好的阳离子交换树脂如果冲洗不充分，在投运初期可能会释放痕量杂质离子，导致氢电导率测量值偏高。（　　）

3. 氢电导率测量用的阳离子交换树脂采用逆流方式进水时，为了避免树脂乱层和偏流，交换柱必须填满阳离子交换树脂。（　　）

4. 用标准交流电阻箱检验二次仪表示值误差合格的在线电导率表，测量纯水电导率时二次仪表不会造成较大误差。（　　）

5. 测量电导率小于 $0.3\mu S/cm$ 水样的电导率时，一般可不采用温度补偿。（　　）

6. 用 JJG 标准，在标准溶液中检验某台在线电导率仪表的基本误差小于 $1.0\%FS$，则使用该仪表测量水样的氢电导率的工作误差也一定小于 $1.0\%FS$。（　　）

7. 对于电极常数为 $0.01cm^{-1}$ 的电导电极，一般不能在电导率大于 $100\mu S/cm$ 的标准溶液中校准。（　　）

8. 氢电导率为 $0.15\mu S/cm$ 的给水一定比 $0.08\mu S/cm$ 的水 Cl^- 含量高。（　　）

四、问答题

1. 简述电厂实际测量过程中，电导率测量的分类及定义。

2. 叙述电导率表的测量等效电路。

3. 简述发电厂在线电导率测量的意义。

4. 简述发电厂在线氢电导率测量的意义。

5. 如何判断氢电导率测量用氢型阳离子交换树脂的再生度是否达标？应怎样确保再生度符合标准要求？

6. 在线电导率表为什么不能安装在 pH 传感器的下游？

7. 给水水样的温度为 $25℃$，在线给水氢电导率表测量值为 $0.058\mu S/cm$，移动式在线化学仪表检验装置（配备标准氢型阳离子交换柱）电导率表测量值为 $0.078\mu S/cm$。试回答在上述前提下给水在线氢电导率表测量值偏低的可能原因，为什么会引起偏低？

8. 发电厂在线电导率表的温度补偿应该怎样选？

9. 为什么沸腾法测定脱气氢电导率时，脱气单元要设在氢交换柱后面？

参考答案

一、填空题

1. 电导。

2. 高频率；低频率。

3. 温度补偿；电极常数设置值不准确；电极水位过低改变电极常数；电极污染；电极常数标定错误；二次仪表误差；水中气体的影响；温度测量误差。

4. 温度补偿；电极常数设置值不准确；电极水位过低改变电极常数；电极污染；电极常数标定错误；二次仪表误差；系统漏气；温度测量误差；氢型交换柱设计不合理；阳离子交换树脂再生度；阳离子交换树脂裂纹；阳离子交换树脂的失效判断；交换柱水样流向。

5. 沸腾法；选择性渗透膜法；N_2吹脱法。

6. 大；温度；电导率。

7. 偏低。

8. 偏高。

9. 电极标识值。

10. 在线纯水试验台制出的理论纯水作为标准液；DL/T 677—2009《发电厂在线化学仪表检验规程》；标准电极法。

11. 纯水模拟电路。

12. 变色阳离子交换树脂。

13. 移动式在线化学仪表检验装置；整机工作误差。

14. CO_2脱除效率；脱气过程中其他阴离子的损失；污染；温度补偿。

二、选择题

1. B；2. C；3. A；4. AB；5. C；6. A；7. C。

三、判断题

1. ×；2. √；3. √；4. ×；5. ×；6. ×；7. √；8. ×。

四、问答题

1. 电导率是电厂水汽系统严格控制的水汽指标之一，它可以直接反映水样中的杂质含量和水汽品质的好坏。在电厂实际测量中，电导率可分为三类：

（1）电导率（specific conductivity，SC），指直接测定的水样电导率。它反映水汽系统中总溶解物含量的电导率。

（2）氢电导率（cation conductivity，CC），指水样先流经氢型阳离子交换柱，去除碱化剂对电导率的影响，然后测量氢离子交换后水样的电导率，它直接反映水样中杂质阴离子的总量。

（3）脱气氢电导率（degassed cation conductivity，DGCC 或 DCC）。它是通过某种脱气技术除去水样中CO_2后而测定的水样的氢电导率，用来表征水汽样品中不包含CO_2的其他阴离子含量的多少。

2. 电导率表属于电导式分析仪表，是把两个电极及电极间溶液组成的电导池系统看作一个电阻元件，因此电导（率）的测量实际上是转化为电阻（率）的测量来实现的（因为电导率等于电极常数除以电阻）。然而，实际上电导率的测量不同于一个纯电阻值的测量。当向电极施加测量电压时，电极表面会发生电化学反应，产生电极的极化电阻。同时，电极与水溶液接触的表面存在双电层，相当于一个电容，也称为微分电容，该电容与电极表面的极化电阻呈并联关系。两个电极的引出线之间存在一个电容，称为分布电容，与两个电极呈并联关系。电导池的交流等效电路可用图 2-13 表示。采用较高频率的交流电源作为电导池的激励源，可使微分电容的容抗降低，从而减小电极表面极化电阻带来的测量误差。然而，当测量电阻率很高的纯水时，用较高频率的交流电作为激励源时，分布电容的容抗降低到与溶液电阻接近时，会使电阻测量结果偏低。因此，测量电阻率高的纯水时，通常使用较低频率的交流电作为激励源。

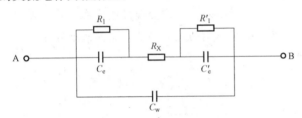

图 2-13　电导池的交流等效电路

3. 发电厂通过测量水样电导率反映水汽系统中总溶解物含量。GB/T 12145—2016《火力发电机组及蒸汽动力设备水汽质量》对水汽系统各水样的电导率有严格、明确的规定，将电导率控制在一定范围内，从而达到系统防垢、防积盐的目的。例如，通过测量电导率来确定炉水含盐量、调节锅炉排污量；通过测量除盐水及锅炉补给水电导率判断制水系统水处理设备的出水水质；通过电导率监测控制发电机内冷水系统水质。

发电厂水汽系统除炉水、闭式循环水冷却水外，其他水样的电导率一般不超过 $10\mu S/cm$，因此，发电厂水汽系统水样电导率一般采用在线电导率表进行在线测量。

4. 氢电导率反映水汽系统杂质阴离子的总体含量，能够连续监测水汽系统中的有害杂质，是保证发电机组安全经济运行的主要手段之一，达到间接监测水汽系统热力设备腐蚀情况的目的。水汽系统监测氢电导率的水样主要有凝结水、精处理混床出水、给水和蒸汽。测量凝结水氢电导率可反映凝汽器是否存在泄漏，凝结水是否污染；测量精处理混床出水氢电导率可反映精处理设备运行是否正常，出水水质是否达标；测量给水和蒸汽氢电导率可反映水质是否合格，是否存在造成设备腐蚀风险。

5. 为了检验在线氢电导率表测量用的阳离子交换树脂再生度是否达标，应采用移动式在线化学仪表检验装置按照 DL/T 677—2009《发电厂在线化学仪表检验规程》对交换柱附加误差进行检验。如果检验树脂再生度不足，应采用逆流动态再生的方法或采用专门的动态再生装置进行再生，以确保树脂再生度能够满足氢电导率测量的要求。

6. pH 传感器中的参比电极会渗出少量离子影响纯水的电导率，因而不能将电导传感器安装在 pH 传感器的下游。应采用专用取样管线，或者将电导传感器安装在 pH 传感器的上游。

7. 与标准设备相比，给水在线电导率表测量值偏低。

引起偏低的可能原因有树脂再生度偏低；树脂处在失效初期；电极水位过低、电极常数标定不准确等。其中树脂再生度偏低是引起在线氢电导率测量值偏低的最常见原因。

8. 发电厂在线电导率表温度补偿应根据所测量的水样进行选取，具体如下：

（1）所有氢电导率表选择酸性、HCl 或 Cation 的非线性补偿。

（2）对于测量给水和凝结水的电导率表，选择含氨溶液的非线性补偿方式。

（3）测量炉水、闭式循环水冷却水等水样的电导率表，选择 2% 线性补偿。

9. 因为热力系统的给水是加过氨的碱性水，水中的 CO_2 几乎全部是以离子态 HCO_3^- 和 CO_3^{2-} 存在的，沸腾法不能去除离子态的 HCO_3^- 和 CO_3^{2-}；当水样经过氢交换柱后，水样中的 CO_2 几乎是以分子态 H_2CO_3 存在的，这样就可以将水样加热至接近沸点，从而利用亨利定理原理将水样中的 CO_2 去除。

第三章

在 线 pH 表

第一节　准确测量 pH 值的意义

连续准确地测量、控制发电厂水汽系统的 pH 值，是控制水汽系统金属腐蚀的主要手段之一。但是对于凝结水、给水和蒸汽等纯度较高的水样，准确测量其 pH 值存在许多特殊的干扰问题，导致许多电厂凝结水、给水和蒸汽的 pH 值测量误差较大，使真实 pH 值偏离标准控制的要求，造成水汽系统腐蚀。

火力发电机组水汽系统的水质纯度很高，一般不允许添加缓蚀剂，主要靠加氨调节水的 pH 值，辅助加少量的除氧剂（如联胺）或氧（加氧处理），以达到防止水汽系统金属腐蚀的目的。为了同时防止水汽系统钢和铜的腐蚀，一般要求将水的 pH 值控制在严格的范围内，而严格控制 pH 值的前提是准确测量水样的 pH 值。

例如，对于水汽系统有铜合金的系统，给水 pH 值的控制范围是 8.8～9.3。如果测量出现误差，水样的实际 pH 值超过 9.3，而测量小于 9.3，这样长期运行下去，会造成铜加热器（如铜制低压加热器、轴封加热器）和凝汽器铜管的腐蚀溶解，其腐蚀产物进入锅炉会加剧水冷壁的沉积，腐蚀产物进入蒸汽系统会加剧汽轮机的积盐，造成汽轮机出力和效率降低；pH 值过高还会造成凝汽器空抽区附近铜换热管的氨腐蚀，使凝汽器发生泄漏。反之，如果测量出现误差，水样的实际 pH 值小于 8.8，而测量大于 8.8，这样长期运行下去，会造成给水系统钢设备和管道的腐蚀溶解加剧，其腐蚀产物进入锅炉会加剧水冷壁的沉积和腐蚀，并可能造成流动加速腐蚀（FAC），造成管道损坏，甚至出现严重事故。因此，严格控制水汽系统的 pH 值是保证水汽系统安全经济运行的重要手段之一。

第二节　pH 值基本概念及测量原理

一、电位式分析法及电位式分析仪表简介

电位分析法是利用电极电位和溶液活度或浓度之间的关系来测定被测物质活度或浓度的一种电化学分析方法。它是以测量电池的电动势为基础的。其化学电池的组成是以被测溶液作为电解质溶液，并于其中插入两电极，一支是电极电位与溶液中被测组分的活度或浓度有定量函数关系（即能斯特方程）的指示电极；另一支是电极电位稳定不变的参比电极，通过测量电池的电动势来确定被测物质的含量。电位分析法是研究和讨论电极电位与被测物质活度或浓度之间变化关系的一种定量方法。

电位分析法根据其原理的不同可分为直接电位法和电位滴定法两大类。直接电位法通过测量电池的电动势来确定指示电极的电位，然后根据能斯特方程由所测得的电极电位转换成被测离子活度。发电厂最常见的电位式分析仪表有在线 pH 表、在线钠表和在线 ORP 表。

二、pH 值测量原理

水样的 pH 值是水样 H^+ 活度的负对数，即

$$pH = -\lg a_H$$

因此，测出水样的氢离子活度就可以计算出水样的 pH 值。

在线 pH 表属于电位式分析仪表，pH 玻璃电极的电极电位和参比电极间的电位差与水样中氢离子活度关系符合能斯特公式，即

$$E = E_0 + \frac{RT}{nF}\ln a_H = E_0 - \frac{2.3026RT}{F}pH \qquad (3-1)$$

式中　E——水样中玻璃电极与参比电极间的电位，mV；

　　　E_0——H^+ 活度等于 1、温度为 T 时的电位，mV；

　　　R——气体常数；

　　　T——绝对温度，K；

　　　n——电极反应得失电子数，此时 $n=1$；

　　　F——法拉第常数；

　　　a_H——水样中 H^+ 活度，mol/L；

　　　pH——水样的 pH 值。

在实际工作中，pH 值测量仪表要先经过标准溶液校准，因此，测量水样 pH 值可以用式（3-2）表示，即

$$pH = pH_S - \frac{F(E-E_S)}{2.3026RT} = pH_S - \frac{(E-E_S)}{K} \qquad (3-2)$$

$$K = \frac{2.3026RT}{F} \qquad (3-3)$$

式中　pH——被测溶液的 pH 值；

　　　pH_S——标准溶液中测量的 pH 值；

　　　F——法拉第常数；

　　　E——电极在被测溶液中测量的电位；

　　　E_S——电极在标准溶液中测量的电位；

　　　R——气体常数；

　　　T——绝对温度，K；

　　　K——由电位转换成 pH 的斜率，即能斯特斜率，mV/pH。

在不同温度下，能斯特斜率见表 3-1。

表 3-1　　　　　　　　　　温度与能斯特斜率（mV/pH）的关系

温度（℃）	10	20	25	30	35	40
斜率（mV/pH）	56.181	58.165	59.157	60.149	61.141	62.133

pH 表在 pH 值为 pH_S 的标准溶液中，测量的电位 $E=E_S$，根据式（3-2），仪表测量的 $pH=pH_S$，如果 pH 表显示值不是 pH_S，则调整 pH 表直到显示值为 pH_S。完成校准后，即可进行水样的 pH 值测量。

由于 pH 值电位测量信号 E 比较微弱，干扰因素多，所以对在线 pH 表电路有以下几点

基本要求：

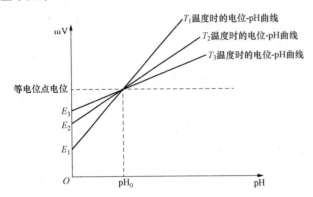

图 3-1 不同温度下测量的电位-pH 曲线示意图

（1）在线 pH 表的输入阻抗要远远大于测量电池内阻（主要是玻璃电极内阻）。因此，要求仪表输入阻抗大于 $10 \times 10^{12} \Omega$。

（2）在测量电路中有自动温度补偿，在线 pH 表能够根据测量的温度，自动进行温度补偿，使仪表显示补偿到 $25 ℃$ 的 pH 值。

（3）等电位调节。玻璃电极和参比电极电位相等时对应的 pH 值为玻璃电极的等电位点。对于某一 pH 值测量电极（包括玻璃电极和参比电极），不同的温度条件下测量的电位-pH 曲线如图 3-1 所示，这些斜率不同的曲线相交于一点。这个交点对应的电位称为该电极的等电位点电位，交点对应的 pH_0 称为等电位点的 pH 值，绝大多数 pH 玻璃电极的等电位点 pH_0 为 7。从图 3-1 可看出，将仪器输入电位零点迁移到等电位点处对测量最有利。当仪器输入处于电位零点时，在仪器内预置一个电压，显示 pH_0，这个调节就是等电位调节。

第三节 pH 玻璃电极

一、pH 玻璃电极的结构

目前，最广泛应用的 pH 测量电极是 pH 玻璃电极，其结构如图 3-2 所示。它主要由以下几部分组成。

（一）pH 敏感玻璃膜

pH 敏感玻璃膜是一种特殊的玻璃膜，膜两侧与溶液接触后可与溶液的氢离子进行离子交换反应，从而产生膜电动势，此膜电动势与被测溶液中的氢离子活度呈能斯特关系。

pH 敏感玻璃膜的制备方法：首先将敏感玻璃配方的原料研碎、过筛、混匀，置于铂坩埚中，在高温电炉里加热熔融成无气泡、透明、清澈的流体；然后选取膨胀系数与敏感玻璃相近的玻璃管作电极支杆，在玻璃管的一端沾上适量的熔融的敏感玻璃（也可以先将敏感玻璃控制成棒状，然后在灯焰上熔融沾到支持杆玻璃管上），吹制成厚度为 $0.1 \sim 0.5 mm$ 的球泡。球泡内充入内参比溶液，这是一种含有氢离子和氯离子的溶液，目前，常用含

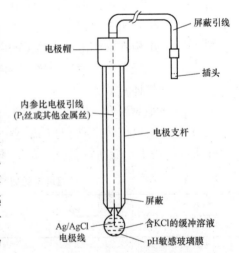

图 3-2 pH 玻璃电极的结构

有 KCl 的混合磷酸盐缓冲溶液，因为这样可以使得玻璃电极的等电位接近 7.0。然后插入内参比电极，内参比电极一般采用 Ag/Agcl 电极或甘汞电极。

（二）内参比电极系统

内参比电极系统包括内参比电极和内参比溶液，通过内参比溶液使玻璃膜与内参比电极建立稳定的接触，从而把膜电动势引出。由于内部溶液的浓度和成分是固定的，故内参比电极（Ag/AgCl）的电极电动势为一固定值。

（三）电极支杆

电极支杆由没有氢功能的其他软质玻璃管制得，敏感膜熔接在电极支杆上，因此应使两者的温度系数接近。通常商品的 pH 玻璃电极的电极支杆由双玻璃管构成，两层之间有屏蔽层，对内参比电极引线起屏蔽作用。

（四）电极帽

电极帽为绝缘胶木材料，它与玻璃电极支杆之间用高绝缘胶黏剂粘牢即可。

（五）电极引线

电极引线的插头应有高度绝缘性能，因此绝缘层应为聚四氟乙烯或聚丙烯等材料，并且应保持表面清洁、干燥。为防止外界电磁场干扰和静电作用，应采用屏蔽电缆。

二、pH 玻璃电极的性能

（一）氢功能

将玻璃电极放入电解质溶液中，在一定的 pH 值范围内，其电位值与溶液的 pH 值呈直线关系，也就是说它具有氢电极的功能。

理想的玻璃电极的转换系数应服从能斯特公式，即

$$K = \frac{E_1 - E_2}{pH_2 - pH_1} = \frac{2.3026RT}{F} \tag{3-4}$$

或

$$E_1 - E_2 = K(pH_2 - pH_1) \tag{3-5}$$

目前，玻璃电极的转换系数 K 可以达到理论值的 $98.5\% \sim 99.5\%$。pH 表是根据这个理论值设计的。一般而言，K 值总是略低于理论值，并随电极的长期使用而下降。如果电极有漏电现象，K 值会严重下降，造成较大的误差，因此必须引起注意。K 值也随温度而变化，大约为 $0.2\text{mV}/℃$，因此，在测量中尽量保持溶液温度接近 $25℃$，否则应进行温度补偿。

（二）不对称电位

当玻璃电极的内参比电极和电极对的外参比电极相同，内、外参比溶液均相同时，其电池为

$$Ag \mid AgCl \mid 0.1MHCl \mid 玻璃膜 \mid 0.1MHCl \mid Ag \mid AgCl$$

则其电位应为零。实际上总有几毫伏到几十毫伏的电位存在，这个电位称为不对称电位。

不对称电位产生于玻璃电极敏感膜部分，一般认为是由于内、外表面状态不完全一样所引起。它与时间、温度、玻璃组成、敏感膜的厚度和加工状况等因素有关。只要这个数值是稳定的，就不影响电极的氢功能。

干的玻璃电极在水中浸泡后，可以使不对称电位大大下降并趋向稳定。但随着电极的老化，不对称电位又会逐渐增加，甚至使电极失效。

通常用 pH 标准缓冲溶液校验 pH 表，可以消除不对称电位的影响。

（三）pH 玻璃电极的内阻

pH 玻璃电极的内阻较高，通常为 $100 \sim 1000 M\Omega$。内阻值的大小与玻璃成分、球泡的厚薄、温度等因素有关。温度对内阻的影响很大，见表 3 - 2。

表 3 - 2　　　　　　　　　　pH 玻璃电极内阻随温度变化的情况

温度（℃）	10	25	40
pH 玻璃电极内阻（MΩ）	1000	50～200	60

当温度较低时，pH 玻璃电极内阻很大，此时若采用输入阻抗较小的 pH 表，则易造成较大的测量误差。

在 pH 测量中，只要校准溶液与待测溶液温度相同，则由于输入阻抗所引起的测量误差可以抵消。因此，在 pH 测量中，内阻越高的电极，要求校准溶液和待测液的温度差越小。

（四）零电位或等电位（等电动势点）

pH 测量电池电位差为零时的溶液 pH 值称为玻璃电极的零电位 pH 值。零电位 pH 值又称为等电位点或等电动势点，取决于内参比溶液的 pH 值。假如 pH 玻璃电极的内参比溶液为 0.025mol/L 等摩尔浓度混合磷酸盐和适量的氯化钾溶液，则仅在 pH＝7 时，电池电位差为零。并且在 pH＜7 和 pH＞7 时，pH 玻璃电极的极性发生改变，如图 3 - 3 所示。若内参比溶液为 0.1mol/L HCl，则零电位时 pH 值为 2 左右。这是以前常用的一种 pH 电极，现在几乎所有的 pH 电极的等电位 pH 值都为 7。

实际上 pH 玻璃电极的等电动势点并非理想地交于一点，而是在某个范围之内，如图 3 - 4 所示。

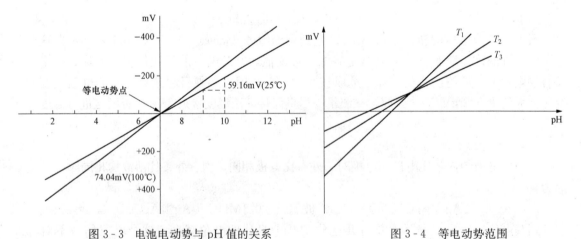

图 3 - 3　电池电动势与 pH 值的关系　　　　　图 3 - 4　等电动势范围

（五）绝缘电阻

由于 pH 玻璃电极内阻很高，所以要求电极引出线有良好的绝缘和屏蔽，否则将产生漏电，造成测量误差。通常要求电极引出线与屏蔽线间的绝缘电阻为电极内阻的 10^3 倍以上。

（六）pH 玻璃电极的浸润性

pH 玻璃电极的氢功能与吸水性有关，吸水性适当的电极才具有氢功能。干电极完全不具有氢电极的性能。至于这种作用机理，通常都认为是水分子促使溶液和玻璃膜中的氢离子进行交换（或迁移），因而就具有氢电极的性质。因此，当电极膜严重失水后，会造成电极失效。

通常 pH 玻璃电极使用前需在蒸馏水中，或 10^{-4} mol/L 的 HCl 溶液中浸泡 24h，平时可保存在蒸馏水中，但长期不用时应干放。切忌用洗液或其他吸水性试剂浸洗。实验证明，pH 玻璃电极的浸泡液可随测量体系溶液成分而变，可根据实际使用情况选择合适的浸泡液。

（七）pH 玻璃电极的碱差和酸差

实际玻璃电极的能斯特斜率并不是在整个 pH 范围内都是常数。在碱性范围（pH＞10）内，K 值降低，实际测出的 pH 值比应有 pH 值低；在酸性范围（pH＜1）内，K 值升高，实际测出的 pH 值比应有 pH 值高。这种误差称为碱差和酸差。通常使用的钠玻璃电极，其碱差较大，使用 pH 值为 1～9.5。而锂玻璃电极的碱差较小，使用 pH 值为 1～13。

碱差的大小与溶液的 pH 值、温度等因素有关。pH 值越大，碱差越大；温度越高，碱差也越大。碱差的数值是不恒定的，它还与溶液中离子种类有关。很多 pH 表厂家给出的碱差校正曲线并不十分可靠。

三、pH 玻璃电极的使用限制

除了上面所谈到的影响因素以外，pH 玻璃电极的使用还受到下面一些限制：

（1）当测量蛋白质、染料或其他黏度较大的有机溶剂时，往往因它们在 pH 玻璃电极敏感膜上产生沉积，而使敏感膜失去效用，必须采取措施，如缩短电极沉浸时间或设法对电极表面进行清洗。在工业测量中，通常用特制的毛刷或超声波清洗电极表面。

（2）强碱或其他对玻璃电极敏感膜有腐蚀性的溶液，如含氢氟酸的溶液，将破坏敏感膜，使电极失效。

（3）脱水性介质如浓乙醇（无水乙醇），会引起电极表面失水，损坏电极氢功能。清洗液中的浓硫酸也有吸水作用，情况相像，致使电极失效。

（4）在非缓冲性溶液中测定时，pH 玻璃敏感膜的溶解，往往使测得的 pH 值偏高。

四、pH 玻璃电极的维护和保养

pH 玻璃电极在测量前一定要在电极玻璃膜上形成一个水化层。如果是一支新电极或长期未用的电极，一定要在 10^{-4} mol/L HCl 的水溶液中浸泡 24h。为了使得在以后的测量过程中保持玻璃电极的氢功能，目前不少生产玻璃电极的制造商和有经验的工作者推荐了不同的维护和保养方法。但是共同的一点是都不推荐"干放"，而要"湿放"电极。也就是将电极浸在合适的溶液中。同时，要保持复合 pH 电极液接界的清洁，使其在测量过程中畅通。

在推荐的"湿放"电极的方法中，有的认为放在蒸馏水中较好；有的认为应放在稀酸溶液，例如 10^{-4} mol/LHCl 中；有的推荐放在含有 0.1mol/L KCl 稀酸溶液中。这主要由测量者自己的实践来决定，也与测量的溶液对象有关。例如，测量弱酸性样品时，将电极浸在 0.1mol/L KCl＋10^{-4} mol/L HCl 溶液中，对保护电极的氢功能有利。测量酸性样品的电极不能储藏在缓冲溶液、浓酸液、浓氯化钾溶液、碱溶液中，最好也不要放在蒸馏水中。

在测量过程中，在清洗电极后，最好不要用滤纸去擦玻璃膜，以免损伤薄膜；而应用滤纸储吸干。pH 玻璃电极绝对不能应用于吸水性强的介质中，也不能在强碱性和浓酸中使用；否则，其氢功能会受损。

电极在长期不用时最好套在橡皮套中，使玻璃敏感膜部分与少量蒸馏水接触。

电极上有污染物之后会使电极响应变迟钝，通常清洗玻璃膜和参比电极液接界的方法如下：

（1）对于轻度污染物。可将电极浸在清水中（自来水或蒸馏水），用棉球吸上水后轻轻擦去污物。

（2）对于沾污较重的电极，可选择合适的洗涤剂。一些中性洗涤剂适合于清除油、脂肪类的有机污物；0.1mol/L HCl 清洗像 $CaCO_3$ 那样的无机盐污物很合适。但是一定要注意，在用洗涤剂清除污物后，电极须得到充分的淋洗。

五、pH 玻璃电极的检查与恢复

（一）pH 玻璃电极的检查

（1）当在第一个标准溶液中校准后转入第二个标准溶液后，pH 读数与在第一个标准溶液中的 pH 读数基本相同，则说明该玻璃电极有裂纹，不能使用。

（2）当在第一个标准溶液中校准后转入第二个标准溶液后，pH 读数要较长时间才能达到稳定，这需要对电极进行清洗或恢复处理。

（二）电极的清洗或恢复处理

电极的清洗或恢复处理分三个等级：

（1）一般清洗。用除油剂对玻璃电极进行清洗，随后用水冲洗干净，将电极浸入 5％盐酸溶液中清洗，再用水冲洗几遍。这种清洗方法对电极寿命影响较小。如果清洗后电极的响应时间无明显改善，可采用下一步清洗方法。

（2）铬酸清洗。如果按上述一般清洗法清洗后达不到预期效果，那么才可使用铬酸清洗法。将电极浸入铬酸清洗液中快速清洗后，立即用水冲洗几次，然后泡在水中到第二天才能使用。铬酸清洗法清洗效果较好，但有使玻璃电极脱水的作用，减少电极的使用寿命。

（3）氟化物清洗。如果按铬酸清洗法清洗后达不到预期效果，可使用氟化物清洗法。将玻璃电极浸入 20％氟氢化铵 NH_4HF_2 水溶液（用塑料烧杯）中约 1min，立即用水冲洗几次，然后将电极浸泡在除盐水中到第二天使用。该方法处理时将玻璃电极表面溶解一部分，对电极寿命影响很大，只有上述清洗方法无效时才采用该方法，对同一支电极不能经常用该方法处理。

第四节　pH 参 比 电 极

测量离子选择性电极的电极电位必须有参比电极。在压力、温度一定的条件下，当被测液的组成改变时，参比电极的电极电位（不包括液接电位）应保持恒定。参比电极应具有良好的可逆性、重现性和稳定性。不能正确使用参比电极是导致测量误差的主要原因之一。

Ag/Agcl 电极是一种方便可靠的电极，在电位稳定性和重现性方面都比较好，现在离子选择性电极的内参比电极多数采用 Ag/Agcl 电极。

Ag/Agcl 电极表示式为

$$KCl, AgCl（饱和）｜AgCl（固），Ag$$

其中 AgCl 是 Ag 的固体难溶盐，KCl 溶液提供 Cl^-（也可用 HCl 来提供）。电极反应为式（3-6），电极电位为式（3-7）。

$$AgCl + e \rightleftharpoons Ag + Cl^- \tag{3-6}$$

$$E = E_0 - \frac{RT}{F} \ln \alpha \, Cl^- \qquad (3-7)$$

当 Cl^- 浓度和温度一定时，参比电极电位是一常数。尽管 KCl 内充液的浓度可以不同，但所用的 KCl 溶液必须是 AgCl 的饱和溶液，否则覆盖在银表面的一层 AgCl 将溶解到 KCl 溶液中，这将引起电极电位漂移或缩短电极的使用寿命。

第五节　低电导率水 pH 值在线测量注意事项

发电厂水汽系统测量 pH 的水样电导率一般低于 $100\mu S/cm$，pH（25℃）在 3～11 之间，测量此类低电导率水样的在线 pH 表由测量传感器（包括 pH 玻璃电极与参比电极、温度传感器及流通池）、取样管路系统及变送器（二次仪表）构成，具体示意图如图 3-5 所示。

在线 pH 表的测量电极一般是带温度传感器的复合电极，或是将 pH 玻璃电极与参比电极（带温度传感器）放置在流通池中进行在线连续测量。要求 pH 玻璃电极内阻小，适合低电导率水的连续测量；参比电极无需补充电解液，能保证内充液扩散，并能防止由于扩散造成电极内充电解液严重稀释。

对于测量低电导率水 pH 的在线 pH 表，对其测量传感器、取样管路系统、和传感器的要求及规定如下：

一、测量传感器

在线 pH 表流通池不能使用不同金属，以防止这些金属间发生电偶腐蚀，电偶腐蚀会在水样中产生电位梯度，造成明显的 pH 测量误差。因此，在线 pH 表所有与水样接触的材料应由不锈钢（316L 或电化学抛光的 304）、玻

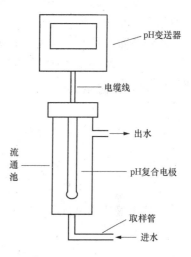

图 3-5　在线 pH 表示意图

璃、聚四氟乙烯等组成。在核电厂测量含有放射性水样的 pH 值时，在线 pH 表流通池不能采用聚四氟乙烯，应采用合适的材料替代辐射区域内的所有聚四氟乙烯组件。

pH 测量流通池、连接管宜采用不锈钢（首选 316 不锈钢，也可采用电解抛光的 304 不锈钢），pH 玻璃电极宜采用不锈钢整体屏蔽，并且整个系统应接地良好。同时，要求整个测量系统有良好的屏蔽，以减少电磁干扰；应确保整个水样系统的严密性，防止空气漏入水样；防止测量管路系统和流通池中沉积物的积累。传感器的温度响应会影响测量的准确性和重现性，应选择温度响应快的温度测量电极；选择和 pH 玻璃电极内参比电极相同的参比电极；调节水样的温度接近 25℃。

某些 pH 玻璃电极长期在低电导率水中会发生玻璃膜降解，应选择适合于在低电导率水中长期使用的 pH 玻璃电极。

为了保证 pH 测量结果的准确性和稳定性，应避免低电导率水样扩散到参比电极内部的高电导率内充液中引起参比电极的电位变化。

宜选择密封、不需要补充内充液的参比电极，并且电极在长期测量低电导率水样过程中应能避免参比电极内充液被明显稀释。

二、取样管系统

pH 传感器上游与水样接触的材料应选用不锈钢、聚四氟乙烯、玻璃等材料。在水样减压器和冷却器后，还应设有压力调节和流量调节系统。在水样进入传感器前，应设有手工取样旁路，用于 pH 仪表的整机在线校准。进行在线校准时，流经在线 pH 表传感器的水样压力和流量应保持不变。

三、传感器与二次仪表的连接

如果 pH 传感器与二次仪表的连接线长度小于 3m，传感器与二次仪表直接连接；如果 pH 传感器与二次仪表的连接线长度大于 3m，宜使用转换模块。转换模块具有测量信号放大、抗干扰、温度补偿等功能。转换模块与 pH 传感器的连接线长度宜小于 3m，转换模块的输出端与 pH 二次仪表的连接。

四、在线 pH 表的运行注意事项

对于新投运的在线 pH 表，尤其是电极浸入过 pH 校准缓冲液或其他高电导率溶液后，应使用低电导率水样以 250mL/min 的流量，冲洗水样系统 3~4h。

水样流量应控制在仪表厂家推荐流量范围内，流通池入口的水样压力应保持在 345kPa 以下。应尽可能保持水样流量和压力在一个固定值，以防止水样压力和流量的变化产生 pH 测量误差。确定水样流量应考虑的因素有取样管路的长度、内径对取样滞后时间和取样代表性的影响、温度控制的影响、压力调节的影响等。宜保持水样温度在 25℃±1℃。应按照厂家说明书安装在线传感器和连接管路，保证系统严密，避免空气漏入。

第六节　在线 pH 表测量准确性影响因素

玻璃电极法测量低电导率水 pH 的等效电路可以用图 3-6 来表示。

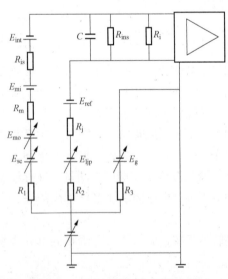

图 3-6　在线 pH 测量等效电路

在图 3-6 中，E_{int} 为玻璃电极中内参比电极电位；R_{is} 为玻璃电极内充液电阻；E_{mi} 为玻璃膜内水化层电位；R_m 为玻璃膜电阻；E_{mo} 为玻璃膜外水化层电位，该电位随溶液中氢离子活度的变化而有规律地变化；E_{sc} 为因为静电荷累积而形成的电位；E_{ref} 为参比电极中内参比电极电位；E_{ljp} 为液接电位，一般随着被测溶液的压力和溶液离子强度的变化而无规律地变化；R_j 为参比电极内充液电阻及多孔陶瓷接界电阻总和；E_g 为接地桩的电化学电位；R_1、R_2、R_3 分别为溶液电阻；C 为导线分布电容；R_{ins} 为导线绝缘电阻；R_i 为仪表输入阻抗。

对照图 3-6 进行分析，在用玻璃电极测量低电导率水样的 pH 值时，可以将误差的来源分为下面所述的三类。

一、静电荷的影响（流动电位的影响）

低电导率水在线 pH 测量中的突出问题是静电荷的影响，美国专家从 20 世纪 80 年代初开始对此进行大量研究，而同期国内对纯水 pH 值测量技术的研究还停留在液接电位、温度、电极好坏等因素对测量的影响上，2000 年以来西安热工研究院的工作人员也对静电荷的影响进行了大量试验研究。

发电厂凝结水、给水等水样，它们的电导率一般不大于 $10\mu S/cm$，在这样低电导率的水样中测量 pH 值很容易受到静电荷的影响。这是因为此类水样的电导率很低，其性质与绝缘体相似，在流动时与电极表面或绝缘管道发生类似于绝缘体之间的摩擦，产生静电荷。这些静电荷在纯水中难以被及时导走，在电极表面累积形成电位差，也称为流动电位 E_{sc}，该电位叠加到 pH 玻璃电极上，使 pH 玻璃电极的电位发生变化从而造成 pH 值的测量误差，并且造成结果不稳定，流动电位 E_{sc} 的大小取决于水样的纯度以及水样的流速，水样纯度和流速的稍微变化就会引起流动电位的变化。这种由静电荷造成的流动电位每变化 5.9mV，就可造成 0.1pH 的测量误差，如果对此不加以注意，流动电位的变化可达几十毫伏。经研究发现，在电厂所测量的纯水水样中，这种由于静电荷而造成的 pH 测量误差往往会超过 0.5。

为了减少静电荷所造成的流动电位对 pH 测量造成的影响，可采用以下措施来减少误差：

（1）使用接地良好的不锈钢测量池，这样可将摩擦产生的部分静电荷通过接地线导走，减少摩擦静电产生的误差。但应特别注意的是接地线必须可靠，最好用专门的接地桩和地线，如果与其他公共接地线公用，一旦地线上有较大的电流流动或出现故障，将会产生更大的测量误差。

（2）保持流经测量池的水流速度低并且稳定，大约在 100mL/min 以下，以减少电极表面摩擦产生的静电荷。这种方法的缺点是过低的流速使测量时间滞后，取样不具有代表性，并且也不能保证完全消除因静电荷产生的流动电位。

（3）向水样中添加 KCl 增加纯水的导电性等。这种方法有一定的弊端，因为向水样中添加 KCl 会影响各种离子的离子强度，从而影响离子活度，并最终会影响水样的 pH 值，所以不提倡使用。

二、液接电位的影响（pH 缓冲溶液标定的影响）

理想的参比电极在一定的压力和温度下应该保持恒定的电极电位，而不管水样 pH 值和浓度的变化，但实际上参比电极电位却是随着液接电位的变化而变化的。Ag/AgCl 参比电极的电位示意图可以用图 3-7 表示。

由图 3-7 可以看出，参比电极的电位 $E=E_{ref}+E_{ljp}$。在实际的测量过程中，E_{ljp} 并不是恒定不变的。液接电位的变化会引起参比电极电位（$E_{ref}+E_{ljp}$）的变化，从而引起玻璃电极和参比电极间电位差的变化，造成 pH 值测量误差。这种由于液接电位变化而对 pH 值测量造成的误差可达到 0.2。

当水样的离子强度和参比电极中内充液电解质离子强度相同时，液接电位会保持相对稳定并接近于 0mV。然而，

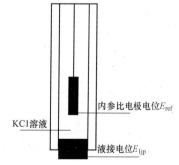

内参比电极电位 E_{ref}

KCl 溶液

液接电位 E_{ljp}

图 3-7　Ag/AgCl
参比电极电位示意图

当两者相差很大时，液接电位会增大，引起较大的测量误差。pH 电极的校正在缓冲溶液中进行，其离子强度与内充液的离子强度接近（相对于高纯水来说），这将会产生一个很小的液接电位。但当测量高纯水时，高纯水的离子强度和内充液的离子强度相差较大，此时的液接电位会明显高于校正时的液接电位，这样测量时参比电极的液接电位明显不同于校正时的液接电位，从而使参比电极电位发生变化，有时这种变化可达几十毫伏，造成测量误差。

另外，当被测水样压力升高时，高纯水向电极内扩散稀释了 KCl 内充液。随着 KCl 被稀释，液接电位也会随之发生变化。

在进行 pH 仪表整机校准时，应保证液接电位的稳定。在离子强度较高的 pH 标准缓冲液中校准后，测量低电导率水样时，需要很长的冲洗时间，参比电极的液接电位才能达到稳定。为了保证低电导率水 pH 测量的准确性，应在低电导率水样中进行在线校准，或使用与被测水样电导率相近的标准水样进行在线校准。

三、温度的影响

1. 温度对 pH 值测量的影响

pH 值的测量原理可用式（3-8）表示，即

$$E = E_0 + \frac{RT}{nF}\ln a_H = E_0 - \frac{2.3026RT}{F} \tag{3-8}$$

$$pH = -\lg a$$

将式（3-8）写成式（3-9）的形式。对式（3-9）中的温度 T 求导数，得式（3-10），即

$$E = E_0 + \frac{RT}{nF}\ln a_H = E_0 + 0.1984\frac{T}{n}\lg a \tag{3-9}$$

$$\frac{dE}{dT} = \frac{dE_0}{dT} + \frac{0.1984}{n}\lg a + \frac{0.1984T}{n} \cdot \frac{d\lg a}{dT} \tag{3-10}$$

$\frac{dE}{dT}$ 为温度变化一个单位时测量电池电动势的变化值，即测量电池的温度系数，由式（3-10）可以看出，温度对 pH 值测量的影响主要表现在以下几方面。

（1）dE_0/dT 是电极的标准电位温度系数项。它是表示电极受温度影响的项，它与电极的膜材料、内充液、内外参比电极的温度特性有关。参比电极电位随温度是有规律地变化的（见表 3-3）。在实际的测量过程中，选择与玻璃电极的内参比电极相同的参比电极。从图 3-1 可以看出，当玻璃电极的内参比电极与参比电极相同时（包括内充液浓度也相同），玻璃电极中内参比电极电位 E_{int} 与参比电极中内参比电极电位 E_{ref} 相等，温度造成的电位 E_{int} 和 E_{ref} 变化量相等，相互抵消，不会造成玻璃电极与参比电极电位差 E 的变化，从而消除了参比电极电位随温度变化对测量带来的影响。

表 3-3 　　　　　　　　　　两种不同参比电极电位与温度的关系

温度（℃）	10	20	25	30	40
饱和甘汞电极电位（V）	0.2536	0.2471	0.2438	0.2405	0.2340
Ag/AgCl 电极电位（V）	0.2138	0.2040	0.1989	0.1939	0.1835

（2）$0.1984/n\lg a$ 是能斯特温度系数斜率项。对于 pH 玻璃电极，$n=1$，温度变化 1℃，则斜率变化 0.1984mV。25℃时，根据式（3-9）计算出能斯特斜率（mV/pH）为 59.157，

因此 $T℃$ 时能斯特斜率（mV/pH）可用式（3-11）表示，即

$$能斯特斜率(mV/pH) = 59.157 + 0.1984(T-25) \qquad (3-11)$$

由式（3-11）计算出不同温度下的能斯特斜率，见表3-4。目前，一般的pH测量仪表的温度补偿电路都能补偿该项变化带来的误差。

表 3-4　　　　　　　　　　温度与能斯特斜率（mV/pH）的关系

温度（℃）	10	20	25	30	35	40
能斯特斜率（mV/pH）	56.181	58.165	59.157	60.149	61.141	62.133

（3）$\dfrac{0.1984T}{n} \cdot \dfrac{\mathrm{d}\lg a}{\mathrm{d}T}$ 为溶液温度系数项（STC）。它受溶液中离子活度的影响，而离子活度又取决于它的活度系数和离子强度。对于弱电解质溶液，溶液温度系数项主要受到溶液平衡常数的影响。

对于弱电解质溶液，由范特霍夫方程（3-12）可知，温度与平衡常数的关系可以用式（3-13）表示，即

$$\frac{\mathrm{d}\ln K^{\theta}}{\mathrm{d}T} = \frac{\Delta_r H^{\theta}}{RT^2} \qquad (3-12)$$

$$\ln K_t = \ln K_{25} + \Delta_r H^{\theta}\left(\frac{1}{T_{25}} - \frac{1}{T_t}\right) \qquad (3-13)$$

式中　K_t——温度为 $t℃$ 时的平衡常数；

　　　K_{25}——温度为 25℃时的平衡常数；

　　　K^{θ}——标准平衡常数；

　　　T——热力学温度；

　　　$\Delta_r H^{\theta}$——标准状态下电离反应的焓变量；

　　　R——气体常数；

　　　T_{25}——25℃对应的热力学温度；

　　　T_t——$t℃$对应的热力学温度。

从式（3-13）可见，平衡常数 K_t 是随温度而变化的，并且对于不同电离平衡，由于标准状态下电离反应的焓变量 $\Delta_r H^{\theta}$ 的大小和正负不同，所以温度对 K_t 的影响程度也不同，K_t 可能随温度增加而增加，也可能随温度增加而减少。温度变化引起 K_t 变化，从而引起参与电离平衡的 H^+ 或 OH^- 离子浓度的变化，因此必然造成pH值的变化。而不同水样中所含的离子的种类和数量是不确定的，pH值随温度的变化量也就不确定，因此pH测量仪表对温度变化引起的溶液平衡常数变化造成的误差也就难以进行补偿。

例如，对于氨水溶液，应用水化学的原理可以推导出在一定的温度 $t℃$ 下，溶液的电离平衡常数 K_t、水的离子积常数 K_w、溶液的浓度 C 以及pH值四者的关系符合式（3-14）。由式（3-13）和式（3-14）可以计算出温度 $t℃$ 下氨水溶液的pH值，即

$$K_t[H^+]^3 + (K_w + K_tC)[H^+]^2 - K_tK_w[H^+] - K_w^2 = 0 \qquad (3-14)$$

同理也可以计算出一定温度、一定浓度下某一溶液的pH值。利用以上方法计算出几种不同溶液在某一温度下的pH值。得到的结果见表3-5。

从表3-5可以看出，纯水在25℃时的pH值为7.00，30℃时的pH值为6.92，此时pH值

电厂化学仪表培训教材

的变化量为 0.08，而到了 40℃ pH 值的变化量已经达到了 0.23。而对于后两种水样，全挥发处理的给水和磷酸盐处理的炉水，pH 值随温度的变化量则更大。而 pH 测量仪表对温度变化引起的溶液平衡常数变化而造成的 pH 值变化难以进行补偿，这将给测量带来很大的误差。

表 3-5 平衡常数随温度变化引起的 pH 测量误差与温度的关系

温度（℃）	纯水		$0.272mg/LNH_3+20\mu g/LN_2H_4$		$3mg/LNa_3PO_4+0.3mg/LNH_3$	
	pH	ΔpH	pH	ΔpH	pH	ΔpH
5	7.37	0.37	9.72	0.72	10.18	0.73
10	7.27	0.27	9.52	0.52	9.98	0.53
15	7.17	0.17	9.34	0.34	9.79	0.34
20	7.08	0.08	9.16	0.16	9.62	0.17
25	7.00	0.00	9.00	0.00	9.45	0.00
30	6.92	-0.08	8.84	-0.16	9.29	-0.16
35	6.84	-0.16	8.70	-0.30	9.15	-0.30
40	6.77	-0.23	8.55	-0.45	9.01	-0.44
45	6.70	-0.30	8.42	-0.58	8.87	-0.58

（4）温度的三种影响造成的 pH 测量误差比较。设玻璃电极内参比电极是 Ag/AgCl 电极，水样温度为 10℃，相对标准温度 25℃的电极电位差为 $0.2138-0.1989=0.0149$（V）（见表 3-3）；设参比电极是饱和甘汞电极，水样温度为 10℃，相对标准温度 25℃的电极电位差为 $0.2536-0.2438=0.0098$（V）（见表 3-4）；水样温度为 10℃时温度造成玻璃电极和参比电极的电位差增量为 $0.0149-0.0098=0.0051$（V），对应的 pH 值误差为 0.086。温度变化使能斯特斜率项发生变化，如果不进行补偿，产生的误差可用式（3-15）表示，即

$$\Delta pH = \frac{(pH-7)\times(T-T_f)}{T_f+273} \tag{3-15}$$

式中 ΔpH——温度变化引起的误差；

T——水样温度，℃；

T_f——标准温度，25℃。

假设水样温度为 10℃，仪器未对能斯特斜率项温度进行补偿，测量 pH 值为 9.0 的水样，温度引起的玻璃电极误差可由式（3-15）计算为 0.10。

$0.272mg/LNH_3+20\mu g/LN_2H_4$ 的水样在 10℃时，温度的三种影响造成的 pH 值测量误差见表 3-6。由此可见，对于电厂给水系统，温度引起的溶液平衡常数变化造成的误差最大，比其他两项的误差之和还大。

表 3-6 $0.272mg/LNH_3+20\mu g/LN_2H_4$ 的水样 10℃ 时未进行温度补偿时各项误差比较

误差来源	pH 测量误差（ΔpH）	误差来源	pH 测量误差（ΔpH）
温度对电极的影响	0.086	温度对溶液的影响	0.52
温度对能斯特斜率的影响	0.10		

2. 温度对 pH 测量影响的消除或减少方法

温度对 pH 测量造成的影响有三方面：一是引起参比电极电位变化，此项可以通过选择

40

与玻璃电极内参比电极相同的参比电极消除；二是引起能斯特斜率变化，此项可以通过 pH 表中预存的能斯特温度斜率温度补偿消除，三是引起溶液平衡常数变化，即溶液温度效应（STE），由于被测水样所含离子种类未知，所以此项影响消除难度较大。

溶液温度效应（STE）是由水的电离平衡常数随温度变化引起的，因此对低电导率酸性或碱性水样的影响较大。为了减少溶液温度效应（STE）对测量水样 pH 值的影响，应确定溶液在不同温度下的溶液温度补偿系数（STC），以便在各种温度下准确测量水样的 pH 值。一旦确定了 STC，根据测量出的水样在某温度下 pH 值，应用 STC 就可以计算出 25℃下的 pH 值。

低电导率溶液 STC 的确定需要根据溶液的各个组分进行复杂的计算。因而，一个 STC 仅对某一特定溶液有效。STC 的推导取决于所分析溶液的水化学性质。如果对水中微量成分测量不准确，推导得到的 STC 会产生较大误差。一个未知的微量组分会使推导的 STC 不能准确补偿溶液的 pH 值。

一种常用的方法是测量已知溶液在两个不同温度下的 pH 值，计算出 STC。这种方法的缺点是缺少两点之间的数据。然而，由于水化学性质在一定范围内相对稳定，所以通过多个测量数据回归出 STC 修正因子，使用该 STC 可以将在不同温度下测量的水样 pH 值补偿到 25℃的 pH 值。

几种不同溶液在不同温度下的 pH 量值见表 3-7，在不同温度下的温度补偿系数（STC）见表 3-8。这些碱性溶液的温度补偿系数基本相同，是纯水温度补偿系数的两倍左右。使用表 3-8 中的温度补偿系数，可避免溶液温度效应造成的 pH 值测量误差。因此，在准确确定溶液成分的前提下，带有可设定 STC 温度补偿系数或选定具有不同溶液种类温度补偿的 pH 仪表，可以保证仪表测量标准 pH 溶液和进行连续在线 pH 值测量时不受温度的影响。

表 3-7　　　　　　　　　　不同溶液 pH 值随温度的变化

温度(℃)	pH			
	1 号溶液	2 号溶液	3 号溶液	4 号溶液
0	4.004	9.924	10.491	10.388
5	4.004	9.719	10.294	10.178
10	4.004	9.525	10.108	9.981
15	4.005	9.342	9.932	9.795
20	4.005	9.169	9.765	9.619
25	4.006	9.002	9.604	9.451
30	4.007	8.847	9.456	9.296
35	4.008	8.699	9.312	9.148
40	4.010	8.557	9.175	9.007
45	4.011	8.422	9.044	8.874
50	4.013	8.293	8.919	8.748

注　1. 1 号溶液：4.84mg/L SO_4。

2. 2 号溶液：0.272mg/L NH_3＋20μg/L N_2H_4。

3. 3 号溶液：1.832mg/L NH_3＋10.0mg/L 吗啉＋50μg/L N_2H_4。

4. 4 号溶液：3.0mg/L PO_4（Na：PO_4＝2.7）＋0.30mg/L NH_3。

表 3-8   不同溶液 pH 值测量温度补偿系数

温度（℃）	pH				
	纯水	1 号溶液	2 号溶液	3 号溶液	4 号溶液
0	−0.477	−0.002	−0.923	−0.887	−0.937
5	−0.369	−0.002	−0.717	−0.690	−0.727
10	−0.269	−0.002	−0.524	−0.504	−0.530
15	−0.174	−0.001	−0.340	−0.327	−0.343
20	−0.085	−0.001	−0.167	−0.160	−0.168
25	0.000	0.000	0.000	0.000	0.000
30	0.078	0.001	0.154	0.149	0.155
35	0.153	0.002	0.303	0.292	0.304
40	0.224	0.004	0.445	0.429	0.444
45	0.292	0.005	0.580	0.560	0.577
50	0.356	0.007	0.709	0.685	0.704

注　1.1 号溶液：4.84mg/L SO_4。

2.2 号溶液：0.272mg/L NH_3 ＋20μg/L N_2H_4。

3.3 号溶液：1.832mg/L NH_3 ＋10.0mg/L 吗啉＋50μg/L N_2H_4。

4.4 号溶液：3.0 mg/L PO_4（Na∶PO_4＝2.7）＋0.30 mg/L NH_3。

为了消除温度对在线 pH 值测量造成的影响，应尽量将水样温度控制在 25±0.2℃。

四、污染的影响

进行 pH 在线测量时，高纯度、低电导率水样特别容易受到污染，这些污染来自大气（尤其是 CO_2，见表 3-9）、取样管路沉积物（氧化铁和其他金属腐蚀产物）、高电导率的标准缓冲液、不正确的取样系统以及参比电极渗出的内充 KCl 电解液。

表 3-9   只含有氨水和二氧化碳水溶液的 pH 和电导率计算值（25℃）

氨水（mg/L）	二氧化碳 0mg/L		二氧化碳 0.2mg/L		含 0.2mg/L 二氧化碳引起的 ΔpH
	μS/cm	pH	μS/cm	pH	
0	0.056	7.00	0.508	5.89	1.11
0.12	1.462	8.73	1.006	8.18	0.55
0.51	4.308	9.20	4.014	9.09	0.11
0.85	6.036	9.34	5.788	9.26	0.08
1.19	7.467	9.44	7.246	9.38	0.06

注　本表数据引自 ASTM D 5128—2009《在线测量低电导率水 pH 的方法》。

五、流速和压力的影响

应控制流经 pH 值测量流通池的水样流速在一定的范围内，才能使测量结果稳定准确。水样流速对 pH 值测量的影响如下：

所有的 pH 玻璃电极和参比电极均受水样流速的影响。这种影响表现为：当水样 pH 值恒定时，水样流速变化会导致电位输出信号发生变化，这种变化不代表水样的真实 pH 变化。电位输出信号随水样流速变化，使 pH 测量的重现性变差。水样流速变化导致电位输出信号的变化是不稳定和不可预测的。低电导率水 pH 测量的电位输出会随水样流速的变化而发生变化。然而给定流速下，电位输出是稳定的和可重现的。因此，在低电导率水中在线测量 pH 值时，应保持水样流速恒定。

水样压力变化对 pH 值测量的影响常被误认为是流速的影响。研究表明，水样压力变化影响参比电极的液接电位。这种影响在进行低电导率水在线 pH 测量时更加明显。因此，在低电导率水中在线测量 pH 时，应保持水样压力恒定，测量池排放口对空排放。

六、校准时响应时间的影响

给水、凝结水等在线 pH 表的检查性校准一般采取两点法，即先在 pH6.86 的标准溶液中校准，然后在 pH9.18 的标准溶液中进行第二点校准。然而，对于采用自动校正程序的在线 pH 表，在进行两点校准时应特别注意电极响应时间快慢的影响。

氢离子选择性玻璃电极放入一定 pH 值的标准溶液中，电位稳定后响应有一定的电极电位值，但这个电极电位值不是立即达到的，而是经过一定的时间以后逐渐达到这一稳定电极电位值。从电极放入一定 pH 的标准溶液中到电位达到稳定值所用的时间称为电极响应时间。如图 3-8 所示，电极 1 的响应时间 t_1 较短，电极 2 的响应时间 t_2 较长。

具有自动校正程序的在线 pH 计，对第二点校正的时间有固定限制（如 3min）或自动根据电位变化情况选取第二点的读数。这对于响应时间很短的电极一般不会产生很大的误差，但对于响应时间较长的电极，由于电位还未达到稳定电位就读数进行校正，会造成较大的误差。

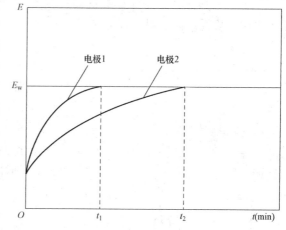

为了减少响应时间较长的电极校准误差，可采取以下两种方式：

（1）电极放入标准溶液后，等足够长的时间以后再按"确认"键，以保证电极电位达到稳定值。

（2）对电极进行恢复处理。

图 3-8 电极响应时间示意图

七、其他影响

在线 pH 表的测量准确性还受到玻璃电极质量、电极响应时间、电极表面被污染的情况、电极使用时间、接地情况、外界干扰等因素的影响。

第七节 在线 pH 表的校准

在线 pH 表的校准分为检查性校准和准确性校准。

一、检查性校准

检查性校准适用于新购在线 pH 表的初次使用，或者更换电极后的首次使用。检查性校准的目的是检验电极与变送器（二次仪表）的配套性能。由于 pH 测量传感器受流动电位、液接电位、温度补偿等在线因素和纯水因素的影响，检查性校准后的在线 pH 表，并不能保证测量低电导率水样 pH 值的准确性。检查性校准的步骤如下：

（1）按照厂家说明书，将 pH 测量传感器与二次仪表连接，启动仪表，并进行随后的操作。

（2）将 pH 表设置为自动温度补偿。

（3）将电极（参比电极、玻璃电极和温度测量传感器）从流通池中取出，将电极分别置于 pH 值为 6.864（25℃）和 9.182（25℃）的标准缓冲溶液中进行两点定值（见 GB/T 6904—2008《工业循环冷却水及锅炉用水中 pH 的测定》）。然后再把电极分别放入 pH 值为 6.864（25℃）和 9.182（25℃）进行检验，pH 示值误差绝对值应小于 0.05。在每次更换校准缓冲液之间，使用二级除盐水彻底冲洗电极和玻璃器皿。

（4）完成上述操作后，使用二级除盐水或被测水样彻底冲洗电极，按厂家说明将其安装在 pH 值测量流通池。调整水样流速不小于 250mL/min，冲洗流通池和电极至少 3h，彻底清除微量高电导率的 pH 缓冲溶液。

二、准确性校准

准确性校准的目的是保证在线 pH 仪表测量准确。准确性校准时，在线 pH 仪表处于正常监测状态，所有可能使仪表测量出现误差的因素都存在。因此，准确性校准合格的在线 pH 仪表，一定时间内，pH 值测量误差小于 ±0.05（符合 DL/T 677—2009《发电厂在线化学仪表检验规程》标准规定）。

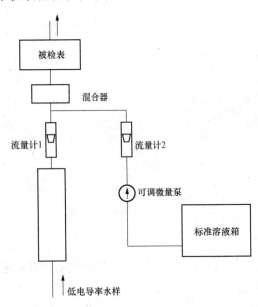

图 3-9　低电导率 pH 标准水样制备装置示意

对于连续运行的在线 pH 表，应每月进行一次准确性校准；如果发现在线 pH 表测量异常，应立即进行准确性校准。新购置的在线 pH 表，或者更换电极的在线 pH 表，在完成检查性校准后，应立即进行准确性校准。机组检修后投入运行，应进行一次准确性校准。准确性校准的方法如下：

1. 低电导率 pH 标准水样校准法

被检在线 pH 仪表处于正常运行状态，温度补偿设置为自动温度补偿。对于参与控制或报警的在线 pH 仪表，应先解除控制或报警状态。然后将被检表流通池入口拆开，将低电导率 pH 标准水样（参见表 3-10）接入被检表流通池入口（参见图 3-9，详见 DL/T 677—2009《发电厂在线化学仪表检验规程》附录 C）。调节水样流量和压力到正常测量值，用标准水样冲洗 30min 以上。当被检表读数稳定后，对比标准水样的 pH 值，两者 pH 值差值的绝对值小于 0.05，即检验合格；当两者 pH 值差值的绝对值超过 0.05 时，按照仪表说明书，对被检表进行在线校准，使被检表测量的 pH 值与标准水样的 pH 值之差的绝对值小于 0.05。

表 3-10　　　　　　　　　　　25℃下，pH 与电导率的关系

NH_3(mg/L)	NH_4OH(mg/L)	pH	电导率($\mu S/cm$)
0.10	0.21	8.65	1.24

续表

NH₃(mg/L)	NH₄OH(mg/L)	pH	电导率(μS/cm)
0.15	0.31	8.79	1.72
0.20	0.41	8.89	2.15
0.25	0.51	8.96	2.54
0.30	0.62	9.02	2.91
0.35	0.72	9.07	3.25
0.40	0.82	9.11	3.57
0.45	0.93	9.15	3.88
0.50	1.03	9.18	4.17
1.00	2.06	9.38	6.58
1.50	3.09	9.49	8.47
2.00	4.11	9.56	10.08

注 该表列出通过热力学数据计算得到的纯水中的低浓度氨水的 pH 和电导率的理论值。

2. 标准表比对校准法

被检在线 pH 仪表处于正常运行状态，温度补偿设为自动温度补偿。

首先，使用低电导率 pH 标准水样校准法校准标准 pH 表，其工作误差的 pH 值绝对值小于 0.02，整机温度补偿误差的 pH 绝对值小于 0.01，温度测量误差的绝对值小于 0.1℃。

然后，将标准 pH 表流通池入口连接到被检 pH 表的手工取样点（参见图 3-10），使被检表和标准表测量同一个水样，调节流经两个表的水样压力和流量一致。当被检表和标准表读数稳定后，对比两者 pH 值差值的绝对值小于 0.05 时，检验合格；当两者 pH 值差值的绝对值超过 0.05 时，按照仪表说明书，对被检表进行在线校准，使两者之差的 pH 值绝对值小于 0.05。

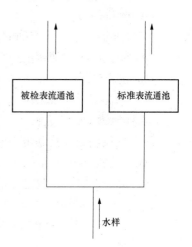

图 3-10 标准表比对法检验示意

复习题

一、填空题

1. 电位分析法是利用_____和_____之间的关系来测定被测物质活度或浓度的一种电化学分析方法。

2. 在线 pH 表属于_____分析仪表。pH 玻璃电极的电极电位和参比电极间的电位差与水样中氢离子活度关系符合_____公式。

3. 玻璃电极和参比电极电位相等时对应的 pH 值为玻璃电极的_____。

4. pH 玻璃电极的等电位点一般为_____。

5. 低电导率水样在流过 pH 玻璃电极时，在电极表面摩擦产生_____，影响 pH 测量准确定。

6. 在线 pH 表的校准分为_____和_____。

7. _____适用于新购在线 pH 表的初次使用，或者更换电极后的首次使用。检查性校准的目的是检验_____与_____的配套性能。

8. _____校准的目的是保证在线 pH 仪表测量准确。

9. 在线 pH 表准确性校准可采用_____和_____。

10. 给水在线 pH 表测量结果偏高，会使给水实际 pH 控制值_____，造成热力设备钢铁材料腐蚀速度_____。

11. 用标准溶液定位准确的在线 pH 值测量仪表，在水汽系统在线测量时还可能遇到_____、_____、_____、_____、_____、_____等干扰因素造成测量误差。

二、选择题

1. 对于测量给水、凝结水、除盐水、炉水 pH 值的在线 pH 表，应采用（   ）检验法进行整机工作误差的在线检验。

    A. 标准溶液；   B. 水样流动；   C. 电极性能。

2. 在标准溶液中标定准确的 pH 表，测量纯水时出现误差的可能原因是（   ）。

    A. 参比电极的液接电位变化；

    B. 仪表接线不牢；

    C. pH 表输入阻抗偏低。

3. 水样压力变化，会使（   ）发生变化。

    A. 玻璃电极的流动电位；

    B. 参比电极的液接电位；

    C. 流通池中的杂散电流。

4. 当给水电导率稳定时，给水在线 pH 表示值波动很大，其原因可能是（   ）。

    A. 二次仪表输入阻抗偏低；

    B. 仪表标定不准确；

    C. pH 表整体屏蔽不好。

5. 在线 pH 表的流速应控制在（   ）。

    A. 不超过 100mL/min；   B. 200～300 mL/min；

    C. 300～500 mL/min；   D. 大于 500 mL/min。

6. 在线 pH 表属于（   ）仪表。

    A. 电位式分析；   B. 电流式分析；   C. 光学式分析。

7. pH 玻璃电极的内阻较高，通常为（   ）。内阻值的大小与玻璃成分、球泡的厚薄、温度等因素有关。

    A. 100～1000MΩ；   B. 小于 1MΩ；

    C. 小于 10MΩ；   D. 小于 100MΩ。

8. 温度对 pH 测量电极造成的影响有（   ）方面。

A. 一；　　　　　B. 二；　　　　　C. 三；　　　　　D. 四。

9. 在线 pH 表检查性校准的目的是（　　），不能反映仪表实际在线测量时的准确性。

A. 检验电极与变送器（二次仪表）的配套性能；

B. 检验在线 pH 表实际在线测量时的准确性；

C. 检验在线 pH 表工作误差。

三、判断题

1. 在线 pH 表测量原理是电导式分析仪表。（　　）

2. 水样的 pH 值是水样氢离子活度的负对数。（　　）

3. 在线 pH 表的输入阻抗要远远大于测量电池内阻（主要是玻璃电极内阻），因此要求仪表输入阻抗要大于 $10 \times 10^{12} \Omega$。（　　）

4. pH 玻璃电极长期不用时应该"干放"，而不应该"湿放"。（　　）

5. 参比电极应具有良好的可逆性、重现性和稳定性。（　　）

6. 对于 Ag/Agcl 参比电极，当 Cl^- 浓度和温度一定时，参比电极电位应是一常数。（　　）

7. 理想的参比电极在一定的压力和温度下应该保持恒定的电极电位，而不管水样 pH 值和浓度的变化，但实际上参比电极电位却是随着液接电位的变化而变化的。（　　）

8. 在核电厂测量含有放射性水样的 pH 值时，在线 pH 表流通池可以采用聚四氟乙烯。（　　）

9. 对于测量水样电导率不大于 $100 \mu S/cm$ 的在线 pH 表，应采用标准溶液检验法进行离线整机示值误差检验。（　　）

10. 设一个水样在 25℃时的 pH 测量值为 9.0，当温度升高到 40℃时，用带能斯特温度补偿的 pH 计测量的 pH 值一般为 9.0。（　　）

11. 在线测量纯水水样的 pH 值时，可能遇到静电荷的干扰，产生测量误差。（　　）

12. 水样流量变化时，在线 pH 表显示值也随着变化，说明可能存在静电荷产生的"流动电位"的影响。（　　）

13. 在分别用 pH 值为 6.86 和 9.18 标准 pH 缓冲溶液两点定位的在线 pH 表，并且在 pH 值为 9.18 标准 pH 缓冲溶液检验合格的在线 pH 表，测量给水的 pH 值时，测量结果的准确性肯定会符合标准要求。（　　）

14. 对于连续运行的在线 pH 表，应每月进行一次准确性校准；如果发现在线 pH 表测量异常，应立即进行准确性校准。（　　）

四、问答题

1. 电厂水汽系统在线 pH 测量仪表的水样温度偏离 25℃，温度对 pH 值测量结果造成的影响主要有哪几方面？哪些影响因素是可以消除的？如何消除？

2. 简述给水、凝结水在线 pH 表的可能误差来源。

3. 在线 pH 表测量给水的 pH 值为 9.3，此时化验班取给水水样，带到实验室，用实验室 pH 表测量给水的 pH 值为 9.1。根据上述结果，是否能判断给水在线 pH 表测量值肯定偏高 0.2？为什么？

4. 什么是检查性校准？检查性校准后的在线 pH 表能否保证测量低电导率水样 pH 值的准确性？

5. 准确性校准的目的是什么？什么时候应进行准确性校准？

参考答案

一、填空题

1. 电极电位；溶液活度或浓度。

2. 电位式；能斯特。

3. 等电位点。

4. 7。

5. 静电荷。

6. 准确性校准；检查性校准。

7. 检查性校准；电极；变送器（二次仪表）。

8. 准确性。

9. 低电导率 pH 标准水样校准法；标准表比对校准法。

10. 偏低；增加。

11. 静电荷（流动电位）；液接电位；温度；污染；压力；校准时响应时间。

二、选择题

1. B；2. A；3. B；4. C；5. A；6. A；7. A；8. C；9. A。

三、判断题

1. ×；2. √；3. √；4. ×；5. √；6. √ 7. √；8. ×；9. ×；10. ×；11. √；12. √；13. ×；14. √。

四、问答题

1. 温度对 pH 值测量的影响主要有三个方面：

（1）温度变化改变能斯特斜率。

（2）参比电极与玻璃电极内参比电极的温度系数不同造成两电极的电位差。

（3）水溶液中物质的电离平衡常数随温度发生变化造成 pH 值变化。

其中：

1）可以通过仪表的自动温度补偿加以消除。

2）可以通过选择与玻璃电极内参比电极相同的参比电极消除。

3）由于被测水样所含离子种类未知，所以此项影响消除难度较大。在准确确定溶液成分的前提下，带有可设定溶液温度补偿系数或选定具有不同溶液种类温度补偿的 pH 仪表，消除此项影响。

2. 给水、凝结水在线 pH 表属于纯水在线 pH 表，误差来源包括静电荷（流动电位）、液接电位、温度、污染、流速和压力、校准时响应时间等。

3. 不能判断。因为手工取样测量过程中，空气中的二氧化碳会溶解到水样中，降低水样的 pH 值。所以手工取样测量的 pH 值一般比实际水样的 pH 值低，不能用手工取样测量值作为准确值判定在线 pH 表的准确性。

4. 检查性校准适用于新购置在线 pH 表的初次使用，或者更换电极后的首次使用。检查性校准的目的是检验电极与变送器（二次仪表）的配套性能，即采用标准缓冲溶液对在线

pH 表进行离线校准。由于 pH 值测量传感器受流动电位、液接电位、温度补偿等在线因素和纯水因素的影响，检查性校准后的在线 pH 表，并不能保证测量低电导率水样 pH 值的准确性。

5. 准确性校准的目的是保证在线 pH 表测量准确。进行准确性校准时，在线 pH 表处于正常监测状态，所有可能使仪表测量出现误差的因素都存在。因此，准确性校准合格的在线 pH 表，一定时间内，才能保证 pH 测量准确。

对于连续运行的在线 pH 表，应每月进行一次准确性校准；如果发现在线 pH 表测量异常，应立即进行准确性校准。新购置的在线 pH 表，或者更换电极的在线 pH 表，在完成检查性校准后，应立即进行准确性校准。机组检修后投入运行，应进行一次准确性校准。

第四章

在　线　钠　表

第一节　测量水汽系统钠的意义

在线钠表主要用于监测发电厂凝结水和蒸汽品质。与氢电导率测量相比，测钠具有响应速度快，信号反应灵敏的优点（氢交换柱有一定的稀释和延缓作用）。可以及时发现凝汽器泄漏（尤其是沿海电厂）、精处理系统漏钠和蒸汽品质恶化的情况，对减少水汽系统腐蚀结垢和蒸汽系统积盐有重要意义。

第二节　在线钠表的测量原理、组成及注意事项

一、在线钠表测量原理

在线钠表和在线 pH 表一样，属于电位式分析仪表。在线钠表是采用钠离子选择性玻璃电极进行测量的，钠电极对水样中的钠离子有敏感性选择作用，钠离子在玻璃电极表面发生电化学反应，产生电位，变送器根据能斯特方程将电位信号转换成钠离子的浓度。

在测量过程中为消除氢离子对钠离子的影响，需将水样的 pH 值调至碱性。大部分钠表采用向水样中加入挥发性二异丙胺蒸汽的方法调节 pH 值。采用此方法可使 pH 值恒定且不会产生干扰离子。

二、在线钠表的组成

在线钠表主要由变送器（二次仪表）、钠电极、参比电极、流通池、水样碱化系统、恒压系统等组成。有些在线钠表还配备有 pH 电极，以便监测水样的碱化程度是否满足测钠要求。

1. 变送器（二次仪表）

在线钠表变送器（二次仪表）应能够测量钠电极和参比电极间的电位差，并在较大的浓度范围内显示钠浓度（$\mu g/L$）。在线钠表中有隔离放大器，使输入端与输出端、电源和接地隔绝，还应具有自动温度测量和补偿功能。

2. 钠电极

由于不同厂家生产的钠电极的选择性差别很大，应优选选择性好的钠电极，并且要满足钠电极制造商对碱化剂、水样 pH 值的要求。

3. 参比电极

如果钠电极的内参比电极为 Ag/AgCl 电极，应选择 Ag/AgCl 参比电极；如果钠电极的内参比电极为甘汞电极，应选择甘汞参比电极。如果选择不配套的参比电极，钠表必须具备足够的补偿能力。参比电极的内充液会对测量产生干扰，应将参比电极安装在钠电极的下游。

参比电极的内充液和维护方法要符合生产厂家的要求。参比电极的扩散孔应保证电极内充液按一定速度流出，因此，应保持电极内充液的水位高于扩散孔处水样的压力。

4. 流通池

应将钠电极和参比电极安装在流通池中，在线流动测量钠浓度，应使用生产厂家推荐的流通池。如果自己设计制作流通池，应将参比电极设计安装在钠电极的下游，用塑料或不锈钢制作流通池。应保证流通池密封，避免空气漏入流通池。流通池不能使用普通玻璃或铜材料。

5. 水样碱化系统

水样碱化系统的作用是将被测水样的 pH 值提高，防止氢离子对钠测量的影响。不同厂家生产的在线钠表所采用的碱化剂和碱化原理不同。

6. 恒压系统

恒压系统的作用是使水样的压力保持恒定，防止液接电位的变化影响仪表钠测量值变化。

三、在线钠表测量准确性影响因素

在线钠表属于电位式分析仪表，因此，和在线 pH 表一样，也同样受到静电荷、液接电位、温度、流速等因素的影响。除此之外，在线钠表还受到标定误差、碱化剂不足、钠电极选择性等因素的影响。

1. 高浓度标准溶液标定的影响

发电厂的在线钠表一般采用浓度较高的标准溶液进行标定（$100\mu g/L$ 或 $200\mu g/L$）。但是，水汽系统实际测量的钠离子浓度（小于 $5\mu g/L$）远低于标准溶液钠的离子浓度，另外，由于污染和除盐水品质问题，低浓度钠标准溶液无法准确配制，因此根据钠表的测量原理，采用大浓度的钠标准溶液标定准确，不一定能够保证在线测量时的准确性。为了减小标定误差，应采用与测量水样钠离子浓度相当的钠标准溶液进行动态在线标定。

2. 碱化剂的影响

水样的碱化是为了减少氢离子对测量的影响。同时，碱化充分的水样的电导率大大增加，从而减少了纯水中电位测量中的流动电位干扰问题。

应定期检查碱化后的水样的 pH 值，避免碱化剂量不够造成的误差。

3. 电极选择性的影响

钠电极的选择性较差，在测量低浓度钠（$\mu g/L$ 级）时，响应斜率会产生偏移，在较高浓度下标定准确的钠表，测量低浓度时会产生较大误差。

钠表测量信号是测量电位，电位信号与钠浓度呈对数关系，具体见式（4-1）。

$$pNa = -\lg C_{Na} = k \times \Delta E \tag{4-1}$$

式中　pNa——钠浓度的负对数；

　　　C_{Na}——钠浓度；

　　　K——斜率；

　　　ΔE——电位差。

但是水汽系统 Na 控制指标是浓度，如蒸汽质量标准规定钠离子浓度小于 $5\mu g/kg$（蒸汽中钠离子浓度的单位是 $\mu g/kg$，对应 $\mu g/L$）。

例如，钠表测量的电位信号误差是 $12mV$，换算成 pNa 误差为 0.2（$12/59.157 = 0.2$）。

51

设水样真实 Na 浓度为 $10\mu g/kg$，换算成 pNa 为 6.36（pNa$=-$lgCNa$=6.36$），pNa 误差为 0.2，则钠表测量的 pNa 值为 6.56，换算成 Na 浓度为 $6.33\mu g/kg$（$10-6.56\times23\times106=6.33\mu g/kg$），因此相对误差为 37%。

由此可见，在较高浓度下标定的在线钠表，在测量低浓度钠水样时，由于电极选择性发生变化，将会造成较大的测量误差。

第三节 在线钠表的检验校准

一、在线钠表测量准确性检验

由于钠标准溶液容易受空气中灰尘、玻璃器皿等的污染，一般的溶液配制方法无法保证低浓度钠标准溶液的准确性，因此，很多电厂只能采用相对大一些的钠标准溶液（如 $100\mu g/L$、$200\mu g/L$）来校准和检验在线钠表。然而，发电厂水汽系统测量的钠浓度小于 $5\mu g/L$，检验校准用的钠标准溶液浓度和在线钠表实际测量的钠浓度相差很大。

由于在钠浓度很低的水样中，许多钠电极的选择性显著降低，也就是钠电极的响应曲线在低浓度时发生显著变化，所以在较高浓度下标定准确的在线钠表，测量低浓度水样时，会出现很大误差。尤其是钠表测量的一次信号（电位差）与钠离子活度的对数成正比，将对数转换成活度（浓度），误差进一步增加。因此，用钠浓度大于 $100\mu g/L$ 的标准溶液标定准确的在线钠表，测量钠浓度仪表小于 $5\mu g/L$ 的水样时，不能保证准确，必须采用以下检验方法检验在线钠表测量实际水样的准确性。

1. 在线钠表检验原则

对于测量水样钠离子浓度不大于 $10\mu g/L$ 的在线钠表，应采用水样流动检验法进行整机工作误差的检验；对于测量钠离子浓度大于 $10\mu g/L$ 水样的在线仪表，宜采用水样流动检验法进行整机工作误差的检验，可采用静态标准溶液离线检验法进行整机引用误差检验。

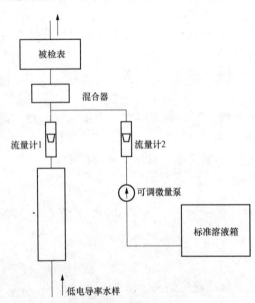

图 4-1 低浓度钠标准溶液连续制备装置示意图

2. 整机工作误差检验（水样流动检验法）

首先采用低浓度钠标准溶液连续制备装置产生低浓度连续钠标准水样。低浓度钠标准溶液连续制备装置如图 4-1 所示。

低浓度钠标准水样的制备过程如下：

（1）低浓度钠（钠浓度小于 $10\mu g/L$）的水样经过混合床交换柱，产生钠浓度小于 $0.5\mu g/L$ 的水样，经过流量计 1，与经过流量计 2 的钠标准水样混合，在混合器中充分混合后，进入被检钠表。调节流量计 1 和流量计 2 的流量比，可以产生在被检表测量水样电导率范围内和钠浓度范围内的低浓度钠标准水样。

（2）将被检表的测量水样切换为由低浓度钠标准溶液连续制备装置产生的钠标准水样（如图 4-1 所示）；标准水样的钠浓度应接近被检水样控制范围的上限，并且检验期间标准水样的钠浓度保持不变。

（3）待水样的钠浓度稳定后 30min，记录被检钠表示值 C_X。整机工作误差（δ_G）的计算方法为

$$\delta_G = \frac{C_X - C_B}{C_B} \times 100\% \qquad (4\text{-}2)$$

式中　δ_G——整机工作误差，%；

　　　C_X——被检钠表示值，$\mu g/L$；

　　　C_B——钠标准溶液浓度，$\mu g/L$。

（4）当被检表整机工作误差超过允许值时，可参照钠标准溶液浓度对被检表进行在线校准，如图 4-2 所示。

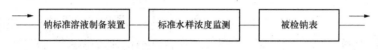

图 4-2　钠表整机工作误差水样流动检验法检验示意图

3. 整机引用误差检验（静态标准溶液离线检验法）

（1）将被检在线钠表根据说明书进行两点标定。

（2）将电极用无钠水冲洗干净，测量 $100\mu g/L$ 的钠标准溶液（钠标准溶液已加足量碱化剂），当示值稳定后，记录被检表的示值 C_X。整机引用误差（δ_Z）的计算方法为

$$\delta_Z = \frac{|C_X - C_B|}{M} \times 100\% \qquad (4\text{-}3)$$

式中　δ_Z——整机引用误差，%FS；

　　　C_X——被检钠表示值，$\mu g/L$；

　　　C_B——钠标准溶液浓度，$\mu g/L$；

　　　M——量程范围内最大值，$\mu g/L$。

二、在线钠表的校准

1. 校准周期

对于新购置或是停运一周以上的在线钠表，当水样通入流通池，并且加入碱化剂后，至少运行 12h（新投产机组，至少运行 24h）以后，再进行测量或校准。这样可以保证冲洗干净测量系统中的杂质。

运行中的在线钠表，容易发生零点和斜率变化。校准周期取决于测量条件和经验。当在线钠表测量结果可疑时，应立即进行校准。

2. 校准过程

水汽系统在线钠表测量的钠浓度一般不超过 $5\mu g/L$，用高浓度钠标准溶液校准后不能保证测量低浓度时的准确性，因此校准过程分为两步：

（1）根据在线钠表说明书，先对钠电极进行活化，按规定的钠标准溶液（如 $100\mu g/L$）对在线钠表进行校准。

（2）将采用低浓度钠标准溶液连续制备装置产生的钠标准水样，连续通入在线钠表测量池中，待测量值稳定后，进行过程校准。

第四节　在线钠表测量注意事项

一、在线测量与取样静态测量的区别

取样静态测量是将水样放入烧杯中，采用实验室钠表测量钠的方式。这种测钠方式由于电极响应需要一定的时间，所以参比电极中渗出的钾离子干扰、空气中杂质的影响以及钠电极在高 pH 值测量条件下的溶解等干扰，使 $\mu g/L$ 数量级钠离子的测量准确性很差。

在线钠表克服了上述干扰，因此，对于 $\mu g/L$ 数量级钠的测量应使用在线钠表。

二、在线钠表测量的干扰因素

1. 污染

碱化剂直接加入水样，碱化剂中的钠会污染水样。因此，推荐使用气相碱化剂。应注意，避免水样与空气接触，原因是空气中的灰尘含有钠，会污染水样。

2. 其他离子的干扰

其他单价阳离子对钠电极的电位有影响。这些离子包括银离子、锂离子、氢离子、钾离子、铵离子等。不同厂家的钠电极对上述离子的选择性不同。在进行电厂水汽系统监测时，通常不存在银离子和锂离子。由于参比电极会释放钾离子，所以应将参比电极放置在钠电极的下游。电厂水样中含有铵离子，当水样中的钠离子大于 $1\mu g/L$ 时，铵离子的影响可以忽略。如果需要测量浓度小于 $1\mu g/L$ 钠离子时，应增加碱化剂的强度，提高 pH 值，以降低氨的电离。

3. 碱化剂

为了避免氢离子的干扰，应提高水样的 pH 值，使水样中氢离子的浓度比钠离子浓度低 $3\sim4$ 个数量级。一般常用的碱化剂均可以将水样 pH 值提高到钠电极不受氢离子干扰的水平。

复习题

一、填空题

1. 在线钠表受到静电荷、液接电位、温度、流速等因素的影响外，还受到_____、_____、_____等因素的影响。

2. 水汽系统在线测钠时，对钠电极响应造成影响的还有_____、_____、_____等。

3. 在线钠表的准确性校准采用_____。

二、选择题

1. 在线钠表碱化剂不足，会造成测量结果（　　）。

　　A. 偏大；　　　　　　　B. 偏小；　　　　　　　C. 不变化。

2. 为了避免氢离子的干扰，应提高水样的 pH 值，使水样中氢离子的浓度比钠离子浓度低（　　）个数量级。

　　A. 1；　　　　　　　　B. 2；　　　　　　　　C. 3～4。

三、判断题

1. 在线钠表属于电位式分析仪表。（　　）
2. 在线钠表不会受到静电荷影响。（　　）
3. 在线钠表碱化剂不足，会造成测量结果偏大。（　　）
4. 采用标准溶液离线检验合格的在线钠表，一定能够保证在线测量时准确。（　　）
5. 测量浓度不大于 $100\mu g/L$ 的钠表的整机引用误差应采用动态法进行在线检验。（　　）
6. 为了准确测定饱和蒸汽或过热蒸汽的 Na，应采用动态法进行测量。（　　）
7. 采用高浓度钠标准溶液校准的在线钠表，在测量低浓度钠时一定准确。（　　）

四、问答题

1. 简述水汽系统测量钠的意义。
2. 简述在线钠表的测量原理。
3. 影响在线钠表测量准确性的因素有哪些？
4. 在线钠表检验原则是什么？
5. 为什么电厂测量痕量级的钠必须采用在线钠表？而不能取样静态测量？

参考答案

一、填空题

1. 标定误差；碱化剂不足；钠电极选择性。
2. 氢离子；钾离子；铵离子。
3. 低浓度钠标准溶液连续制备装置或是移动式在线化学仪表检验装置产生的钠标准水样进行在线过程校准。

二、选择题

1. A；2. C。

三、判断题

1. √；2. ×；3. √；4. ×；5. √；6. √；7. ×。

四、问答题

1. 在线钠表主要用于监测发电厂凝结水和蒸汽品质。与氢电导率测量相比，测钠具有响应速度快、信号反应灵敏的优点（氢交换柱有一定的稀释和延缓作用）。可以及时发现凝汽器泄漏（尤其是沿海电厂）、精处理系统漏钠和蒸汽品质恶化的情况，对减少水汽系统腐蚀结垢和蒸汽系统积盐有重要意义。

2. 在线钠表属于电位式分析仪表，是采用钠离子选择性玻璃电极进行测量的，钠电极对水样中的钠离子有敏感性选择作用，钠离子在玻璃电极表面发生电化学反应，产生电位，变送器根据能斯特方程将电位信号转换成钠离子的浓度。

3. 在线钠表属于电位式分析仪表，因此和在线 pH 表一样，也同样受到静电荷、液接电位、温度、流速等因素的影响。除此之外，在线钠表还受标定误差、碱化剂不足、钠电极选择性等因素的影响。

4. 对于测量水样钠离子浓度不大于 $10\mu g/L$ 的在线钠表，应采用水样流动检验法进行整机工作误差的检验；对于测量钠离子浓度大于 $10\mu g/L$ 水样的在线仪表，宜采用水样流动检验法进行整机工作误差的检验，可采用静态标准溶液离线检验法进行整机引用误差检验。

5. 取样静态测量是将水样放入烧杯中，采用实验室钠表测量钠的方式。这种测钠方式由于电极响应需要一定的时间，所以参比电极中渗出的钾离子干扰、空气中杂质的影响以及钠电极在高 pH 值测量条件下的溶解等干扰，使 $\mu g/L$ 数量级钠离子的测量准确性很差。在线钠表克服了上述干扰，因此对于 $\mu g/L$ 数量级钠的测量应使用在线钠表。

第五章

在 线 溶 解 氧 表

第一节　在线溶解氧测量的意义

对发电厂水汽系统的溶解氧准确控制是防止热力设备腐蚀、结垢和积盐的重要手段。对于给水全挥发处理的机组，一般控制给水的溶解氧小于 $7\mu g/L$，否则会引起金属的腐蚀；对于给水加氧处理的机组，必须将溶解氧控制在一定的范围内，才能达到预期的防腐效果。要实现上述目的，首先必须准确测量水汽系统中溶解氧的浓度。然而，水中溶解氧的测量是通过电化学反应传感器将氧浓度转换成电流信号进行测量的，这个过程容易受测量条件、仪器标定、温度补偿、传感器变化等许多因素的影响，导致很多电厂在线溶解氧表准确性差。因此，准确测量水汽系统中的溶解氧对机组安全运行具有重要意义。

近几年，国外几大在线化学仪表生产商相继研发出针对发电厂纯水系统溶解氧测量的光学法在线溶解氧表。由于这类光学法溶解氧表价格昂贵，在电厂应用极少，所以本章内容主要介绍基于电流分析法的在线溶解氧表。

第二节　溶解氧的测量原理

一、基本原理

电流式分析仪表的传感器能把被分析的物质浓度的变化转化为电流信号的变化。溶解氧表、联氨表等属于这类分析仪表，按其工作原理不同，又可分成原电池法和极谱法。目前，国内外普遍采用的溶解氧表测量原理是极谱法，即向电极施加一定的电压，使溶解氧在电极表面发生电化学反应，在测量电路中产生电流，该电流的大小与溶解氧的浓度成正比。这种通过测量电流大小达到确定测量值的方法就是电流法。与电位法相比（如 pH 值测量、钠的测量）相比，电流法在纯水体系中受到的电干扰较小。极谱法溶解氧表根据传感器的原理不同可分为扩散型传感器和平衡型传感器两种。

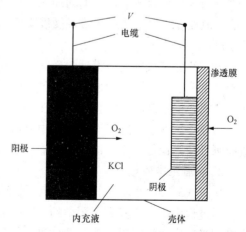

图 5-1　扩散型溶解氧测量传感器示意图

二、扩散型溶解氧测量传感器

扩散型溶解氧测量传感器结构如图 5-1 所示。它由两个与内置电解质相接触的金属电极及疏水透气膜构成。这种膜允许氧气和其他气体透过，而不使水和其他溶解性物质通过。传感器的阴极由贵金属铂或金构成，阳极由银或铅构成。

当电极间施加直流极化电压 V，氧通过膜连续扩散，扩散通过膜的氧立即在铂或金电极表面还原，反应电流正比于扩散到阴极的氧的速率。银或铅电极发生氧化反应，具体反应式如下：

阴极还原反应为

$$O_2 + 4H^+ + 4e^- = 2H_2O$$

阳极氧化反应为

$$4Ag + 4Cl^- = 4AgCl\downarrow + 4e^-$$

在反应过程中产生的电流符合式（5-1），即

$$I = (DScnF)/(LM) \tag{5-1}$$

式中 D——溶解氧的扩散系数（与温度有关）；

　　　　S——溶氧传感器阴极的表面积（与污染有关）；

　　　　c——溶解氧浓度；

　　　　n——氧的得失电子数（常数）；

　　　　F——法拉第常数；

　　　　L——扩散层的厚度（与电极加工和流速有关）；

　　　　M——氧的分子量（常数）。

将常数 n、F 和 M 合并后式（5-1）变成式（5-2），由式（5-2）看出，电流 I 与溶解氧浓度 c 成正比，即

$$I = (kDSc)/L \tag{5-2}$$
$$k = nF/M$$

式中 k——常数。

三、扩散型溶解氧测量传感器测量误差

1. 流速的影响

从式（5-2）可以看出，溶解氧测量结果与扩散层的厚度 L 有关。扩散层由两部分组成。

一部分是膜的厚度，由膜的加工质量决定。如果膜的厚度比正常设计值厚，会使氧通过膜的扩散速度减慢，造成测量灵敏度降低，这可以通过仪表标定加以消除（更换膜后，必须重新进行标定）。

另一部分扩散层是与膜外表面紧密接触的水膜（水的静止层），这部分扩散层的厚度取决于水流速度。水流速度越高，水膜厚度越小，氧扩散的速度越高，从而使测量值增高。因此，必须严格控制测量时水样流速在要求的范围内，最好与标定时的流速相同。

另外，扩散型传感器消耗水样中的氧并减少氧浓度，如果水样不流动或者流速过低，会造成测量结果偏低。应保证达到制造厂要求的最低流速，否则得到的测量结果偏低。

2. 表面污染的影响

从式（5-2）可以看出，溶解氧测量结果与溶解氧传感器阴极的表面积 S 有关。该面积在使用过程中受渗透膜表面污染的影响。表面附着物会阻挡一部分面积使氧的渗透受阻，对应的阴极反应面积相对减少，造成测量结果偏低。

3. 阳极老化

溶解氧测量电极上施加的直流电压（槽压）在电极间由三部分组成，见式（5-3），即

$$V = V_{ya} + V_{yi} + V_{ry} = R_{ya}I + R_{yi}I + R_{ry}I \tag{5-3}$$

式中 V_{ya}——阳极反应过电位；

$\quad\quad V_{yi}$——阴极反应过电位；

$\quad\quad V_{ry}$——溶液欧姆降；

$\quad\quad R_{ya}$——阳极极化电阻；

$\quad\quad R_{yi}$——阴极极化电阻；

$\quad\quad R_{ry}$——两电极间的溶液电阻；

$\quad\quad I$——回路中的电流。

如果电极上施加的电压（槽压）较小，则电极电位进入活化控制区（如图 5-2 所示），电流按式（5-4）随电压发生变化，即

$$I = I_0 10^{\Delta V/b} \tag{5-4}$$

式中 I_0——交换电流密度；

$\quad\quad \Delta V$——极化电压；

$\quad\quad b$——与温度有关的电化学反应系数。

此时，阴极反应速度不是与氧浓度成正比，而是受电极表面极化电压控制，无法给出正确的氧浓度测量值。

当槽压足够大，进入扩散区时，此时阴极反应速度不受电极表面极化电压控制，只与氧的浓度成正比，这是溶解氧测量传感器的理想槽压控制范围。

对于扩散型溶解氧测量传感器，其银制阳极表面银电极自身发生腐蚀反应，反应式为

$$4Ag + 4Cl^- = 4AgCl\downarrow + 4e^-$$

长期运行后生成的氯化银（AgCl）沉淀不断增加，与内充液氢氧化钾反应后在阳极表面生成氢氧化银，并进一步转化成黑色氧化银（Ag_2O）沉淀，附着在银电极表面。改变了阳极性质，极化电阻 R_{ya} 增大，导致 V_{ya} 增大，由式（5-3）可见，槽压不变的情

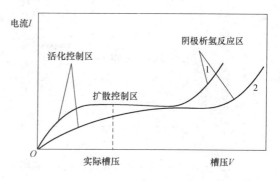

图 5-2　溶解氧测量传感器电流 I 与槽压 V 的关系

况下，V_{yi} 相应减少，可能落入活化控制区（如图 5-2 中曲线 2 所示），从而造成测量误差。阳极老化后，可以在更换膜的同时用稀氨水清洗。为了防止老化，长期不用的溶解氧电极应保存在无氧水中。

4. 传感器内有气泡

扩散型溶解氧测量传感器需要定期进行膜和内充液的更换。如果更换膜操作不当，在传感器内部存在气泡（如图 5-3 所示），气泡内存在一定的氧气分压。常温常压下，同体积的空气中的氧含量约是同体积水中溶解的氧量的 30 倍。当测量浓度降低时，气泡内的氧气分压大于与溶液

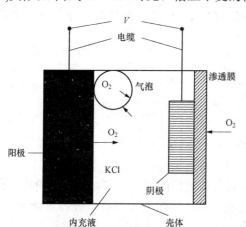

图 5-3　溶氧传感器内气泡影响

中的氧相平衡的氧分压，气泡中的氧通过气液界面进入溶液中，同时气泡内氧气发生浓差扩散，这就比无气泡时的液相（单相）扩散增加了两个过程，从而大大降低溶解氧测量的响应速度。因此，更换膜时要特别注意不能有一点气泡存在。

四、平衡型溶解氧测量传感器

平衡型传感器一般由三电极组成（参见图 5-4），其中阳极和阴极均由贵金属铂或金制成，另外还有一支参比电极。溶解氧表通过参比电极测量阴极相对于参比电极的电位 V_k，并通过自动调节槽压 V 以达到维持阴极的电极电位 V_k 保持恒定，从而保证阴极表面溶解氧的还原反应受扩散控制。由于阳极也是贵金属，不可能发生金属的氧化反应，只能发生水的氧化反应，生成氧和氢离子并释放出电子。具体反应式如下：

阴极还原反应为

$$O_2 + 4H^+ + 4e^- = 2H_2O$$

阳极氧化反应为

$$2H_2O = O_2 + 4H^+ + 4e^-$$

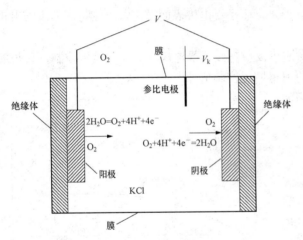

图 5-4　平衡型溶解氧测量传感器示意图

由上述反应可以看出，平衡型溶解氧测量传感器在测量过程中阴极消耗的氧等于阳极产生的氧，传感器不消耗水样中的氧。因此，测量过程中只有膜内溶液中溶解氧浓度与水样溶解氧浓度存在差异时，溶解氧从浓度高的一侧扩散到另一侧，直到膜两边氧浓度达到平衡。而氧通过膜的扩散速度与测量的溶解氧浓度无关，这与扩散型溶解氧测量传感器完全不同。平衡型传感器测量精度与膜的表面状态和水样流速无关。反应产生的电流与式（5-1）、式（5-2）相同。

但此时除了得失电子数 n、法拉第常数 F 和氧的分子量 M 是常数外，电极面积 S 和扩散层厚度 L 也都是常数。因为电极在膜隔离的电极壳内，不会受到污染而变化，电极表面的 KCl 溶液也是静止的，扩散层厚度 L 也不变化。

设备不变的参数为 k，即

$$k = SnF / (LM)$$

则式（5-1）可简化为

$$I = kDc \qquad (5-5)$$

式（5-1）表明平衡型传感器测量值只受阴极表面扩散系数 D 的影响，通过自动准确测量温度并进行温度补偿，可以消除温度对扩散系数的影响产生的误差。

在水样氧浓度相对稳定时，平衡型传感器测量值与膜的扩散速率无关，并且不消耗水样中的氧，因此，测量值不受水样流速和膜表面污染的影响；平衡型传感器阳极为贵金属 Pt，因此不会发生阳极老化带来的误差问题；平衡型传感器一般不需要更换膜，因此也没有传感器内气泡影响问题。

第三节 两种传感器共有的测量误差来源及防止措施

一、测量回路泄漏问题

溶解氧测量过程中经常遇到的一种干扰是测量系统管路接头和阀门泄漏，使空气漏进测量水样，造成测量结果偏高。因为经过测量传感器的水样一般直接排放到排水管，压力与大气压相同，而管道中由于水样的流动，使水的静压降低，水样的压力低于大气压，如果管路有漏点，水样不会向外泄漏，而是空气向管内渗漏，因此很难被发现。当取样流速为100mL/min 流量时，每分钟漏进 2mm 直径的气泡，可使水样中溶解氧浓度增加 $11\mu g/L$。

针对测量管路泄漏问题，可采用以下方法进行检验和处理。

（1）检验管路是否泄漏的方法：在水样溶解氧浓度稳定的条件下，增大流量约 50%（但不超过生产厂商要求的流速），如果测量的溶解氧降低表示系统有泄漏，原因是流量增加稀释了漏入的氧。

对于扩散型传感器，测量的溶解氧可能增加，表明原先的流速太低，因此必须增加流速到厂家推荐的最佳流速范围。

（2）如果发现管路有漏气，应对溶解氧测量传感器前的取样管路接头、流量计阀门等连接处进行严密性检查，或加强各连接处的密封。检查方法可以用水压法，也可用气压法。

水压法的具体做法是将传感器入口连接头拆开，装一个临时阀门，打开水样进水阀门，加大流量，将管路内的气体排尽，关闭临时阀门。维持 1h 以上，仔细检查管路是否有水渗出，重点检查各接头、流量计和阀门。如果有渗漏点，进行相应的处理，直到无任何可见的渗漏点为止。

（3）将溶解氧测量传感器排水管口加高 1m 左右（如图 5-5 所示），使溶解氧测量回路管内水样的压力大于大气压，从而彻底防止空气的漏入。

二、其他干扰误差

（1）溶解氧的扩散系数 D。随温度提高，扩散系数 D 增大，测量结果相应增加。温度对测量结果的影响很大。因此，为了保证测量结果准确，溶解氧表传感器中都有精确的温度测量传感器，并且根据温度测量结果自动进行温度补偿。对溶解氧表进行调整的重要内容之一是按说明书进行温度校验。

（2）管路和传感器壳内细菌繁殖会消耗氧，引起负误差。如果怀疑有细菌，可用 1+44 的盐酸或 10mg/L 次氯酸钠杀菌。

（3）含氧和除氧剂的高温水样会发生反应，使测量结果降低。宜缩短取样管长度、在前面加冷却器。

（4）还原剂，如联氨等，可以通过膜在电极上发生不希望发生的反应，产生负误差。误差的大小与除氧剂和溶解氧的相对浓度、电解池类型有关，因此，应考虑制造商的注意事项和限制。

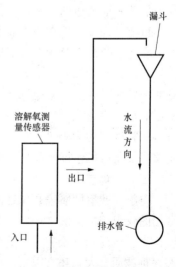

图 5-5 提高排水口高度防止空气漏入

（5）氧化铁和其他沉积物可能在流速低的水平段管子中沉积，产生类似色谱柱一样的保持作用，导致很长的滞后时间。

（6）从高浓度降低到低浓度，响应时间很长，特别是空气校正后测量低于 $10\mu g/L$ 的溶解氧，需要几个小时，传感器内的氧才能扩散出来，实现准确的测量。

（7）膜破损造成传感器内 KCl 逐渐被稀释，传感器内溶液电阻 R_{ry} 大幅度增加，溶液欧姆降大大增加，从而使阴极表面的极化电位大大降低，阴极反应进入活化极化控制，从而使测量结果偏低，甚至无法进行测量。

第四节　在线溶解氧表的校准

一、校准前的准备工作

（1）温度补偿：由于氧的溶解度的温度系数高，所以必须确保温度测量精度达到 $\pm 1℃$。有些仪器在安装后需要对温度补偿电路进行校验，以补偿导线电阻（用厂家推荐的方法）。

（2）零点调整：将探头浸入亚硫酸钠溶液中几个小时后，读数应在 $0\sim 4\mu g/L$，将仪器调零。

二、空气校准

空气校准使用空气，在一定大气压及温度下，空气中的氧浓度为一定值，以此校准溶解氧表。在空气校准时，应根据当地的大气压进行压力修正，以确保得到准确的氧分压。

对于扩散型传感器，进行空气校准时必须使电极表面膜无水，以免水滴影响氧的扩散速率。但必须将探头置于湿度大于 98% 的空气中，以免膜干燥受损；待仪器读数稳定后进行校正调节。

对于平衡型传感器，进行空气标定时，可以将探头置于湿度大于 98% 的空气中（以免膜干燥受损）5min 以上；也可以把电极放入装满水的容器中，向水中鼓气 15min 以上，使水中溶解氧浓度达到饱和，待仪器读数稳定后进行校正调节。

目前，许多电厂在线溶氧表采用空气校准的方法进行校准，该方法有使用简单的特点。但是应注意的是空气校准时对应水中的饱和溶解氧浓度为 $8000\mu g/L$ 左右，而实际使用时溶解氧浓度一般为 $30\mu g/L$ 以下，相差 2～3 个数量级。空气校准后并不一定能保证低浓度测量的准确性。例如，某电厂对 2 号机组凝结水溶解氧表进行校正时发现，在空气校准时，传感器的响应斜率为 10～11nA/$(\mu g/LO_2)$。但是当测量低浓度溶解氧的水样时，传感器的响应斜率降低到约为 1nA/$(\mu g/LO_2)$，测量结果误差很大，因此，在空气中校准后并不一定能够保证测量低浓度氧的准确性。

三、电解校准

电解校准溶解氧表是保证测量低浓度溶解氧准确性的最有效的校准方法之一，也是电厂常用的仪表校准方法之一。但实际应用情况却是许多采用电解校准的溶解氧表测量准确性较差，甚至出现测量误差很大的情况。分析其原因主要是校准过程中水样的溶解氧基底浓度较大并且波动太大，还有电解池电解效率发生变化。

电解校准的原理是在传感器前串接一个电解池，电解校准时给电解池施加一定的电解电流，电解池相应地以某一确定的速度电解出氧气，此时，控制流过电解池的水样流速一定，则由电解池产生的氧使进入测量传感器的水样溶解氧浓度增加一个确定的值（如图 5-6 的曲线1所示)。此时如果溶氧表的测量值增量与应该增加的值不符,仪器内置程序自动计算,进行校准。

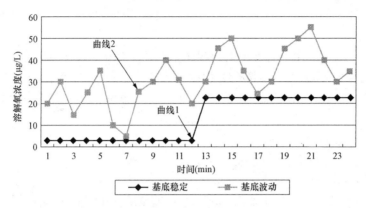

图 5-6 溶解氧表电解校正示意图

但是,如果由于传感器前管路系统有漏气或基底溶解氧浓度波动较大,造成水样溶解氧浓度较高并且波动较大,此时电解校正,电解氧增量与水样溶解氧变化叠加(如图 5-6 的曲线 2 所示),仪器内置程序自动计算进行校准,将给出错误的校准结果,有时甚至出现负值。

另外,电解池使用一段时间后,电解效率会发生降低。例如,设定 $10\mu g/L$ 氧增量,但是由于电解效率降低而实际产生 $8\mu g/L$ 氧增量,校准时在线溶解氧表将实际的 $8\mu g/L$ 校准成 $10\mu g/L$,导致校准值后的测量值比真实值偏高。由于电解法校准在线溶解氧表存在上述问题,所以很多国际标准并不推荐采用该方法。

四、采用标准溶解氧表过程校准

从上面的分析看出,在线溶解氧表采用空气校准法,不一定能保证低浓度测量时的准确性;采用电解校准法受水样基底波动或是电解效率变化影响,也不一定能够保证实际在线测量时准确。为了彻底解决上述问题,在对在线溶解氧表进行空气校准的前提下,应采用标准溶解氧表测量值为标准值,对在线溶解氧表进行过程校准(单点校准)。

过程校准即让标准溶解氧表和在线溶解氧表同时测量同一水样,待测量值均稳定后,根据标准溶解氧表测量的标准值对在线溶解氧表进行过程校准(单点校准)。为了确保过程校准准确,标准溶解氧表必须采用低浓度溶解氧标准水样制备装置产生低浓度溶解氧标准水样进行过整机引用误差检验,并合格。

低浓度溶解氧标准水样制备装置如图 5-7 所示。

低浓度溶解氧标准水样制备过程如下:

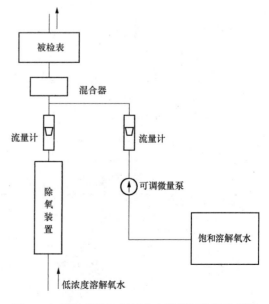

图 5-7 低浓度溶解氧标准水样制备装置示意图

低浓度溶解氧水样经过除氧装置，产生溶解氧浓度小于 $3\mu g/L$ 的水样，经过流量计 1，与经过流量计 2 的饱和溶解氧水样混合，在混合器中充分混合后，进入被检溶解氧表。调节流量计 1 和流量计 2 的流量比，可以产生在被检表测量水样溶解氧浓度范围内的低浓度溶解氧标准水样。

设经过流量计 1 的低浓度水样的溶解氧浓度为 C_D（$\mu g/L$）、流量为 Q_D（mL/min）；设流量计 2 测量的流量为 Q_W（mL/min），根据气体氧分压和水样的温度查得被气体饱和水样的溶解氧浓度为 C_B（$\mu g/L$），当 Q_D 远大于 Q_W 时，标准水样溶解氧增量 ΔC 按式（5-6）计算，即

$$\Delta C = C_{DB} - C_D = \frac{Q_W}{Q_D} C_B \qquad (5-6)$$

式中　ΔC——标准水样溶解氧增量，$\mu g/L$；

　　　C_D——加入饱和溶解氧水样前低浓度水样的溶解氧浓度，$\mu g/L$；

　　　C_{DB}——加入饱和溶解氧水样后低浓度标准水样溶解氧浓度，$\mu g/L$；

　　　Q_W——流量计 2 测量的流量，mL/min；

　　　Q_D——流量计 1 测量的流量，mL/min；

　　　C_B——饱和水样的溶解氧浓度，$\mu g/L$。

对标准溶解氧表进行整机引用误差检验的方法如下：将标准溶解氧表的传感器和被检氧表的传感器按图 5-8 所示串接在低氧浓度的水样中（如除氧器出口、炉水水样或其他除氧装置出水），检查确认测量回路无空气漏入。将水样流量严格控制在被检表厂家要求的流量范围内。待标准表和被检表读数稳定后，分别记录标准表读数 C_{B0} 和被检表读数 C_{X0}；用标准溶解氧水样制备装置向水样中加氧，使溶解氧增量 $10\mu g/L$ 以上，待标准表和被检表读数稳定后，分别记录标准表读数 C_{B1} 和被检表读数 C_{X1}。整机引用误差的计算方法为

$$\Delta C = (C_{X1} - C_{X0}) - (C_{B1} - C_{B0}) \qquad (5-7)$$

$$\delta_Z = \frac{\Delta C}{M} \times 100\% \qquad (5-8)$$

式中　C_{X1}——加氧后被检表读数，$\mu g/L$；

　　　C_{X0}——加氧前被检表读数，$\mu g/L$；

　　　C_{B1}——加氧后标准表读数，$\mu g/L$；

　　　C_{B0}——加氧前标准表读数，$\mu g/L$；

　　　δ_Z——整机引用误差，%FS；

　　　M——量程范围内最大值，$\mu g/L$。

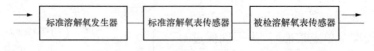

图 5-8　溶解氧表整机引用误差检验示意图

第五节　其他注意事项

（1）温度补偿：仪表的读数是经过温度补偿的。补偿一般有以下三方面：氧在水中的溶

解度、电化学电池输出、必要时补偿氧通过膜的扩散速率。在进行空气校准时，必须将仪器温度补偿中的氧在水中的溶解度部分取消，使之仅对氧分压响应。

（2）当仪器外部与接地装置连接时，仪器的电输出信号必须与传感器测量回路和大地隔绝，以避免大地回路问题。

（3）对于扩散型传感器，必须根据制造厂的推荐进行清洗，清洗周期取决于水样情况和测量准确度。平衡型传感器不必进行清洗，除非膜表面污染太严重，增加了响应时间或者有微生物繁殖。

（4）取样材料不能使用铜，原因是铜能氧化并消耗氧；也不能使用塑料或橡胶，原因是这些材料有透气性。

（5）应保持连续稳定的流速，以保持取样管线与水样之间的平衡。流速或温度变化后立即测量的结果不符合实际值，原因是瞬间变化后恢复正常需要一定的时间。

（6）在电厂取样系统有氧化铁等其他固体颗粒。控制流速减少固体颗粒的沉积，原因是这些沉积会延迟溶解物的输送。采用 1.8m/s 流速冲洗取样管路系统可达到预期效果。

（7）测量程序：仪器安装好后，如果管路可能存在杂物，应先通过排污系统排放，以免杂物在探头或流通池沉积。对于连续取样测量，流速调至 200mL/min，或根据说明书。要等几个小时以便探头将大气条件下存放时的氧消耗掉。

复习题

一、填空题

1. 电流式分析仪表的传感器能把被分析的_____的变化转化为_____的变化。溶解氧表、联氨表等属于这类分析仪表，按其工作原理不同，又可分成_____法和_____法。

2. 极谱法溶解氧表根据传感器的原理不同可分为_____传感器和_____传感器两种。

3. 扩散型溶解氧测量传感器阴极由_____构成，阳极由_____构成。

4. 扩散型溶解氧测量传感器测量过程中受到_____、_____、_____、_____等因素的影响。

5. 平衡型传感器一般由_____组成，其中阳极和阴极均由_____制成，另外还有一支_____电极。

6. 平衡型溶解氧测量传感器在测量过程中阴极_____的氧等于阳极_____的氧，传感器不消耗_____中的氧。

7. 平衡型传感器测量精度与_____和_____无关。

8. 如果发现管路有漏气，应对溶解氧测量传感器前的_____、_____等连接处进行_____，或加强各连接处的密封。

9. 采用电解校准的溶解氧表测量准确性较差，主要原因是校准过程中_____、_____、_____。

10. 在线溶解氧表采用空气校准法，_____能保证低浓度测量时的准确性。

二、选择题

1. 电流式分析仪表的传感器能把被分析的物质浓度的变化转化为（ ）的变化。

    A. 电流信号；   B. 电压信号；   C. 流量信号；   D. 压力信号。

2. 扩散型溶解氧测量传感器阴极由（ ）构成。

    A. 银；   B. 铅；   C. 贵金属铂或金；   D. 铜。

3. 极谱法溶解氧表根据传感器的原理不同可分为扩散型传感器和（ ）传感器两种。

    A. 平衡型；   B. 电流型；   C. 电压型；   D. 扩散性。

4. 平衡型氧测量传感器一般由（ ）电极组成。

    A. 两；   B. 三；   C. 四；   D. 五。

5. 在线溶解氧表必须采用（ ）方法检验测量准确性。

    A. 在线检验；   B. 法拉第电解；   C. 标准气体；   D. 放在空气中。

6. 进行准确性校准时，必须采用低浓度溶解氧标准水样制备装置产生低浓度溶解氧标准水样或是（ ）进行过整机引用误差检验。

    A. 空校；   B. 法拉第电解；

    C. 移动式在线化学仪表检验装置；   D. 标准气体。

7. 在线溶解氧表采用空气校准法，（ ）能保证低浓度测量时的准确性。

    A. 一定；   B. 不一定。

三、判断题

1. 溶解氧表较常见的一种误差来源是测量管路泄漏。（ ）

2. 溶解氧测量管路和传感器壳内细菌繁殖会消耗氧，引起正误差。（ ）

3. 还原剂，如联氨等，可以通过膜在溶解氧电极上发生不希望发生的反应，产生负误差。（ ）

4. 氧化铁和其他沉积物可能在流速低的水平段管子中沉积，产生类似色谱柱一样的保持作用，不会产溶解氧测量滞后。（ ）

5. 溶解氧膜破损造成测量结果偏低，甚至无法进行测量。（ ）

6. 空校后的在线溶解氧表测量水汽系统给水溶解氧一定准确。（ ）

7. 当给水水样溶解氧浓度稳定时，水样流量增加 50%，在线溶解氧表的测量值降低，说明水样管路有泄漏。（ ）

四、问答题

1. 简述发电厂在线溶解氧测量的意义。

2. 简述溶解氧测量原理。

3. 怎样才能准确校准在线溶解氧表？

参考答案

一、填空题

1. 物质浓度；电流信号；原电池；极谱。

2. 扩散型；平衡型。

3. 贵金属铂或金；银或铅。

4. 流速；表面污染；阳极老化；传感器内气泡。

5. 三电极；贵金属铂或金；参比。

6. 消耗；产生；水样。

7. 膜的表面状态；水样流速。

8. 取样管路接头；流量计阀门；严密性检查。

9. 基底氧浓度发生变化；电解池电解效率发生变化；电解产生的氢气影响测量准确性。

10. 不一定。

二、选择题

1. A；2. C；3. A；4. B；5. A；6. C；7. B。

三、判断题

1. √；2. ×；3. √；4. ×；5. √；6. ×；7. √。

四、问答题

1. 对发电厂水汽系统的溶解氧准确控制是防止热力设备腐蚀、结垢和积盐的重要手段。对于给水全挥发处理的机组，一般控制给水的溶解氧小于 $7\mu g/L$，否则会引起金属的腐蚀；对于给水加氧处理的机组，必须将溶解氧控制在一定的范围内，才能达到预期的防腐效果。要实现上述目的，首先必须准确测量水汽系统中溶解氧的浓度。因此，准确测量水汽系统中的溶解氧对机组安全运行重要意义。

2. 电流式分析仪表的传感器能把被分析的物质浓度的变化转化为电流信号的变化。溶解氧表、联氨表等属于这类分析仪表，按其工作原理不同，又可分成原电池法和极谱法。目前，国内外普遍采用的溶解氧表测量原理是极谱法，即向电极施加一定的电压，使溶解氧在电极表面发生电化学反应，在测量电路中产生电流，该电流的大小与溶解氧的浓度成正比。这种通过测量电流大小达到确定测量值的方法就是电流法。与电位法相比（如 pH 值测量、钠的测量）相比，电流法在纯水体系中受到的电干扰较小。极谱法溶解氧表根据传感器的原理不同可分为扩散型传感器和平衡型传感器两种。

3. 在线溶解氧表采用空气校准法，不一定能保证低浓度测量时的准确性；采用电解校准法受水样基底波动或电解效率变化，也不一定能够保证实际在线测量时准确。为了彻底解决上述问题，在对在线溶解氧表进行空气校准的前提下，应采用标准溶解氧表测量值为标准值，对在线溶解氧表进行过程校准（单点校准）。

过程校准即让标准溶解氧表和在线溶解氧表同时测量同一水样，待测量值均稳定后，根据标准溶解氧表测量的标准值对在线溶解氧表进行过程校准（单点校准）。为了确保过程校准准确，标准溶解氧表必须采用低浓度溶解氧标准水样制备装置产生低浓度溶解氧标准水样或是移动式在线化学仪表检验装置进行过整机引用误差检验，并合格。

第六章

水汽中痕量有机物测量仪表

第一节 测 量 意 义

20世纪70年代前，人们对电厂水汽中的有机物是不关心的。1974年，某杂志报道了德国一台锅炉，由于给水含有含氯的有机物，引起了锅炉严重腐蚀的情况，自此开始认识到水汽中有机物的重要性。1978年，宝德曼发表了"汽轮机酸腐蚀"一文，介绍了蒸汽中酸性物质会引起汽轮机酸腐蚀的情况；1979年，国内许多电厂发生了严重的汽轮机酸腐蚀问题，国内一些单位据此开展了大量蒸汽中有机酸的测定工作，关于电厂水汽中有机物的影响已开始引起世人关注。

近十年的研究表明，水汽中有机物确实对热力设备的安全运行构成威胁。水汽中的有机物会分解产生有机酸甚至无机酸，如果蒸汽中含有较多有机酸，会引起汽轮机低压缸的酸性腐蚀，严重时导致汽轮机叶片断裂，给电厂带来巨大的经济损失。此外，近几年多个电厂发生严重的系统漏油事故，如果对水汽系统有机物含量进行日常监督就可迅速发现漏油点，避免事故扩大。

第二节 测量原理、方法

一、表征电厂水汽中有机物的概念

（一）总有机碳（total organic carbon，TOC）

总有机碳是指有机物中总的碳含量。

（二）总有机碳离子（total organic carbon ion，TOC_i）

总有机碳离子是指有机物中总的碳含量及氧化后产生阴离子的其他杂原子含量之和。

当有机物仅含有碳、氢、氧，不含其他杂原子时，水中总有机碳用来表示水样中有机物总量的综合指标，常被用来评价水体中有机物污染的程度，这时有机物氧化后产生的二氧化碳与水中总有机碳含量成正比关系（见式6-1），通过测定氧化器进、出口二氧化碳的变化就可计算出有机物中的碳（TOC）含量，即

$$C_xH_yO_z \longrightarrow CO_2 + H_2O \tag{6-1}$$

此时，测量的TOC含量与TOC_i含量完全一致。当有机物中除碳外还含有其他杂原子时（见式6-2），氧化后除产生二氧化碳还会产生氯离子、硫酸根、硝酸根等阴离子，即

$$C_xH_yO_zM \longrightarrow CO_2 + H_2O + HM(O)_n \tag{6-2}$$

注：M表示有机物中除碳外氧化后可能产生阴离子的杂原子。

这时，通过测量有机物中所有可能产生阴离子的原子（包括碳）氧化前后电导率的变化，折算为二氧化碳含量（以碳计）的总和即为TOC_i含量，而仅测定产生的二氧化碳含量计算得到的是TOC含量，这种情况下测得的TOC_i含量大于TOC含量，TOC_i含量能更准确

地反映出水中有机物腐蚀性的大小。

（三） 几种典型有机物的分解产物

1. 由碳氢化合物组成的有机物的分解产物

由碳氢化合物组成的有机物的分解产物反应式为

$$C_xH_yO_z \longrightarrow CO_2 + H_2O \longrightarrow H_2CO_3$$

此时，有机物的分解产物仅有二氧化碳，通过测量产生的二氧化碳即可测得总有机碳。如用蔗糖配置 $200\mu g/L$ 的总有机碳溶液，测出的 TOC 及 TOC_i 含量一致，均能用于表征有机物含量。

2. 三氯甲烷的分解产物

三氯甲烷的分解产物反应式为

$$CHCl_3 \longrightarrow CO_2 + 3HCl$$

此时，1 个三氯甲烷分子的分解产物除 1 个 CO_2 外，还有 3 个 HCl，通过测量产生的二氧化碳仅可测得三氯甲烷中的碳，而 3 个氯离子均未被反应出来；如测量 TOC_i 含量，氯离子产生的电导率可通过二氧化碳的量折算出来，因此，可反应出有机物中杂原子的总量。如配制 $200\mu g/L$ 的三氯甲烷溶液，其中 TOC 含量仅为 $20\mu g/L$，TOC_i 含量为 $196\mu g/L$，此时，TOC_i 含量能更准确地反应出有机物中杂原子含量。

3. 阳树脂溶出苯磺酸的分解产物

阳树脂溶出苯磺酸的分解产物为

$$C_6H_6O_3S \rightarrow 6CO_2 + H_2SO_4$$

此时，1 个苯磺酸分子的分解产物除 6 个二氧化碳外还有 1 个 H_2SO_4，通过测量产生的二氧化碳仅可测得有机物中 6 个碳，而硫离子未被反应出来。如果测量 TOC_i 含量，硫酸根离子产生的电导率可通过二氧化碳的量折算出来，因此可以反应出有机物中杂原子的总量。如 $200\mu g/L$ 的苯磺酸溶液，其中 TOC 含量为 $91\mu g/L$，测得的 TOC_i 含量为 $145\mu g/L$，此时，TOC_i 含量能更准确地反应出有机物中杂原子含量。

有机物中不含卤素、硫等杂原子时，其在热力系统分解产物为甲酸、乙酸等低分子有机酸及二氧化碳；有机物中含氯、硫等杂原子时，其在热力系统的分解产物除上述阴离子外还会有氯离子、硫酸根等阴离子。研究证明，水汽中有机物的含量超标会导致汽轮机低压缸叶片的腐蚀，由于低分子有机酸的腐蚀性远小于氯离子、硫酸根等强酸性阴离子，所以有机物对设备腐蚀与有机物中所含氯、硫等杂原子含量密切关联。热力系统有机物来源较多，如污染严重的冷却水漏入凝结水、系统中添加药品质量不合格、补给水水源污染严重、除盐系统除有机物效率不高及树脂的溶出物较大时，均有可能在水汽系统中引进含卤素、硫等杂原子的有机物。许多电厂的案例表明，水中总有机碳（TOC）含量并未超标但 TOC_i 含量已严重超标，此时已伴随出现蒸汽氢电导率超标及汽轮机低压缸叶片严重腐蚀的情况。因此，要防止汽轮机低压缸叶片的腐蚀，应该监测和控制水汽中 TOC_i 含量。

二、水汽中有机物测量仪器及测量方法的选择

目前，用于水汽中有机物测量的仪器很多，每种类型的仪器测定原理、检测方法和测量范围都不相同，下面列举几种常见类型仪器的原理及适用范围。

（一）TOC 测量的仪器及方法

1. 高温氧化—非色散红外检测法

（1）测定原理。将一定量水样注入高温炉内的石英管，在高温下（680～1000℃）使有机物燃烧裂解转化为 CO_2，用高纯氮气将生成的 CO_2 导入非色散红外气体分析仪，通过准确测定生成的 CO_2 含量计算出水样中 TOC 的含量。

（2）适用范围。适合测定较大 TOC 含量的水样，如饮用水、地下水、污水及工业排水等。

（3）仪器设备。该方法仪器设备复杂，需要用氮气，操作相对繁琐，难于实现在线检测。

2. 紫外光催化—过硫酸盐氧化法（湿式氧化法）

（1）测定原理。水样进入反应器后，在室温下加入磷酸酸化至 pH < 3，通过气液分离器除去 IC（无机碳），在近紫外光（300～400nm）照射下，水样中的有机物被催化（催化剂为 TiO_2 悬浊液）氧化（氧化剂为过硫酸钠）成 CO_2 和水，生成的 CO_2 通过冷凝器后进入双波长非分散红外检测器（NDIR），氧化反应完成后，系统中的 CO_2 达到平衡，据 CO_2 的含量换算成水样 TOC 值。

（2）适用范围。适合测定较大 TOC 含量的水样，测量小于 $200\mu g/L$ 的 TOC 含量时准确度不高。

（3）仪器设备。氧化的全过程在室温下进行，操作相对简单，但仪器本身结构比较复杂。

3. 紫外光催化、过硫酸盐氧化—膜电导检测法

（1）测定原理。水中的有机物在通过氧化器后发生的反应为

$$C_xH_yO_zM \longrightarrow CO_2 + H_2O + HM(O)_n$$

注：M 表示有机物中除碳外氧化后可能产生阴离子的杂原子。

膜电导法测量原理是采用二氧化碳透气膜，水样中有机物氧化后产生的二氧化碳透过膜进入纯水系统，通过测量氧化前后纯水系统的电导率的变化，就可计算水中 TOC 含量。

（2）适用范围。测量范围较广，可测量发电厂水汽中 $0～1000\mu g/L$ 的 TOC。

（3）仪器设备。仪器本身结构比较复杂，氧化过程需加磷酸、过硫酸盐，操作复杂，后期耗材多。

上面所述的高温氧化—非色散红外检测法、紫外光催化—过硫酸盐氧化法及紫外光催化、过硫酸盐氧化—膜电导检测法为测量原理的仪器均测量的是有机物中的碳含量（TOC），不能反映有机物中硫、氯等杂原子含量，导致许多电厂测量指标合格的情况水汽系统出现较严重的问题。

（二）TOC_i 测量的仪器及方法

1. 测量原理

将含有机物的水样通入特定波长的紫外氧化器中，水中有机物会分解产生二氧化碳、水、氯离子、硫酸根等，通过测量进入氧化器前后的电导率的变化，折算为二氧化碳含量变化（以碳计）来表述有机物中碳含量及氧化后会产生阴离子的其他杂原子含量之和，即

$$C_xH_yO_zM \longrightarrow CO_2 + H_2O + HM(O)_n$$

测量 TOC_i 应使用直接电导法为检测器的仪器，但仪器应具备连续克服电厂水样中特有

的氨、乙醇胺等碱化剂对测量干扰的功能,同时确保不带入任何其他的污染。水汽中 TOC_i 含量除表述有机物中总的碳含量外,卤素,硫等杂原子的含量也被反映出来,它表述的是 TOC 含量与有机物中杂原子含量之和。

目前,可用于测量水汽中 TOC_i 含量的仪器只能是紫外氧化—直接电导法测量的仪器。为调节给水 pH 值,电厂给水中一般需加入一定剂量的碱化剂(有时还需加入联氨),使紫外氧化—直接电导检测系统的仪器在测量电厂水汽系统水样 TOC_i 含量时存在严重缺陷。我国目前在用的 TOC 仪器绝大多数为国外公司生产的进口仪器,采用紫外氧化—直接电导检测系统的仪器均未考虑电厂水汽系统水样 TOC_i 测量时的各项干扰因素,尤其是氨、乙醇胺或联氨等的干扰,因此测量结果严重偏离真实值。紫外氧化—直接电导检测系统示意图如图 6-1 所示。

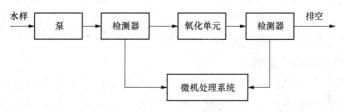

图 6-1 紫外氧化—直接电导检测系统示意图

如何去除水汽系统水样中的氨、乙醇胺等碱化剂的干扰,同时保证有机物含量不受损失成为水汽系统水样中 TOC_i 可被准确测量的关键问题。阳离子交换柱虽然可去除 NH_4^+,但树脂本身就释放有机物或吸附有机物又会严重影响测量结果。目前,西安热工研究院就水汽系统水样 TOC_i 测量技术开展了大量研究工作,成功攻克了 TOC_i 测量过程中存在的特殊干扰问题,研究出能够准确测量电厂水汽中 TOC_i 含量的技术关键,即采用电化学技术消除水汽中碱化剂等干扰后再进行各项测量,其测量流程图如图 6-2 所示。

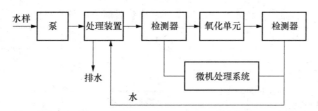

图 6-2 能消除电厂水汽系统中碱化剂影响的 TOC_i 测量系统流程图

2. 适用范围

测量电厂水汽系统各类水样 TOC_i 含量,测量范围为 $0\sim1000\mu g/L$。

3. 仪器设备

仪器操作简单,无需添加药剂直接取水测量,后期使用耗材很少。

第三节 测量准确性影响因素

火力发电厂 TOC_i 测量应注意以下一些问题。

一、关于 TOC_i 测量时空白水的使用

TOC_i 测量时对空白水样要求很严，但通常 TOC_i 含量为零的空白水样是很难制得的。不同纯水器出水 TOC_i 值差异很大，表 6 - 1 列出了三个不同的纯水器出水的 TOC_i 值。

表 6 - 1　　　　　　　　　　不同的纯水器出水的 TOC_i 含量

纯水器型号	Millipore-1	Millipore-2	国产某型号
出水电阻率（MΩ·cm）	18.2	18.2	18.2
出水 TOC_i 含量（$\mu g/L$）	66	12	106
备注	纯水器出口滤芯已变淡绿	—	—

即使出水达到了理论纯水的电导率值，水中的 TOC_i 含量差异还是很大的，因此，在日常测定水样 TOC_i 含量时，对空白水样的选择及校准非常重要，这直接关系到 TOC_i 测量的准确度，应采用多点标定法扣除空白的 TOC_i 值。

二、TOC_i 测量标准物质的选用

一般以蔗糖来作为 TOC_i 测量的标准物质，主要由于它是非电离的有机物，不会对水的电导率产生很大影响，也较易得到提纯的蔗糖，因此，在使用电导检测器的 TOC_i 测量系统中被用作标准物质。

三、电厂水汽系统水样中 TOC_i 测量的干扰因素

目前，可用于测量电厂水汽中 TOC_i 含量的仪器只有紫外氧化—直接电导法测量的仪器，但这类仪器一般无法用于电厂水样的测量。原因是为了调节给水 pH 值，电厂给水中一般需加入一定剂量的碱化剂，碱化剂经过一般仪器的氧化器之后会部分转化为 NO_3^-，严重影响了测定结果的准确性。表 6 - 2 列出了某电厂给水水样经过紫外氧化后前后离子形态的变化。

表 6 - 2　　　　　　　某电厂给水水样经过紫外氧化前后离子形态的变化

离子形态	NH_4^+	NO_3^-
	$\mu g/L$	$\mu g/L$
进入氧化器前	298	<0.5
通过氧化器后	240	204

显然，进入氧化器前后离子含量发生了很大的变化，因此，使用紫外氧化—直接电导检测系统的仪器在测量电厂给水 TOC_i 含量时存在严重缺陷。为了消除发电厂水汽系统中的氨等碱化剂对测量的干扰，西安热工研究院经过科技攻关，研发出专门针对发电厂水汽系统 TOC_i 测量的技术及仪器，技术水平国际领先。

四、水的污染、标液的污染

由于水汽系统水样 TOC_i 含量都很低，一般在测定范围内配制标准曲线进行多点标定（至少 3 点以上），要求标准曲线的线性相关系数达到 0.9995 以上才能进行相关测量。配制标准液时极易发生污染，导致标准曲线线性不好，影响测量结果的准确性。

五、仪器测量系统

仪器硬件及软件设计是否合理也会直接影响测量准确性。建议一定选用在测量范围内具

有国家计量器具生产许可证的企业生产的仪器，该类仪器在测量范围内是通过第三方试验验证的（实验数据应包括含氨纯水中 TOC 测量重复性数据），可保证使用方能准确测量电厂水汽中的 TOC_i 含量。

第四节 检 验 校 准

发电厂水汽中痕量有机物分析仪器在进行检验校准前应以蔗糖为标准物，采用多点标定法标定（扣除空白的 TOC_i 值），回归曲线线性相关系数达到 0.9995 以上才能进行校验校准。仪器的各项指标应符合表 6-3 要求。

表 6-3 仪 器 技 术 要 求

项　目	要　　求
仪器的准确度	TOC_i 含量大于 $50\mu g/L$ 时，测量相对误差应小于 10%； TOC_i 含量小于 $50\mu g/L$ 时，测量相对误差应小于 20%
仪器测量精密度	TOC_i 含量小于 $50\mu g/L$ 时，测量的标准偏差小于 $10\mu g/L$； TOC_i 含量大于 $50\mu g/L$ 时，测量的相对标准偏差小于 5%
仪器的抗干扰性能	试验条件下测量数据的绝对差值应小于 $10\mu g/L$

一、仪器测量准确度

1. 试验方法

用蔗糖配制 50、200、$1000\mu g/L$ 的 TOC_i 标准液，将仪器调至进样状态后，选择测量流量为 2mL/min，测定标准样品 TOC_i 含量，每个标准样品均做两次平行测定，计算测量结果的相对误差。

2. 计算方法

仪器的测量准确度用相对误差（r）表示，按式（6-3）进行计算，即

$$r = \left| \frac{\overline{X} - X_s}{X_s} \right| \times 100\% \tag{6-3}$$

式中　$\overline{X}$——两次测量结果的平均值，$\mu g/L$；

X_s——标准液 TOC_i 的浓度，$\mu g/L$。

二、仪器测量精密度

1. 试验方法

用蔗糖配制 $200\mu g/L$ 的 TOC_i 标准液，将仪器调至进样状态后，选择测量流量为 2mL/min，重复 6 次测定标准样品及空白水的 TOC_i 含量，计算标准偏差。

2. 计算方法

仪器测量精密度以重复性标准偏差（s）及相对标准偏差（RSD）表示，按式（6-4）及式（6-5）进行计算，即

$$s = \sqrt{\frac{\sum (X_i - \overline{X})^2}{n-1}} \tag{6-4}$$

式中 X_i——第 i 次测量结果;

         $\overline{X}$——n 次测量结果的平均值,$\mu g/L$;

         n——测量次数。

$$RSD = \frac{s}{\overline{X}} \times 100\% \qquad (6-5)$$

三、仪器抗干扰性能

1. 试验方法

用 1mg/L 氨标准液配制 200$\mu g/L$ 的 TOC_i 标准液(蔗糖),同时用试剂水配制 200$\mu g/L$ 的 TOC_i 标准液,将仪器调至进样状态后,选择测量流量为 2mL/min,重复 4 次测定每个标准样品 TOC_i 含量,计算测量结果的绝对差值。

2. 计算方法

仪器的抗干扰性以加氨和不加氨条件下样品测量数据的绝对差值表示,按式(6-6)进行计算,即

$$\Delta = |\overline{X}_1 - \overline{X}_2| \qquad (6-6)$$

式中 Δ——仪器的抗干扰性;

         $\overline{X}_1$——不加氨条件下测量结果的平均值,$\mu g/L$;

         $\overline{X}_2$——加氨条件下测量结果的平均值,$\mu g/L$。

第五节 使 用 维 护

下面以某公司生产的 TPRI-TW 型水汽中 TOC 分析仪为例说明仪器在使用及维护过程中应注意的问题。

一、紫外灯管的更换

某公司生产的 TPRI-TW 型水汽中 TOC 分析仪使用特定波长紫外光对水样中有机物进行氧化,一般来说在线测量的仪器灯管使用寿命为 1 年,实验室用的仪器灯管使用寿命一般为 3 年以上。使用过程中应定期进行标液标定,发生响应信号异常的情况就应确定是否灯管损坏并及时更换。

二、取样瓶滤芯的更换

为了防止空气中二氧化碳对测定水样的影响,该仪器在取样瓶上加装了专用滤芯,使用过程中如发现滤芯颜色变白就应进行更换,以便获得更准确的测量结果。

三、使用专用的取样瓶

由于水汽系统水样中的 TOC_i 含量很小,使用一般的取样瓶很容易污染水样。为保证获得准确的测量结果,建议使用仪器配备的专用取样瓶进行取样、测量。

四、进样滤头的定期更换

为了防止水样中的颗粒物对测量系统造成影响,该仪器在样品进样端加装了专用滤头,建议使用过程中每两周更换一次取样滤头,以便获得更准确的测量结果。

复习题

一、填空题

1. 可用于测量水汽中 TOC_i 含量的仪器只能使用以_____为测量原理的仪器，必须具有消除_____干扰的能力。

2. 影响 TOC_i 测量准确性的因素有 _____、_____、_____、_____、_____。

3. 发电厂水汽中有机物的测量仪器在校准时应进行的测试包括 _____、_____、_____。

4. _____最能表征水汽中有机物含量的多少。

5. 火力发电厂水汽中有机物含量超标可能导致_____、_____。

6. 当水汽中有机物中含有硫时，有机物氧化后除产生_____、_____外，还会产生_____。

二、选择题

1. （   ）最能表征水汽中有机物含量的多少。

   A. 电导率；   B. 氢电导率；   C. TOC_i；   D. TOC。

2. （   ）可用于测量水汽中 TOC_i 含量。

   A. TPRI-TW 型 TOC 分析仪；

   B. GE900 型 TOC 分析仪；

   C. SWAN 公司 TOC 分析仪；

   D. 梅特勒-托利多 5000 型 TOC 分析仪。

3. 火力发电厂水汽中有机物含量超标可能导致（   ）。

   A. 锅炉爆管事故；   B. 蒸汽氢电导率超标；

   C. 汽轮机叶片积盐；   D. 发生氧化皮。

4. GB/T 12145—2016《火力发电机组及蒸汽动力设备水汽质量》中对水汽中有机物的控制指标是（   ）。

   A. COD_{Mn}；   B. COD_{Cr}；   C. TOC_i；   D. TOC。

三、判断题

1. 水汽中有机物含量超标可能引发汽轮机酸腐蚀。（   ）

2. 用紫外氧化-直接电导法为测量原理的仪器测量 TOC_i，可用离子交换树脂消除碱化剂干扰。（   ）

3. TOC_i 含量为零的空白水样是很难制得的。（   ）

4. 所有用紫外氧化-直接电导法为测量原理的仪器都可测量水汽中 TOC_i 含量。（   ）

5. GB/T 12145—2016《火力发电机组及蒸汽动力设备水汽质量》中对有机物的控制指标是 TOC。（   ）

6. 测量水汽中痕量有机物的仪器在校准时应采用多点标定。（   ）

四、问答题

1. 为什么要测量水汽系统中的有机物？

2. 水汽系统中有机物的表征参数有哪些?

3. 什么是 TOC? 什么是 TOC_i? 为什么 GB/T 12145—2016《火力发电机组及蒸汽动力设备水汽质量》中水汽中有机物控制指标是 TOC_i?

4. 影响 TOC_i 仪表测量准确性的主要因素有哪些?

5. 什么仪器可准确测量电厂水汽中 TOC_i 含量? 为什么?

参考答案

一、填空题

1. 紫外氧化—直接电导法;水汽系统碱化剂等。

2. TOC_i 测量时零水的使用;TOC_i 测量标准物质的选用;给水中 TOC_i 测量的干扰因素;水的污染;标准溶液的污染;仪器测量系统。

3. 仪器的准确度;仪器测量精密度;仪器的抗干扰性能。

4. TOC_i 含量。

5. 蒸汽氢电导率超标;汽轮机低压缸叶片的腐蚀损坏。

6. 二氧化碳;水;硫酸根。

二、选择题

1. C;2. A;3. B;4. C。

三、判断题

1. √;2. ×;3. √;4. ×;5. ×;6. √。

四、问答题

1. 水汽中有机物对热力设备的安全运行构成威胁。水汽中的有机物会分解产生有机酸甚至无机酸,如果蒸汽中含有较多有机酸,会引起汽轮机低压缸的酸性腐蚀,严重时导致汽轮机叶片断裂,给电厂带来巨大的经济损失。

2. 电厂水汽中有机物的表征参数如下:

(1) 总有机碳(TOC):有机物中总的碳含量。

(2) 总有机碳离子(TOC_i):有机物中总的碳含量及氧化后产生阴离子的其他杂原子含量之和。

3. TOC 就是总有机碳(total organic carbon),即有机物中总的碳含量。TOC_i 是总有机碳离子(total organic carbon ion),是有机物中总的碳含量及氧化后产生阴离子的其他杂原子含量之和。

当有机物仅含有碳、氢、氧,不含其他杂原子时,水中总有机碳用来表示水样中有机物总量的综合指标,常被用来评价水体中有机物污染的程度,这时有机物氧化后产生的二氧化碳与水中总有机碳含量成正比关系[见式(6-7)],通过测定氧化器进出口二氧化碳的变化就可计算出有机物中的碳(TOC)含量,即

$$C_xH_yO_z \longrightarrow CO_2 + H_2O \tag{6-7}$$

此时测量的 TOC 含量与 TOC_i 含量完全一致。当有机物中除碳外还含有其他杂原子时(见式 6-8),氧化后除产生二氧化碳还会产生氯离子、硫酸根、硝酸根等阴离子:

$$C_xH_yO_zM \longrightarrow CO_2 + H_2O + HM(O)_n \tag{6-8}$$

注:M 表示有机物中除碳外氧化后可能产生阴离子的杂原子。

这时通过测量有机物中所有可能产生阴离子的原子（包括碳）氧化前后电导率的变化，折算为二氧化碳含量（以碳计）的总和即为 TOC_i 含量，而仅测定产生的二氧化碳含量计算得到的是 TOC 含量，这种情况下测得的 TOC_i 含量大于 TOC 含量，TOC_i 含量能更准确的反映出水中有机物腐蚀性的大小。所以 GB/T 12145—2016《火力发电机组及蒸汽动力设备水汽质量》中水汽中有机物控制指标是 TOC_i。

4. 影响 TOC_i 仪表测量准确性的主要因素有：

（1）TOC_i 测量时零水的使用；

（2）TOC_i 测量标准物质的选用；

（3）给水中 TOC_i 测量的干扰因素；

（4）水的污染、标液的污染；

（5）仪器测量系统。

5. 紫外氧化-直接电导法为测量原理的仪器，但必须具有消除水汽系统碱化剂等干扰的能力。目前，满足要求的仪器只有 TPRI-TW 型 TOC 分析仪。

电厂水汽中一般需加入一定剂量的碱化剂（有时还需加入联氨），使紫外氧化-直接电导检测系统的仪器在测量电厂给水 TOC_i 含量时存在严重干扰。阳离子交换柱虽然可去除部分碱化剂，但树脂本身释放有机物又会严重影响测量结果。TPRI-TW 型 TOC 分析仪采用电化学技术消除水汽中碱化剂等干扰后再用紫外氧化-直接电导法测量 TOC_i 会获得准确的测量结果。

第七章

水汽中痕量氯离子测量仪器

第一节 测 量 意 义

一、发电厂水汽中氯离子监测的重要性

水中氯离子含量不但是评价锅炉给水、炉水、蒸汽品质的主要指标，也是防止热力设备金属材料腐蚀的重要指标。水汽系统氯离子的含量即使是痕量级，也会由于浓缩作用使金属发生腐蚀。水汽中氯离子含量超标时会出现以下问题：

1. 发生锅炉爆管事故

锅炉爆管事故发生的主要原因之一是水汽中氯离子含量超标，造成锅炉水冷壁腐蚀损坏，导致锅炉爆管事故，会给电厂造成严重的经济损失，因此，测量水汽中氯离子含量并进行工况调节可大大减少此类严重事故发生。

2. 汽轮机叶片腐蚀断裂事故

叶片断裂是汽轮机发生的极严重事故。据西屋公司统计，每年3％的汽轮机发生腐蚀疲劳断裂；据德国统计，该国1/3的汽轮机叶片断裂事故为腐蚀引起。水汽中氯离子含量超标是造成汽轮机低压缸腐蚀的最主要原因之一，尤其是我国目前超临界、超超临界机组越来越多，在超临界、超超临界工况下给水中氯离子会全部携带进入蒸汽，蒸汽携带的氯离子在汽轮机低压缸初凝区凝结，发生氯离子腐蚀而产生点蚀坑，引起应力集中，很容易引起汽轮机叶片断裂事故。

3. 造成过热器和再热器奥氏体钢晶间腐蚀风险

过热器和再热器奥氏体钢在加工过程和焊接过程中会产生残余应力，在高温运行条件下会发生敏化而具有晶间腐蚀倾向。在含氯离子的水中，极易发生快速的应力腐蚀和晶间腐蚀，产生裂纹，导致爆管事故。如果水汽中氯离子含量超标，运行期间在过热器和再热器中会产生含氯的盐类沉积；停炉时，过热器和再热器内凝结的少量水会溶解含氯的盐类，使凝结的水中氯离子浓度升高，会造成过热器和再热器奥氏体钢晶间腐蚀和损坏。

为防止电厂热力设备结垢、结盐，减缓热力系统金属构件的腐蚀，保证系统的安全运行，延长热力设备的检修周期和使用寿命，电厂水汽系统中氯离子含量应进行严格的控制和监测。

二、发电厂水汽中氯离子的控制与监测指标

GB/T 12145—2016《火力发电机组及蒸汽动力设备水汽质量》规定了水汽各取样点氯离子含量的控制指标：

1. 给水氯离子含量控制指标

汽包炉参数大于15.6MPa，给水氯离子含量要求小于或等于$1\mu g/L$；汽包炉参数小于15.6MPa，给水氯离子含量要求小于或等于$2\mu g/L$；直流炉（大于或小于18.3MPa），给水

氯离子含量要求不大于 $1\mu g/L$。

2. 精处理出水氯离子含量控制指标

大于 18.3MPa，精处理出水氯离子含量要求小于或等于 $1\mu g/L$；小于 18.3MPa，精处理出水氯离子含量要求小于或等于 $2\mu g/L$。

3. 炉水氯离子含量控制指标（主要针对大于 15.6MPa 的汽包炉）

固体碱化处理，要求炉水氯离子含量小于 $400\mu g/L$；全挥发处理：要求炉水氯离子含量小于 $30\mu g/L$。

锅炉汽包压力大于 15.8MPa 的机组，炉水中氯离子含量应小于 $400\mu g/L$。但目前对炉水中氯离子未实行在线监测，炉水中其他指标都正常的情况下，氯离子含量超标而不被发现，许多电厂常因此而发生安全事故，造成严重的经济损失。

目前，发电厂精处理设备的出口都安装了在线钠表，主要是防止再生剂氢氧化钠残留、树脂分层不好等情况导致精处理漏钠，影响水汽品质；精处理阳树脂使用盐酸再生，同样存在再生剂残留、精处理树脂分层不好、再生酸碱出问题及凝汽器泄漏等问题，这些问题都会导致精处理出水漏氯而影响水汽品质，因此，对精处理出水及给水氯离子含量进行在线监测，对保证机组安全运行具有重要意义。

第二节　测量原理及方法

由于发电厂水汽中氯离子含量都是 $\mu g/L$ 级的，尤其精处理出水及给水的控制指标要求小于 $1\mu g/L$，能够满足测量准确性的测量方法有离子色谱法和痕量在线氯离子在线测量方法。由于离子色谱法只能进行离线取样分析，电厂不同时间段水汽系统氯离子含量变化较大，且测量及取样过程中又可能造成样品污染及检测结果严重滞后，不利于电厂及时发现问题和解决问题。同时，仪器需配有操作台式计算机和氮气瓶，占地空间较大，操作复杂，操作人员需经过长时间培训操作，才能熟练使用，且仪器都是进口的，备品备件更换耗时长，较昂贵。因此，能同时满足测量准确性、连续在线测量及操作方式简便的只有水汽中痕量氯离子的在线测量方法。

水汽中痕量氯离子的在线测量原理主要是电极法和光度法。电极法属于电位测量方法，易受各种干扰，存在测量精度不高、测量结果可靠性差等问题，国外某公司的在线氯表使用的就是电极法测量原理，其最低检测限仅能达到 $10\mu g/L$，且使用维护较麻烦，使仪器的使用受到一定的限制。光度法测量氯离子是利用在酸性介质中，氯离子与硫氰酸汞发生反应，形成氯化汞并释放出硫氰酸根，溶液中加入的三价铁与硫氰酸根形成橘红色络合物，其显色强度与溶液中氯离子含量有关，从而计算得出溶液中氯离子含量，但此方法的最低检测限也仅能达到 $25\mu g/L$。

光度法测量氯离子最大的问题是检测限为 $25\mu g/L$，远不能满足水汽系统氯离子监测的要求，另外，硫氰酸汞等剧毒物质的排放也无法解决。为了攻克这些技术壁垒，西安热工研究院经过大量试验研究，研制的水汽系统氯离子在线监测技术成功攻克了这一难题。该技术及分析仪表可准确测量水汽中 $0\sim1000\mu g/L$ 的氯离子，其测量为光度法，并研制出了由多种添加剂构成的痕量氯离子在线测量专用显色剂，具有以下特点：

（1）降低了方法的检测下限。使用研制的显色剂，氯离子检测下限由原来的 $25\mu g/L$ 降

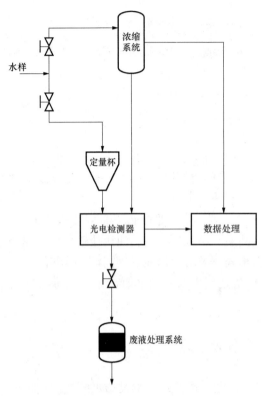

图 7 - 1　某在线氯离子分析仪测量原理图

至 $10\mu g/L$，带浓缩系统后，监测下限达到 $0.1\mu g/L$。

（2）研制的显色剂为水溶性药剂。解决了硫氰酸汞溶解性差、放置久了产生沉淀等问题，使氯离子在线测量时加药量更精确，测量结果更加准确。

（3）显色剂毒性大幅降低。

该仪器自带废液处理装置，其测量原理如图 7 - 1 所示。

如果氯离子质量浓度在 $10\sim1000\mu g/L$，水样定量并加药后进入光路系统，光电检测器检测后信号输入数据处理系统得到氯离子质量浓度；如果氯离子质量浓度在 $0\sim10\mu g/L$，水样通过三通阀切换进入浓缩系统进行浓缩后测定其氯离子浓度。测量后的废液通过专用的处理器处理后排放。可在线测量氯离子含量为 $0\sim1000\mu g/L$ 的水样，且基本不受其他离子的干扰。采用该技术研发的在线氯表操作压力为常温常压，仪器一体化设计，所有操作在仪器上操作，占地空间较小，操作简便，可以长期免人工维护，每年仅消耗少量药剂，维护成本较低。

第三节　测量准确性影响因素

水汽中痕量氯离子在线测量仪表的测量准确性主要受以下因素的影响：

一、水的污染、标液的污染

由于水汽系统水样氯离子含量很低，尤其是给水、精处理出水氯离子指标要求达到 $1\mu g/L$ 以下，此时只能在 $0\sim3\mu g/L$ 进行标液多点标定（至少 3 点以上），配制标准液时极易发生污染，导致工作曲线线性不好，影响测量结果的准确性。一般要求工作曲线的线性相关系数达到 0.9995 以上才能进行相关测量。

二、容器的污染

对于 $10\mu g/L$ 以下的水样，取样及储存器皿非常关键，如果容器未冲洗干净或容器本身有微量溶出物都会污染水样，影响测量结果的准确性。

三、仪器测量系统

目前，使用光度法测量水汽中氯离子含量应用较广，光学系统的测量稳定性、仪器硬件及软件设计是否合理也会直接影响测量准确性。

第四节　检　验　校　准

发电厂水汽中痕量氯离子在线测量仪表在进行检验校准前应用氯离子标准液采用多点标定法标定（扣除空白值），回归曲线线性相关系数达到 0.9995 以上才能进行校验校准。仪器的各项指标应符合表 7-1 要求。

表 7-1 性　能　要　求

项　目	要　求
零点稳定性	8 次零水电压[①]的相对标准偏差值小于 3%
示值误差	(1) 氯离子含量为 0~10μg/L 时，相对误差不大于 20%； (2) 氯离子含量为 10~100μg/L 时，测量绝对误差不大于 10μg/L； (3) 氯离子含量大于 100μg/L 时，测量相对误差不大于 10%
重复性	(1) 相对标准偏差不大于 20%（氯离子含量 0~10μg/L 时）； (2) 测量标准偏差不大于 10μg/L（氯离子含量 10~100μg/L 时）； (3) 测量相对标准偏差不大于 10%（氯离子含量大于 100μg/L 时）

① 零水电压指当样品为高纯水时分析仪测得的电压信号值

一、零点稳定性的测量

1. 零点稳定性测量步骤

(1) 将水汽中痕量氯离子分析仪各项参数设置好，以试剂水为测试水样，连接管路进样进行试验。

(2) 每半小时记录一次零水电压值（见表 7-2），计算 8 次零水电压值的相对标准偏差。

表 7-2 零点稳定性的测量

测量项目	不同时间的测量值（mV）							
	0.5h	1.0h	1.5h	2.0h	2.5h	3.0h	3.5h	4.0h
零水电压								

注　试验过程中应注意水压变化。

2. 结果的计算方法

分析仪测量稳定性以标准偏差（s）表示，按式（7-1）进行计算，即

$$s = \sqrt{\frac{\sum (X_i - \overline{X})^2}{n-1}} \tag{7-1}$$

式中　X_i——第 i 次测量结果，mV；

　　　$\overline{X}$——所有测量结果的平均值，mV；

　　　n——测量次数。

8 次零水电压的相对标准偏差值小于 3%。

二、示值误差的测量

1. 用于测量炉水的在线仪表（10~1000μg/L）

(1) 使用试剂水和 100、200、500μg/L 的氯离子标准液，按照仪器操作程序标定仪器。

(2) 配制 50、500μg/L 的氯离子标准液，将仪器调至进样状态后，测定标准样品氯离

子含量，每个标准样品均做 4 次平行测定，计算测量结果的绝对误差及相对误差。

2. 用于测量给水、精处理出水的在线仪表（0～10μg/L）

（1）使用试剂水和 1.0、2.0、4.0μg/L 的氯离子标准液，按照仪器操作程序标定仪器。

（2）配制 1.0、2.0μg/L 的氯离子标准液，将仪器调至进样状态后，测定标准样品氯离子含量，每个标准样品均做四次平行测定，计算测量结果的绝对误差及相对误差。

3. 结果的计算

水汽中痕量氯离子在线分析仪示值误差以绝对误差及相对误差（r）表示，按式（7 - 2）进行计算，即

$$r = \left| \frac{\overline{X} - X_s}{X_s} \right| \times 100\%$$ 　　　　　　（7 - 2）

式中　$\overline{X}$——测量结果的平均值，μg/L；

X_s——标准液的氯离子含量，μg/L。

氯离子含量为 0～10μg/L 时，相对误差不大于 20%；氯离子含量为 10～100μg/L 时，测量绝对误差不大于 10μg/L；氯离子含量大于 100μg/L 时，测量相对误差不大于 10%。

三、仪器测量重复性

（1）按照二、示值误差的测量方法标定仪器。

（2）试验方法。分别按照仪器的用途不同配制 1、2、50、500μg/L 的氯离子标准液进行试验，测定标准样品氯离子含量，每个标准样品均做 4 次平行测定，计算测量结果的绝对误差及相对误差。

（3）计算方法。仪器测量重复性以标准偏差（s）及相对标准偏差（RSD）表示，按式（7 - 3）及式（7 - 4）进行计算，而

$$s = \sqrt{\frac{\sum (X_i - \overline{X})^2}{n - 1}}$$ 　　　　　　（7 - 3）

$$RSD = \frac{s}{\overline{X}} \times 100\%$$ 　　　　　　（7 - 4）

式中　X_i——第 i 次测量结果，μg/L；

$\overline{X}$——n 次测量结果的平均值，μg/L；

n——测量次数；

s——重复性标准偏差，μg/L。

氯离子含量为 0～10μg/L 时，测量相对标准偏差不大于 20%；氯离子含量为 10～100μg/L 时，测量的标准偏差小于 10μg/L；氯离子含量大于 100μg/L 时，测量的相对标准偏差小于 10%。

第五节　使　用　维　护

下面以国内某厂家 TPRI - TC 型在线氯离子分析仪为例，说明水汽中痕量氯离子在线测量仪表的使用维护注意事项。

一、定期更换药剂

用于测量 10μg/L 以下的氯离子的仪器要使用三种药品，一般需要 2 个月更换一次，用

户应定期查看药品瓶的液位，注意更换药品。

二、定期清理光路系统

按照说明书要求半个月左右用配备的专业工具清理光路系统1次。

三、定期进行在线校准

定期使用仪器配备的标液瓶配备标准液对仪器进行校准，确定测量准确性。

一、填空题

1. 汽包炉参数大于15.6MPa，给水氯离子要求小于或等于_____。汽包炉参数小于15.6MPa，给水氯离子要求小于或等于_____。

2. 直流炉（大于或小于18.3MPa），给水氯离子要求不大于_____。

3. 进行固体碱化处理时炉水氯离子含量应小于_____；全挥发处理时炉水氯离子要求小于_____。

4. 在线氯表配制标准液标定时极易发生污染，导致工作曲线线性不好，影响测量结果的准确性。一般要求工作曲线的线性相关系数达到_____以上才能进行相关测量。

5. 测量氯离子含量在_____的水样时，取样及运输都有可能造成水样污染，最好能进行_____测量。

6. 应用光度法在线测量水汽中氯离子含量，_____、_____会直接影响测量准确性。

7. 测量氯离子含量为 $0\sim10\mu g/L$ 的水样，进行仪器校准时应采用_____。

8. 测量给水的在线氯表校验时应测试_____、_____、_____。

二、选择题

1. 火力发电厂水汽中氯离子含量超标可能导致（　　）。
    A. 锅炉爆管事故；　　　　　　　　B. 汽轮机叶片腐蚀；
    C. 过热器和再热器奥氏体钢晶界腐蚀；　D. 发生氧化皮。

2. 氯表的校验校准，一般应进行（　　）测试。
    A. 仪器外观；　　　　　　　　　　B. 示值误差；
    C. 重复性；　　　　　　　　　　　D. 零点稳定性。

3. 应用光度法在线测量水汽中氯离子含量，（　　）会影响测量准确性。
    A. 光学系统的测量稳定性；　　　　B. 仪器硬件及软件设计是否合理；
    C. 温度；　　　　　　　　　　　　D. 压力。

4. 在线氯表测量 $1\mu g/L$ 氯离子标样时，测量值至少应在（　　）。
    A. $0.8\sim1.2\mu g/L$ 之间；　　　　　　B. $0.5\sim1.5\mu g/L$ 之间；
    C. $0.6\sim1.4\mu g/L$ 之间；　　　　　　D. $0.4\sim1.6\mu g/L$ 之间。

5. （　　）可用于在线测量水汽中 $2\mu g/L$ 以下的氯离子含量。
    A. 奥利龙的氯表；　　　　　　　　B. 美国热电的离子色谱法；
    C. 瑞士万通的电位滴定仪；　　　　D. TPRI-TC 型痕量氯离子分析仪。

6. 在线测量水汽中氯离子含量为 $1\mu g/L$ 的水样，重复4次测量的相对误差不应大于

（　　）。

    A. 20%;   B. 25%;   C. 30%;   D. 28%。

三、判断题

1. 进行全挥发处理时炉水氯离子要求小于 $400\mu g/L$。（　　）

2. 可用滴定法测量炉水氯离子含量。（　　）

3. 测量氯离子含量 $1\mu g/L$ 以下的水样，用 0 和 $10\mu g/L$ 标液两点标定就可测量了。（　　）

4. 测量水汽中氯离子含量为 $2\mu g/L$ 的水样，重复测量值应在 $1.6\sim2.4\mu g/L$ 范围内。（　　）

5. 测量氯离子含量 $1\mu g/L$ 的水样，测量值应在 $0.8\sim1.2\mu g/L$ 范围内。（　　）

6. 全挥发处理时炉水氯离子要求小于 $30\mu g/L$。（　　）

四、问答题

1. 测量给水的在线氯表校验时应测试哪些指标？满足什么要求？

2. 可用于测量给水氯离子含量的在线氯表的测量原理及特点？

3. 在线氯表在校准时有哪些注意事项？

4. 可准确测量水汽中 $0\sim2\mu g/L$ 氯离子的在线测量仪器有哪些？有哪些因素会影响到测量准确性？

5. 火力发电厂水汽中氯离子含量超标可能导致哪些事故发生？

6. 为什么精处理出水的氯离子含量应进行在线测量？

参考答案

一、填空题

1. $1\mu g/L$；$2\mu g/L$。

2. $1\mu g/L$。

3. $400\mu g/L$；$30\mu g/L$。

4. 0.9995。

5. $10\mu g/L$ 以下；在线。

6. 光学系统的测量稳定性；仪器硬件及软件设计是否合理。

7. 多点校准。

8. 零点稳定性；示值误差；重复性。

二、选择题

1. ABC；2. BCD；3. AB；4. A；5. D；6. A。

三、判断题

1. ×；2. ×；3. ×；4. √；5. √；6. √。

四、问答题

1. 应测试零点稳定性、示值误差、重复性。

给水氯离子含量要求小于 $1\mu g/L$，应使用测量范围为 $0\sim10\mu g/L$ 的氯表，要求零点稳定性测量时，8 次零水电压 a 的相对标准偏差值小于 3%；示值误差测量时，标准样品 4 次测量相对误差不大于 20%；重复性测量时，样品 4 次测量相对误差不大于 20%。

2. 可用于测量给水氯离子含量的在线氯表测量原理为光电比色法，但其具有以下特点：

仪器可准确测量水汽中（0～1000）$\mu g/L$ 的氯离子含量，如果氯离子含量为 10～1000$\mu g/L$，水样定量并加药后进入光路系统，光电检测器检测后信号输入数据处理系统得到氯离子含量；如果氯离子含量为 0～10$\mu g/L$，水样通过三通阀切换进入浓缩系统进行浓缩后测定其氯离子含量，最低检测限可达 0.1$\mu g/L$；测量后的废液通过专用的处理器处理后排放。

3. 在线氯表配制标准液标定时极易发生污染，导致工作曲线线性不好，影响测量结果的准确性。一般要求工作曲线的线性相关系数达到 0.9995 以上才能进行相关测量。

4. 目前可准确测量水汽中 0～2$\mu g/L$ 氯离子的在线氯表只有 TPRI-TW 型水汽中痕量氯离子分析仪，其应用光度法在线测量水汽中氯离子含量。光学系统的测量稳定性、仪器硬件及软件设计是否合理会直接影响测量准确性。

5. 火力发电厂水汽中氯离子含量超标可能导致如下事故：

（1）锅炉爆管事故。

（2）汽轮机叶片腐蚀。

（3）过热器和再热器奥氏体钢晶间腐蚀。

6. 目前在每个精处理床的出口都安装了钠表，主要是防止再生剂氢氧化钠残留、树脂分层不好等情况导致精处理漏钠影响水汽品质；精处理阳树脂使用盐酸再生，同样存在再生剂残留、精处理树脂分层不好、再生酸碱出问题及凝汽器泄漏等问题，这些问题都会导致精处理出水漏氯而影响水汽品质，对热力系统产生的危害会更大，因此，对精处理出口及给水氯离子进行在线测量对保证机组安全运行具有非常重要的意义。

在线硅酸根分析仪

第一节　光学分析法的基本知识

基于被测成分的某些光学特性（如吸收光波、发射光波、反射光波、散射光波等），对被测成分进行定性或定量分析的方法称为光学分析法。采用光学分析法设计的仪器称为光学式分析仪器。

光学分析法具有准确、快速、灵敏、操作简便等优点，特别适合于微量和痕量分析。光学式分析仪器种类之多和分析对象之广，在分析仪器中居首位，在种类和数量上光学分析仪器约占分析仪器的 $30\%\sim40\%$。这类光学分析仪器不仅广泛地应用在电厂化学实验室的化学分析中，而且越来越多地用于生产流程的在线监督。

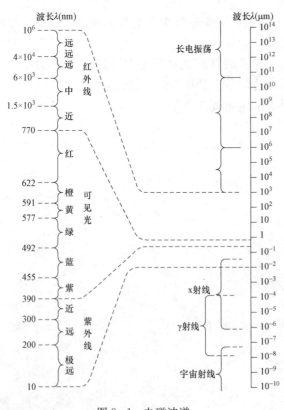

图 8-1　电磁波谱

一、光的本质

（一）光的波粒二象性

现代物理学指出，光具有"波粒二象性"，即波动性和粒子性是光所具有的两种不可分割的属性，它在某些场合主要表现出波动特征，而在另外一些场合主要表现出粒子的特征。

光的波动性体现在它是电磁波。可见光的波长范围为 $390\sim770$nm。波长不同的光，在人的视觉中产生的颜色不同。

除可见光外，还有不能引起人们视觉的红外光（$770\sim10^6$ nm）和紫外光（$10\sim390$nm），它们可以用仪器测出。可见光、红外光和紫外光仅是整个电磁波谱的一小部分，如图 8-1 所示。

光的波动性可用波长 λ，频率 γ，周期 T 等物理量来描述。

不同波长的光在同一媒质中有相同的传播速度，光在不同媒质中一般有不同的传播速度。光在真空中的传播速度 $c=3\times10^8$m/s。光速 c 与波长 λ、频率 γ、周期 T 的关系为

$$c = \lambda\gamma = \frac{\lambda}{T}$$

光的粒子性体现在光的能量传播上。光在空间传播时，光能量不是连续地在空间传播，而是以一份一份集中的光能量（称为光量子，简称光子）进行传播。光子所具有的能量 E 与光波的频率 γ 关系为

$$E = h\gamma$$

式中 h——普朗克常数，一般为 $6.62 \times 10^{-34}\,J \cdot s$。

（二）原子与光的吸收和发射

原子结构理论指出，带正电荷的原子核和带负电荷的电子组成原子，原子核由带正电荷的质子和不带电荷的中子所组成。一个原子的核外电子数等于其核中的质子数，即正、负电荷数相等，因此原子呈电中性。

核外电子按一定的量子轨道绕核运动，并在一定的空间内以不同的概率出现，形似电子云。这些量子轨道呈分立的层状结构，每一层即每一个量子轨道都具有各自确定的能量，称原子能极。原子、分子等所允许的能量状态可用能级图来描绘。

图 8-2 所示为氢原子的能级图。离核越远的量子轨道的能级能量越高。在通常情况下，电子都处在各自的最低能级上，这时整个原子的能量最低，处于稳态并称为基态。当基态原子受到外界作用时，电子就可能吸收能量，由低能级向高能级跃迁，此过程就是原子吸收能量的过程。在这一过程中，原子因获得能量而激发，这种处于高能量状态的原子称为激发态原子。激发态原子很不稳定，通常在 $10^{-8}\,s$ 左右电子又会从高能级跃迁回低能级，成为基态原子，同时将多余的能量以光辐射的形式释放出来，发射相应的光谱线，这种过程就是原子发射光子的过程。原子激发过程中吸收的能量与其从该激发态跃迁回基态所发射出的能量，在数值上相等，即等于两能级间的能量差，则

$$\Delta E = E_m - E_n = h\gamma$$

式中 E_m——激发态的能量；

E_n——较低能级或基态的能量；

$h\gamma$——光子的能量。

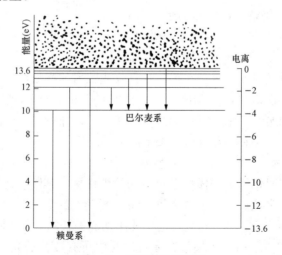

图 8-2 氢原子的能级图

图 8-3 所示为原子吸收和发射能量的示意图。不同的元素有不同的原子结构，它们的能级有各自的特征，因此不同元素的原子只有吸收符合其特征的能量时，才能被激发而作相

应的跃迁。同理，不同元素的激发态原子跃迁到低能级或基态时，释放能量所发出的电磁波的频率也是符合其特征的，即随元素而异。

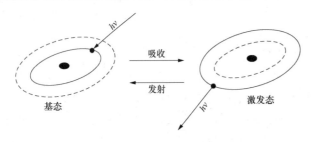

图 8-3　原子吸收和发射能量示意

由于原子结构很复杂，能级较多，所以每种元素的原子在跃迁过程中可以吸收的电磁波辐射和可以发射的光谱线也是较多的。原子有多个激发态，其中能量最低的激发态称为第一激发态，原子最容易被激发到第一激发态。原子的能态从第一激发态跃迁回基态时发射的谱线称为共振线。在发射光谱中，共振线是最强的谱线，即灵敏线。相应地把基态原子激发到第一激发态吸收能量的过程称共振吸收。这两个能级间的跃迁就是共振跃迁。在原子吸收过程中，大多数元素的最强吸收线与该元素的最强发射线相对应。除了铟等个别元素外，大多数元素的最强吸收线都是其原子能态由基态跃迁到第一激发态时的吸收线。原子吸收分光光度法主要就是利用最强吸收线进行测定的，这样获得的灵敏度最高。

图 8-4 所示为分子能级示意图。分子能级由电子能级和分子的振动能级、转动能级构成，同样具有不连续性。由图 8-4 可见，每个电子能级 A 或 B 都包含着若干个振动能级 0、1、2、3…，而每个振动能级又包含一组转动能级（如图 8-4 中短线所示）。

任何分子都有自己的特征能级。分子不同，其特征能级也不同，因此，当分子能量状态发生变化时，即从一个能级变到另一个能级，它只能吸收或放出符合其能级差特征的能量。包含各种频率的复色光照到物体上时，物体对光的吸收是有选择性的，即只能吸收符合其能量特征的那部分频率的光。

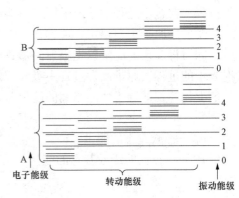

图 8-4　分子能级示意

电子能级间的能量差较大，电子在跃迁时吸收或辐射的光波频率在紫外或可见光区域。分子的能态在同一电子能级中的振动能级间跃迁时，吸收或辐射的光波频率在近红外区域（波长为 $1\sim20\,\mu m$），红外分析技术就建立在此基础之上。同一振动能级中，各转动能级间的能级差很小，其光波频率在远红外区域或微波区域。

二、物体的颜色

当光照射到物体上时，组成物体的微粒与光发生作用，其结果可能产生以下几种现象：光被反射或散射、光被吸收、光透射过物体。物体所呈现的颜色与这几种现象有关，例如：白光照到某不透明的物体上，如果这物体对白光中所有波长的光都不吸收，则照到物体表面的光全部被反射，这物体呈白色；如果物体对白光中所有波长的光全部吸收，这物体呈黑色；如果对各种波长的色光都部分地吸收，这物体就呈灰色。若物体反射某一色光，如红光，而吸收白光中的其余色光，这物体就呈红色。因此，不透明物体的颜色是由被物体表面反射出来的反射光的颜色决定的。

对于透明或半透明的物体（例如玻璃、溶液等），倘若能透过所有的色光，这物体呈无色；若能透过或散射某色光，例如红光，而吸收其余的色光，则物体呈红光。可见，透明或半透明物体的颜色，是由其透射、反射或散射光的颜色决定的。

白光照到物体上，一部分被物体吸收，其余部分则被反射、散射或透射。吸收的那部分光与其余未被吸收的那部分光可以相互补充组成白光，通常称两者为互补色。物体在白光下呈现的颜色是被该物体吸收的色光的互补色。要想知道物体选择性吸收的色光，观察物体在白光下所呈现的颜色，然后由互补色关系即可推知。图 8-5 所示为几种颜色互补关系图，对顶角所对应的颜色为互补色。

三、光的吸收定律

（一）朗伯比尔定律

一束具有相应波长的单色光透过有色溶液时，由于一部分光被有色溶液中的吸光粒子吸收，光的辐射能就减弱。有色物质的浓度越大，液层越厚，即有色物质的吸光粒子数越多，则被吸收的光也越多，透过的光越弱。

下面叙述一束光通过溶液时，其入射光强 I_0 的减弱与溶液浓度 c、液层厚度（或光程长）L 之间的关系。

设每个吸光粒子都具有一定的截面积 A_m，在这个截面积内，它可吸收光子，在这个范围之外则不吸收光子。在稀溶液中吸光粒子的总有效面积为 nA_m，其中 n 为吸光粒子数。若吸光粒子数增加 dn，则有效面积将增加 $A_m dn$。若光束通过溶液的总面积为 A_t，则光强的变化率 $\left(-\dfrac{dI}{I}\right)$ 与吸收光面积的变化率 $\left(\dfrac{A_m dn}{A_t}\right)$ 成正比，即

图 8-5 颜色的互补

$$-\frac{dI}{I} = K' \frac{A_m dn}{A_t} \qquad (8-1)$$

式中 K'——比例常数。

将式（8-1）两边积分得

$$-\ln I_T + \ln I_0 = K' A_m n / A_t \qquad (8-2)$$

式中 I_T——透射光强；

I_0——入射光强；

$\ln I_0$——常数。

若令光束通过的溶液体积为 V（cm^3）、溶液的厚度为 $L(cm)$，则

$$V = A_t L \qquad (8-3)$$

$$A_t = \frac{V}{L} \qquad (8-4)$$

将式（8-4）代入式（8-2），得

$$-\ln \frac{I_T}{I_0} = K' A_m n L / V \qquad (8-5)$$

式中 n/V 表示每单位体积中吸光粒子的数目，它与含吸光粒子的溶液的浓度 c 成正比，故可令

$$n/V = K''c \tag{8-6}$$

式中　K''——另一比例常数。

将式（8-6）代入式（8-5），得

$$-\ln \frac{I_T}{I_0} = K'K''A_m Lc \tag{8-7}$$

式中的常数 $K'K''A_m$ 用字母 a 代替，则

$$-\ln \frac{I_T}{I_0} = aLc \tag{8-8}$$

由式（8-8）可得

$$-\lg \frac{I_T}{I_0} = KLc \tag{8-9}$$

式中　K——吸光系数，$K=a/2.303$。

这就是朗伯比尔定律。

下面介绍有关术语。

1. 透光率 T

一光束通过溶液后的透射光强 I_T 与入射光强 I_0 的比值称为透光率或透光度，由透光率 T 的定义和式（8-9）可得

$$T = \frac{I_T}{I_0} = 10^{-KLc} = e^{-2.303KLC} \tag{8-10}$$

2. 吸光度 A

吸光度 A 用式（8-11）定义，即

$$A = -\lg T = -\lg \frac{I_T}{I_0} = KLc \tag{8-11}$$

吸光度过去称为消光度或光密度。

3. 光程长 L

光束通过溶液的厚度称为光程长，单位为 cm。

4. 吸光系数 K

不同吸光物质有不同的吸光系数，而且 K 还随所用的波长不同而异，任何物质都有最大吸收波长。吸光系数 K 的量纲取决于光程长 L 和溶液浓度 c 所采用的量纲。

（二）朗伯比尔定律的应用

1. 等吸光度法

调节溶液的厚度，使吸光度相等。例如：

在标准溶液中，则

$$A_1 = KL_1c_1 \tag{8-12}$$

式中　A_1——标准溶液的吸光度；

　　　K——吸光度系数；

　　　L_1——标准溶液的光程长；

　　　c_1——标准溶液的浓度。

在试样溶液中，则

$$A_2 = KL_2c_2 \tag{8-13}$$

式中　A_2——试样溶液的吸光度；

K——吸光度系数；

L_2——试样溶液的光程长；

c_2——标准溶液的浓度。

当 $A_1 = A_2$ 时，则

$$L_1 c_1 = L_2 c_2 \tag{8-14}$$

$$c_2 = \frac{L_1 c_1}{L_2} \tag{8-15}$$

杜氏比色计就是按此原理设计的。

2. 等厚度法

液层厚度相同时，吸光度与吸光物质的浓度成正比。例如：

在标准溶液中，则

$$A_1 = KL_1 c_1 \tag{8-16}$$

在试样溶液中，则

$$A_2 = KL_2 c_2 \tag{8-17}$$

当 $L_1 = L_2$ 时，则

$$\frac{A^1}{A_2} = \frac{c_1}{c_2} \tag{8-18}$$

通常使用的分光光度计都是按此原理设计的。

3. 示差法

对于高含量组分的测定，若以试剂空白作参比溶液，即使没有偏离比尔定律的现象，所测的吸光度值也常超出准确测量的读数范围，因而引进误差，而示差法可克服这一缺点。

示差法是采用一个与试样浓度接近的已知浓度的标准溶液，来代替空白溶液作参比溶液的一种比色测定法。其测定原理如下。

设 c_1 和 c_2 分别为标准液和被测液的浓度，而且 $c_2 > c_1$。根据比尔定律，则

$$A_1 = KL_1 c_1 \tag{8-19}$$

$$A_2 = KL_2 c_2 \tag{8-20}$$

所以

$$\Delta A = KL \Delta c \tag{8-21}$$

式中 ΔA——标准液与被测液的吸光度差；

Δc——标准液与被测液的浓度差。

示差法可以提高高含量溶液吸光光度法测量的准确度。

四、影响分析精密度的因素

用比色分析法和分光光度法做定量分析时，影响分析精密度的原因有两方面：一是由分析方法决定的，二是由仪器本身引起的。前者引起的误差称为方法误差，后者称为仪器误差。

（一）方法误差

1. 溶液浓度的影响

被测物的浓度与吸光度的关系通常只在低浓度时与朗伯比尔定律相符，测高浓度溶液时，浓度与吸光度之间的关系便偏离该定律。

2. 操作条件的影响

在显色反应过程中，显色剂用量、溶液 pH 值、温度和显色时间对溶液颜色的深浅或光的吸收都有一定影响。因此，测定时须严格控制操作条件，特别是要保证标准试样与被测样品操作条件一致，才能提高测量准确度。

3. 干扰物质的影响

干扰物本身的颜色，干扰物与显色剂生成有色物质，或者干扰物与金属离子、显色剂生成稳定的无色物质，都会对溶液的颜色或显色过程带来影响，影响分析精度。一般可用加掩蔽剂或将干扰物从溶液中分离出去的方法予以消除。

（二）仪器误差

1. 光源的不稳定

光源的不稳定主要由光源的电压波动引起。为了减少电源电压的波动，仪器中设有稳压电源。有的仪器设计成双光路系统，以部分地补偿光源不稳给测量带来的影响。

2. 光的单色性影响

在光电比色计和分光光度计中，为提高仪器的灵敏度和分析准确度，都采用被测物最大吸收的单色光作为光源。光的单色性越好，分析精度越高。在光电比色计中，用滤光片得到单色光，其单色性较分光光度计中用棱镜或光栅分成的单色光的单色性差。这样，在分析中易受其他干扰物的影响，因此分光光度计的分析准确度较光电比色计高。在分光光度计中，光的单色性还与光路上的狭缝宽度有关，狭缝越宽，光的单色性越差，但狭缝过窄，光又太弱，不能满足测量要求，因此，分光光度计要在满足光强度的条件下，尽量减少狭缝的宽度。

3. 光电元件的光电转换特性的影响

在一定条件下，光电元件（光电池、光电管、光电倍增管等）具有一定的光电转换特性，且在一定范围内保持线性关系。但是由于元件老化或因受强光照射而产生疲劳现象等原因，会导致光电转换关系变化，给测量造成误差。因此，老化的光电元件应及时更换，使用中应防止强光照射光电元件，被强光照射过的光电元件，应将其置于暗处，让其消除疲劳，然后才能重新使用。

光电池的光电转换特性还与所带负载电阻的大小有关，当负载超过一定值时，其线性关系变差，因此，使用中要注意负载电阻的匹配。

4. 比色皿的影响

同组比色皿的材质、厚度、长度应相同；否则，也会给测量带来误差。在使用中不要将不同仪器的比色皿混用。仪器在紫外区工作时，要用石英比色皿。制作比色皿的材料要求对化学试剂高度稳定。

第二节　在线硅酸根分析仪

一、在线硅酸根分析测量的意义

在线硅酸根分析仪是国内外电力系统、化工系统等领域广泛应用的化学仪表。在电力系统主要适用于测量阴床出水、混床出水、凝结水精处理系统出水、炉水和饱和蒸汽中的硅含量，以确保水汽中硅酸根含量符合 GB/T 12145—2016《火力发电机组及蒸汽动力设备水汽质量》，避免蒸汽中硅含量超标，导致汽轮机积盐，降低汽轮机效率，为热力设备的安全、可靠、经济运行提供保障。

在线硅酸根分析仪是目前电厂使用较多的光学式分析仪器。

二、硅酸根测量原理

硅酸根的测量原理采用硅钼蓝比色法，具体原理如下：

水样中的硅酸根在 pH 值为 1.1~1.3 的条件下，与钼酸铵生成黄色硅钼黄，用硫酸亚铁铵还原剂或 1-氨基-2-萘酚-4-磺酸（简称 1、2、4 酸），把硅钼黄还原成硅钼蓝，其颜色的深浅与被分析的水样硅酸根含量成正比。其化学反应式为

$$4MoO_4^{2-} + 6H^+ \longrightarrow Mo_4O_{13}^{2-} + 3H_2O$$

$$H_4SiO_4 + 3Mo_4O_{13}^{2-} + 6H^+ \rightarrow H_4[Si(Mo_3O_{10})_4] + 3H_2O \qquad 形成硅钼黄$$

$$H_4[Si(Mo_3O_{10})_4] + 4Fe^{2+} + 4H^+ \rightarrow H_6[H_2SiMo_{12}O_{40}] + 4Fe^{3+} \qquad 形成硅钼蓝$$

根据硅钼蓝的最大吸收波长，通过光电比色法测量硅酸根的含量，硅钼蓝的最大吸收波长为 815nm。在仪器的测量范围内，吸光度与浓度关系符合比尔定律，即

$$A = KC + A_0 \qquad\qquad (8-22)$$

式中　A——仪器测得水样的吸光度；

　　　A_0——基底吸光度值；

　　　K——吸光系数；

　　　C——水样硅含量。

在硅酸根测量过程中，常常会受到磷酸盐的干扰。磷酸盐与钼酸铵发生化学反应，产生磷钼黄，但改变酸度和反应时间可使磷酸盐的干扰降低到最小，同时可加入如草酸或柠檬酸等作为掩蔽剂，可破坏磷酸根络合物，减小磷酸根对测量的影响。一般情况下：当磷酸根含量为 $100\mu g/L$ 时，产生的干扰应小于 $1\mu g/L SiO_2$。

在硅酸根测量中常用的试剂如下：

(1) 显色剂：钼酸铵。

(2) 掩蔽剂：草酸（或柠檬酸、酒石酸）。

(3) 调节酸度剂：浓硫酸。

(4) 还原剂：硫酸亚铁铵（或 1-2-4 酸还原剂、抗坏血酸-甲酸）。

三、在线硅酸根分析仪工作原理

目前，国内外在线硅酸根分析仪品种繁多，但仪器的工作原理都是基于朗伯比尔定律，应用硅钼蓝光电比色法进行分析，不同厂家的在线硅酸根分析仪的分析流程略有不同。下面介绍两种在线硅酸根分析仪的工作原理。

（一）在线硅酸根分析仪工作原理一

某在线硅酸根分析仪工作原理如图 8-6 所示。

该在线硅酸根分析仪有 6 个测量通道，其中有 4 个水样通道、1 个标准液通道和 1 个空白水通道。

具体测量过程如下：

(1) 在测量状态时，水样首先被送入一个恒位器。通道调节阀可以调节水样流量，水样必须总是保持溢流排放。

(2) 根据提前设置好的程序，通道选择阀选中一路水样通道，选定的水样被水样蠕动泵

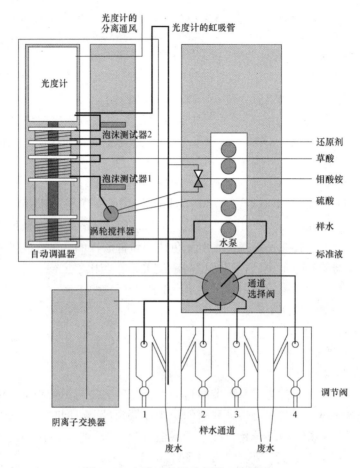

图 8-6　在线硅酸根分析仪工作原理一

送入恒温反应槽。反应槽预装加热器，并有 4 个试剂入口。蠕动泵的转速决定了进入反应槽的水样的流量。泵转速已被厂家设定好并且保证有足够的时间来完成化学反应。

（3）反应槽内水样被预热到 45℃，排除了水样温度对测量的影响。

（4）把钼酸铵和硫酸加入涡流搅拌器，水样在 2min 内变成淡黄色。随后加入草酸。磷钼酸的黄颜色即消失。

（5）加上还原剂（硫酸亚铁铵），水样变成蓝色。当硅元素非常少时，眼睛是观察不到这种蓝色的。

（6）其后，有色的水样流进恒温的光度计并完全充满。光度计顶端的通气孔保证光度计中不存在气泡。此时用波长为 815nm 的光照射水样，硅酸根的浓度通过标准曲线就可计算出来了。当光度计中的水样水位过高时，将会被虹吸管自动排出。

（二）在线硅酸根分析仪工作原理二

某在线硅酸根分析仪工作原理如图 8-7 所示。

水样通过水样选择电磁阀进入仪表，每路水样的流量都能通过针型阀调节。在一路水样进入测量池之前，都有足够的流动时间来冲洗整个水路和溢流槽。然后，水样阀打开，水样进入测量池。一旦测量池被冲洗完毕并且充满水样，水样阀关闭，并顺序注入试剂。

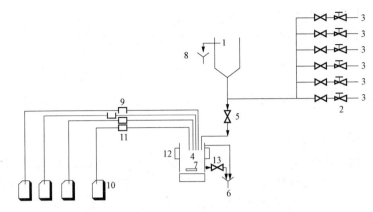

图 8-7 在线硅酸根分析仪工作原理二

1—溢流槽带液位检测器；2—流量调节阀；3—水样入口1~6；4—光度计测量槽；
5—测量电磁阀；6—混合器电动机；7—磁性棒；8—排放口；9—试剂泵；10—校准液容器；
11—校准泵；12—光度计；13—测量槽排放阀

（1）试剂1：酸＋钼酸盐。

（2）试剂2：草酸。

（3）试剂3：硫酸亚铁铵。

试剂的输送现在已由微活塞泵代替了传统的蠕动泵，测量池配有加热器和磁性搅拌器，以保证试剂的充分混合和完全反应。在硅钼蓝化合物形成之前，仪表要进行参比吸光度测量。根据测得的吸光度，仪器会自动由硅酸根标准曲线得出水样的硅酸根浓度。

四、在线硅酸根分析仪的使用和维护

不同厂家生产的在线硅酸根分析仪，由于设计构造不同，所以具体的使用方法也有所差别。

（一）在线硅酸根分析仪使用维护注意事项

1. 监测试剂余量

监测显色剂钼酸铵、掩蔽剂草酸、调节酸度剂浓硫酸和还原剂硫酸亚铁铵的余量，如果余量不足时，及时补充，防止因测量过程中药剂不足而影响化学反应，引起测量值的偏高或偏低。如果停机超过6个星期，需倒掉原来的试剂，更换新试剂。

2. 监测水样流量

保证水样流量充足，防止断水样引起的无效测量。

3. 监测水样和光度计的恒温

监测水样和光度计的恒温设备是否正常工作，保证水样和试剂的反应能够充分进行。

4. 监测蠕动泵的功能

防止蠕动泵故障，使仪器不能正常工作。

5. 管路更换

更换管路时尽量排空试剂管，以避免拆开旧管连接处时酸液溢出。

6. 仪表长期停运注意事项

（1）关闭进样阀，防止启机时脏水进入。

（2）将未用完的试剂全部倒掉，防止过期试剂进入仪表。

（3）将仪表试剂管中残留试剂全部排干。

（4）将测量槽冲洗干净后排空所有残留水样，进行干置处理。

（5）断电停机。

7. 仪表的校准

更换新试剂后，可选择初始校准，但必须在仪器运行两天左右、测值稳定的情况下，进行初始校准。

（二）异常现象诊断与一般处理方法

在线硅酸根分析仪属于高精密度化学分析仪器，为了达到实现自动在线监测的目的，采用现代微机控制手段，使之能够具有与手工分析方法一样的分析结果。一般情况下，化学流路部分出现故障的概率较电气部分出现故障的概率要高，原因是人为操作干预较多，如果出现问题，可首先从检查试剂配制方法到流路清洗来判断并排除故障。电气部分工作因受内、外在影响因素较多，故障的处理相对要复杂些，但只要严格按照要求安装仪器，并注重仪器的使用与维护，发生故障的概率是很少的。下面仅就在实际运行操作过程中常遇到并有可能发生的故障，提供一些简单的处理方法，详见表 8-1。

表 8-1　　　　　　　　　　　故　障　分　类

故障分类	现象	可能原因	处理建议
仪器无显示	（1）打开电源后，仪器无任何反应。（2）显示器有背光，但无显示	（1）仪器供电系统有问题	（1）检查电源接线。（2）检查电源及表头内部熔丝
		（2）电路故障	检查各连线接头是否插接良好
		（3）显示对比度太小	调节显示对比度
测量值不稳定	测量显示值忽大忽小	（1）流通池有气泡或异物	清洗流通池，必要时拆卸检查
		（2）流通池光窗有泄漏	拆卸检查
		（3）水样流量不稳（或时断时通）	检查水样流量，调节至正常溢流状态
		（4）试剂管中有气泡	排除气泡
		（5）电源电压波动太大	加装稳压器或改接仪器电源
测量值不准确	测量值不准确	（1）标样污染	重新配制标样或试剂后，重新进行标定
		（2）试剂过期或变质	
		（3）标样或试剂配制有误	
		（4）标样或试剂加药阀开关不灵或加药蠕动泵加药量不准	检修加药阀门、加药蠕动泵
断流报警	水样断流或时有时无		调节进样阀至产生合适的溢流
校准无法进行	校准无法进行	（1）仪表校准溶液浓度设置错误	在仪表上重新设置校准溶液的正确浓度
		（2）标准溶液浓度错误	重新配制标准溶液
		（3）试剂过期或被污染	重新配制标准溶液，清洗试剂瓶、试剂管路

复习题

一、填空题

1. 基于被测成分的某些光学特性（如吸收光波、发射光波、反射光波、散射光波等），对被测成分进行定性或定量分析的方法称为_____。采用光学分析法设计的仪器称为_____。

2. 可见光的波长范围为_____。波长不同的光，在人的视觉中产生的颜色不同。

3. 分光光度法的基本原理采用了_____。

4. 用比色分析法和分光光度法做定量分析时，影响分析精密度的原因有两方面：一是由_____决定的，二是由_____引起的。前者引起的误差称为_____，后者称为_____。

5. 在线硅酸根分析仪属于_____分析仪器。

6. 硅酸根的测量原理采用_____。

7. 测量炉水的在线硅酸根分析仪会受到炉水中_____的干扰。

8. 在硅酸根测量中常用的试剂有显色剂_____、掩蔽剂_____、调节酸度剂_____、还原剂_____。

9. 在线硅酸根分析工作原理基于_____定律，应用_____进行分析。

二、选择题

1. 用分光光度法做定量分析时，引起方法误差的原因有（　　）。
   A. 溶液浓度；　　　　B. 操作条件；　　　　C. 干扰物质；　　　　D. 光源不稳定。

2. 用分光光度法做定量分析时，引起仪器误差的原因有（　　）。
   A. 光源不稳定；　　　　　　　　B. 光的单色性；
   C. 光电元件的光电转换特性；　　D. 比色皿。

3. 硅钼蓝的最大吸收波长是（　　）nm。
   A. 815；　　　　B. 350；　　　　C. 420；　　　　D. 900。

4. 在线硅酸根分析仪无法校准的可能原因有（　　）。
   A. 仪表校准溶液浓度设置错误；
   B. 标准溶液浓度错误；
   C. 试剂过期或被污染。

三、判断题

1. 对于分光光度计，光的单色性较好，分析精度越低。（　　）

2. 对于分光光度计，老化的光电元件应及时更换，使用中应防止强光照射光电元件，被强光照射过的光电元件，应将其置于暗处，让其消除疲劳，然后才能重新使用。（　　）

3. 对于分光光度计，在使用中可以将不同仪器的比色皿混用。（　　）

4. 在线硅酸根分析仪不会受到磷酸根的干扰。（　　）

5. 停机时间较长时，应倒掉硅酸根分析仪试剂桶中的各类试剂。（　　）

6. 在线硅酸根分析仪流通池中有气泡或异物，会引起测量值不稳定。（　　）

四、问答题

1. 简述在线硅酸根测量的意义。

2. 简述在线硅酸根分析仪的测量原理。

3. 炉水在线硅酸根分析仪测量过程中，会受到什么因素影响？如何减少该影响？

4. 在线硅酸根分析仪长期停机时应注意什么？

参考答案

一、填空题

1. 光学分析法；光学式分析仪器。

2. 390～770nm。

3. 郎伯比尔定律。

4. 分析方法；仪器本身；方法误差；仪器误差。

5. 光学式。

6. 硅钼蓝比色法。

7. 磷酸根。

8. 钼酸铵；草酸（或柠檬酸、酒石酸）；浓硫酸；硫酸亚铁铵（或 1-2-4 酸还原剂）。

9. 朗伯比尔；硅钼蓝比色法。

二、选择题

1. ABC；2. ABCD；3. A；4. ABC。

三、判断题

1. ×；2. √；3. ×；4. ×；5. √；6. √。

四、问答题

1. 在线硅酸根分析仪在电力系统主要适用于测量阴床出水、混床出水、凝结水精处理系统出水、炉水和饱和蒸汽中的硅含量，以确保水汽中硅酸根含量符合 GB/T 12145—2016《火力发电机组及蒸汽动力设备水汽质量》的规定，避免蒸汽中硅含量超标导致汽轮机积盐、降低汽轮机效率，为热力设备的安全、可靠、经济运行提供保障。

2. 硅酸根的测量采用硅钼蓝比色法，具体原理如下：

水样中的硅酸根在 pH 值为 1.1～1.3 的条件下，与钼酸铵生成黄色硅钼黄，用硫酸亚铁铵还原剂或 1-氨基-2-萘酚-4-磺酸（简称 1、2、4 酸），把硅钼黄还原成硅钼蓝，其颜色的深浅与被分析的水样硅酸根含量成正比。根据硅钼蓝的最大吸收波长，通过光电比色法测量硅酸根的含量，硅钼蓝的最大吸收波长为815nm。在仪器的测量范围内，吸光度与浓度关系符合比尔定律。

3. 很多电厂炉水中加了磷酸盐，因此在硅酸根测量过程中，常常会受到磷酸盐的干扰。磷酸盐与钼酸铵发生化学反应，产生磷钼黄，但改变酸度和反应时间可使磷酸盐的干扰降低到最小，同时，可加入如草酸或柠檬酸等作为掩蔽剂，可破坏磷酸根络合物，减小磷酸根对测量的影响。

4. 长期停机时，应注意以下事项：

（1）关闭进样阀，防止启机时脏水进入。

（2）将未用完的试剂全部倒掉，防止过期试剂进入仪表。

（3）将仪表试剂管中残留试剂全部排干。

（4）将测量槽冲洗干净后排空所有残留水样，进行干置处理。

（5）断电停机。

第九章

在线磷酸根分析仪

第一节　在线磷酸根分析测量的意义

为了防止锅炉结垢和腐蚀，在炉水中加入一定量的磷酸盐，但加药量不宜过多，过多不仅造成药剂的浪费，而且会增加炉水的含盐量，影响蒸汽品质，且当炉水中含铁量增加时，有生成磷酸盐铁垢的可能。在线磷酸根分析仪主要用于火力发电厂磷酸盐处理的炉水磷酸根含量的自动监测，通过对磷酸盐的监督和控制达到磷酸盐处理的目的，保障锅炉长期安全运行。

第二节　在线磷酸根分析仪工作原理

在线磷酸根分析仪和在线硅酸根分析仪同属光学式分析仪器，基本测量原理为磷钒钼黄比色法。

一、化学反应（显色反应）原理

在一定酸度条件下，磷酸盐与钼酸盐和偏钒酸盐形成黄色的磷钒钼酸，其反应式为

$$2H_3PO_4 + 22(NH_4)_2MoO_4 + 2NH_4VO_3 + 23H_2SO_4 \longrightarrow$$
$$P_2O_4 \cdot V_2O_5 \cdot 22MoO_3 \cdot nH_2O + 23(NH_4)_2SO_4 + (26-n)H_2O$$

磷钒钼酸被硫酸亚铁铵还原成多聚混合物——磷钼蓝。仪器装有可自动调节至45℃的恒温箱。在45℃下，大约需要用30s的时间来加热水样，第一步反应需要2min便可完成，接下来的反应需要1min，全程反应时间不到5min。

硅酸盐在此条件下也发生类似的反应，但酸度远低于上述反应所需的酸度，可以通过控制酸度和反应时间使硅干扰降到最小。

二、计时注入技术工作原理

快速磷表采用了"注入试剂法"（即反流动注射法，rFIA）。这种方法的最大优点是减少了试剂的消耗，把廉价的水样作为连续流动的载流，试剂以"试剂塞"的形式注入水样载流中，并且在计算机的控制下采用了"计时注入技术"，抛弃了定量采样环的方法。"计时注入技术"的工作原理如图9-1所示，其步骤如下：

（1）当进样电磁阀断电时，试剂流路被堵死不通，水样流路被阀松开处于通的状态。蠕动泵将水样连续吸入到流路中去，如图9-1（a）所示。此时，在检测器上将得到一个稳定的基线信号。

（2）当进样电磁阀通电时，水样流路被阀堵死不通，试剂流路被阀松开处于通的状态，蠕动泵准确地将一定体积的试剂（约50μL）连续吸入到流路中去，如图9-1（b）所示。

（3）当进样电磁阀再次断电时，试剂流路又不通，水样流路再次导通，试剂塞被水流载入反应盘管中，并与水样发生显色反应，成为一个显色带，如图 9 - 1（c）、图 9 - 1（d）所示。

以上步骤由计算机自动控制，阀的通断时间都是预先设定的。经过上述三步后，一定体积的试剂以"试剂塞"的形式夹在水样载流中，"试剂塞"与水样在反应盘管中进行物理分散混合并发生显色反应，显色带最后到达流通池，在检测头上得到一个 rFIA 峰形信号，表示水样吸光度的峰高与水样中的磷酸根含量符合比耳定律，见式（8 - 22）。

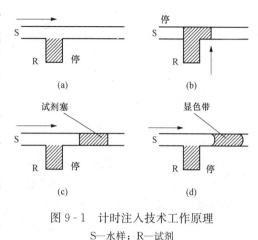

图 9 - 1　计时注入技术工作原理
S—水样；R—试剂

第三节　在线磷酸根分析仪的使用和维护

不同厂家的在线磷酸根分析仪只是在水样加热温度及分解速度方面有所不同。一般来说，不同在线磷酸根分析仪在日常使用和维护过程中应该注意以下事项。

（1）按照在线磷酸根分析仪使用说明书进行定期维护。

1）定期检查检验校准溶液的液位、试剂余量并及时补充试剂。推荐在每种试剂充满或更换后必须重新校准零点和斜率。

2）如果仪表停止运行超过 1 个星期，建议清洗管路和测量单元。

3）在长期停机超过 6 个星期时，必须倒掉原来的试剂，并且制备新的试剂后重新启动。

4）在清洗管路时，首先用除盐水冲洗管路，再用 10％的氨水清洗，最后再用除盐水再次冲洗管路。

（2）在线磷酸根分析仪在使用过程中应注意以下注意事项：

1）长期停机而清洗管路后，注意安装时不要把泵管装反。

2）维护启动时，不要完全拧松设置流速的螺栓。如果继续拧，螺栓可能会从箱体掉下并引起水样泄漏。

复习题

一、填空题

1. 在线磷酸根分析仪属_____分析仪器，基本测量原理为_____比色法。

2. 快速磷表采用了_____。

二、问答题

简述在线磷酸根测量的意义。

参考答案

一、填空题

1. 光学式；磷钒钼黄。

2. 注入试剂法。

二、问答题

为了防止锅炉结垢和腐蚀，在炉水中加入一定量的磷酸盐，但加药量不宜过多，过多不仅造成药剂的浪费，而且会增加炉水的含盐量，影响蒸汽品质，且当炉水中含铁量增加时，有生成磷酸盐铁垢的可能。在线磷酸根分析仪主要用于火力发电厂磷酸盐处理的炉水磷酸根含量的自动监测，通过对磷酸盐的监督和控制达到磷酸盐处理的目的，保障锅炉长期安全运行。

第十章

在 线 ORP 表

氧化还原电位反映水溶液中氧化性物质和还原性物质的比例，不针对某种具体物质（与pH值测量不同）。氧化还原电位仅反映溶液的特性，可判断溶液氧化或还原能力的强弱。氧化还原电位测量常用于工业过程控制，监测发生氧化或还原反应的废水处理。如果能够建立氧化还原电位与过程反应的对应关系，氧化还原电位测量除了用于具体物质处理的过程控制，如反渗透前余氯的控制，也可用于非特指物质，如废水处理异味的控制。同样，监测废水的氧化还原电位，可防止废水处理材料被还原性或氧化性成分破坏。

准确测量与控制水的氧化还原电位，对于电厂水处理系统控制加氯和除氯过程、控制热力设备水汽循环系统的腐蚀、判断废水中氧化性物质与还原性物质的比例具有重要意义。

第一节 测 量 原 理

一、基本概念

氧化还原电位指由贵金属（铂或金）指示电极、标准参比电极和被测溶液组成的测量电池的电动势。氧化还原电位与溶液组成的关系为

$$E_m = E^\circ + 2.3\frac{RT}{nF}\lg\frac{a_{ox}}{a_{red}} \qquad (10 - 1)$$

式中　E_m——氧化还原电位，又称 ORP；

　　　E°——常数，取决于所使用的参比电极；

　　　R——气体常数；

　　　T——绝对温度，K；

　　　n——反应过程中得失电子数；

　　　F——法拉第常数；

　　　a_{ox}——反应过程中氧化性物质的活度；

　　　a_{red}——反应过程中还原性物质的活度。

二、测量仪器

（一）氧化还原电位测定仪

根据使用要求选择氧化还原电位测定仪。分辨率为 1mV 的仪表可满足测量要求。具备毫伏显示功能的 pH 计可用于氧化还原电位测量，应选择合适的电极和量程。远程测量氧化还原电位时，需采用专门的屏蔽电缆连接电极与二次仪表。

（二）参比电极

参比电极应选用甘汞、Ag/Agcl 或其他具有恒定电位的电极。使用饱和甘汞电极时，饱和氯化钾溶液中应含有氯化钾晶体。如果参比电极为内充液外流型，电极内充液压力应略高于外部溶液，使内充液能缓慢向外流动；测量池不带压时，保持内充液液面高于外部溶液

即可。对于参比电极为内充液不外流型，不考虑内充液向外流动和测量池压力。

（三）贵金属电极

贵金属电极常用铂和金。电极结构应保证只有贵金属和待测溶液接触，与溶液接触的贵金属面积宜为 $1cm^2$ 左右。

（四）电极组件

取样测量时，可使用电极支架；在线测量时，可根据应用条件选用不同类型的测量池。

三、试剂和溶液

（一）试剂纯度

应使用分析纯及以上试剂。

（二）水的纯度

应使用符合 GB/T 6903—2005《锅炉用水和冷却水分析方法　通则》规定的二级以上试剂水。

（三）王水

将 1 体积浓硝酸（HNO_3，密度为 1.42）和 3 体积浓盐酸（HCl，密度为 1.18）混合。宜现用现配。

（四）缓冲溶液

1. 邻苯二甲酸氢钾缓冲溶液（pH_S＝4.00，25℃）

准确称取邻苯二甲酸氢钾（$KHC_8H_4O_4$）10.12g，溶解于水中并定容至 1L。

2. 磷酸盐缓冲溶液（pH_S＝6.86，25℃）

准确称取经 130℃ 干燥 2h 并冷却至室温的磷酸二氢钾（KH_2PO_4）3.39g 和磷酸氢二钠（Na_2HPO_4）3.53g，溶解于水中并定容至 1L。

（五）铬酸清洗液

称取重铬酸钾（$K_2Cr_2O_7$）5g，溶解于 500mL 浓硫酸（H_2SO_4，密度为 1.84）中。

（六）洗涤剂

可使用市售的"低泡沫"液态或固态洗涤剂。

（七）硝酸（1＋1）

按体积比 1∶1 配制硝酸溶液。

（八）亚铁-铁氧化还原标准溶液

取硫酸亚铁铵［$(NH_4)_2Fe \cdot (SO_4)_2 \cdot 6H_2O$］39.21g、硫酸铁铵［$NH_4Fe(SO_4)_2 \cdot 12H_2O$］48.22g 及浓硫酸（$H_2SO_4$，密度为 1.84）56.2mL，溶解于水中并定容至 1L。配制的溶液应密闭保存在玻璃或塑料容器中。该溶液是较稳定的氧化还原电位标准溶液。表 10 - 1 为 25℃ 下铂电极与不同参比电极配对在亚铁 - 铁标准溶液中的氧化还原电位。

表 10 - 1　　25℃ 下铂电极与不同参比电极配对在亚铁 - 铁标准溶液中的氧化还原电位

参比电极	ORP（mV）
Hg、Hg_2Cl_2、饱和 KCl	+430
Ag、AgCl、1.00MKCl	+439
Ag、AgCl、4.00MKCl	+475
Ag、AgCl、饱和 KCl	+476
Pt、H_2（压力为 1.013×10^5Pa）、H^+（活度为 1mol/L）	+675

（九）醌氢醌氧化还原标准溶液

将 10g 醌氢醌溶于 1L pH 值为 4.00 的缓冲溶液。将 10g 醌氢醌溶于 1L pH 值为 6.86 的缓冲溶液。两种溶液中应保持过量的醌氢醌固态存在。该溶液有效期为 8h。表 10 - 2 为 20℃、25℃、30℃下铂电极与不同参比电极配对在醌氢醌标准溶液的氧化还原电位。

表 10 - 2　　　铂电极与不同参比电极配对在醌氢醌标准溶液的氧化还原电位

参比电极	ORP(mV)					
	pH 值为 4.00 醌氢醌标准溶液			pH 值为 6.86 醌氢醌标准溶液		
	20℃	25℃	30℃	20℃	25℃	30℃
Ag、AgCl、饱和 KCl	268	263	258	100	94	87
Hg、Hg_2Cl_2、饱和 KCl	223	218	213	55	49	42
Pt、H_2（压力为 $1.013×10^5Pa$）、H^+（活度为 1mol/L）	470	462	454	302	293	283

（十）碘-碘化物氧化还原标准溶液

取碘化钾（KI）664.04g、再升华的碘（I_2）1.751g、硼酸（H_3BO_3）12.616g 及 1M 氢氧化钾（KOH）20mL，溶解于水中并定容至 1L，混匀。该溶液的有效期为 1 年，在玻璃或塑料容器中密闭保存。表 10 - 3 为铂电极与不同参比电极配对在碘 - 碘化物标准溶液中的氧化还原电位。

表 10 - 3　　　铂电极与不同参比电极配对在碘-碘化物标准溶液的氧化还原电位

参比电极	ORP(mV)		
	20℃	25℃	30℃
Ag、AgCl、饱和 KCl	220	221	222
Pt、H_2（压力为 $1.013×10^5Pa$）、H^+（活度为 1mol/L）	424	420	415
Hg、Hg_2Cl_2、饱和 KCl	176	176	175

第二节　测量影响因素

一、溶液

氧化还原电位的测量电极能够可靠测量绝大多数水溶液的氧化还原电位，通常不受溶液颜色、浊度、胶体物质和悬浮物等干扰。

二、温度

水溶液的氧化还原电位易受溶液温度变化的影响，但由于影响小且反应复杂，可不进行温度补偿。只有在需要确定氧化还原电位与溶液离子活度之间的关系时才进行温度补偿。

三、pH 值

水溶液的氧化还原电位通常易受 pH 值变化的影响，即使氢离子和氢氧根离子不参与反应。氧化还原电位通常随着氢离子活度的增加而增大，随着氢氧根离子活度的增加而减小。

四、重现性

非可逆化学体系的氧化还原电位不可重现。大部分天然水和地表水为非可逆体系或者易受空气影响的可逆体系。

五、电极表面状态

如果贵金属电极表面存在海绵状物质，即使反复冲洗电极，也可能无法洗净吸附的物质，尤其当测量完高浓度溶液后立即测量低浓度溶液时，电极可能存在"记忆效应"。为使测量准确，不能使用铂黑电极，应选用光亮铂或金电极，并将电极表面抛光。

六、溶液组分

溶液的氧化还原电位是溶液中各种组分相互作用的结果，可能不代表任何单一化学物质。

第三节 检验、测量

一、检验

（一）零点检验

按照厂家说明启动仪表，将仪表输入端短接检验零点，仪表示值应在 ±0.5mV 范围内。

（二）氧化还原标准溶液检验

用流动除盐水冲洗电极。使用氧化还原标准溶液检验电极的响应。将电极浸入标准溶液中，仪表示值与溶液标称电位偏差的绝对值应不超过 30mV。更换新鲜的标准溶液后再次测量，两次仪表示值偏差的绝对值应不超过 10mV。

二、测量

（一）取样测量

对电极和二次仪表组件进行检验后，用流动除盐水冲洗电极。将水样倒入干净玻璃杯，将电极浸入水样中，并在测量过程中充分搅拌，待仪表示值稳定后读数。连续多次测量，直至两次测量示值偏差的绝对值不超过 10mV。对于氧化还原电位不稳定的水样，可能无法测得有意义的氧化还原电位。

（二）在线测量

配有电极和测量池的氧化还原电位测定仪能够进行在线测量，为工艺过程的全自动控制提供信号。要根据所测水样和测量条件选择相应的电极和测量池。安装测量池应确保水样连续稳定地流经电极。通常仪表连续显示并记录氧化还原电位值。必要时需要连续测量、记录并保存 pH 值。

（三）测量结果计算

（1）记录仪表氧化还原电位示值（mV）及所用的贵金属电极和参比电极种类。

（2）如果以标准氢电极做参比电极表示氧化还原电位，按下式计算，即

$$E_h = E_{obs} + E_{ref} \tag{10-2}$$

式中　E_h——相对氢电极的氧化还原电位，mV；

　　　E_{obs}——所用参比电极实测的氧化还原电位，mV；

　　　E_{ref}——实测时所用参比电极相对氢电极的电位，mV。

氧化还原电位的测量结果保留整数。结果中宜注明测量时的温度和 pH 值。

第四节 使 用 维 护

一、电极保存

按照厂家推荐的方法对氧化还原电位电极进行维护和保养。不测量时应将电极测量部分置于水中。长期保存时，应将参比电极的扩散孔和内充液添加孔套上保护罩，防止内充液的蒸发。

二、贵金属电极清洗

宜每天对电极进行清洗。使用洗涤剂或细磨料（如牙膏）进行初步处理，去除电极表面的异物。如果未能达到要求，使用硝酸（1+1）清洗，再用水洗净，或在室温下将电极浸入铬酸清洗液中数分钟，再用稀盐酸冲洗，最后用水洗净。如果以上方法仍未能达到要求，将贵金属电极浸入王水（70℃）中 1min，由于贵金属溶解于王水，电极浸入时间不能超过规定值，同时，应防止玻璃–金属密封圈因温度骤变产生裂纹。

三、质量控制

为了保证 ORP 测试结果准确可靠，需遵照以下质量控制程序：

（1）初始检验

1）将仪表输入端短接检验零点，仪表示值应在±0.5mV 范围内。

2）检验仪表在氧化还原标准溶液中的测量值，并满足要求。

（2）后续检验（需每日进行）

1）将仪表输入端短接检验零点，仪表示值应在±0.5mV 范围内。

2）检验在氧化还原标准溶液中的测量值，若不满足检验标准要求，清洗电极。若清洗后仍不满足检验标准要求，更换电极。

（3）由于在试剂水中氧化还原电位不稳定，空白试验无意义。

一、填空题

1. 准确测量与控制水的_____，对于电厂水处理系统控制加氯和除氯过程具有重要意义。

2. 测量水的氧化还原电位，采用的测量仪器主要包括_____、参比电极、贵金属电极和电极组件。

3. ORP 表检验包括_____检验和_____检验两个方面。

二、选择题

1. ORP 电极使用过程中，采用（ ）检验电极的响应。

    A. 氧化还原标准溶液；   B. 标准 KCl 溶液；

    C. pH 值为 6.86 的缓冲溶液；   D. pH 值为 9.18 的缓冲溶液。

2. ORP 测量电极能够可靠测量绝大多数水溶液的（ ），通常不受溶液颜色、浊度、胶体物质和悬浮物等干扰。

    A. 溶解氧浓度；   B. 电导率；

C. 二氧化硅含量；　　　　　　　　D. 氧化还原电位。

3. 氧化还原电位通常随着氢离子活度的增加而（　　），随着氢氧根离子活度的增加而（　　）。

    A. 增大，减小；　　　　　　　　B. 增大，增大；

    C. 减小，减小；　　　　　　　　D. 减小，增大。

三、判断题

1. 氧化还原电位反映水溶液中氧化性物质和还原性物质的比例，不针对某种具体物质（与 pH 值测量不同）。（　　）

2. 氧化还原电位仅反映溶液的特性，可判断溶液氧化或还原能力的强弱。（　　）

3. ORP 电极不测量时，应将电极测量部分擦干存放。（　　）

4. ORP 电极长期保存时，应将参比电极的扩散孔和内充液添加孔套上保护罩，防止内充液的蒸发。（　　）

四、问答题

简述正常使用过程中，如何做好氧化还原电位测量电极的维护工作？

参考答案

一、填空题

1. 氧化还原电位。

2. 氧化还原电位测定仪。

3. 零点；氧化还原标准溶液。

二、选择题

1. A；2. D；3. A。

三、判断题

1. √；2. √；3. ×；4. √。

四、问答题

宜每天对电极进行清洗。使用洗涤剂或细磨料（如牙膏）进行初步处理，去除电极表面的异物。如果未能达到要求，使用硝酸（1+1）清洗，再用水洗净，或在室温下将电极浸入铬酸清洗液中数分钟，再用稀盐酸冲洗，最后用水洗净。如果以上方法仍未能达到要求，将贵金属电极浸入王水（70℃）中 1min，由于贵金属溶解于王水，所以电极浸入时间不能超过规定值，同时应防止玻璃-金属密封圈因温度骤变产生裂纹。

第十一章

在 线 联 氨 表

　　电站锅炉给水中的溶解氧是引起热力设备腐蚀，威胁锅炉安全运行的主要因素之一。向给水中加入联氨是继除氧器之后实现进一步强化除氧的化学方法。联氨的加药量要求控制严格，加药量过少，保证不了除氧效果，因而达不到防止锅炉腐蚀、保障电厂安全经济运行的目的；而加药量过多，不仅造成不必要的浪费，而且还会导致环境污染。因此，联氨的监测对于电厂的加药控制和化学监督有重要的作用。

第一节 基 本 原 理

　　锅炉给水中微量联氨的检测方法主要有电化学分析法和分光光度法，下面分别介绍采用这两种方法的基本原理。

一、电化学式测量原理

　　联氨分析仪一般是根据原电池原理或电解池原理工作的。

　　（一）原电池工作原理

　　对于原电池工作原理的联氨分析仪，其传感器采用双电极，即阳极（铂电极）、阴极（氧化银电极）。传感器与 NaOH 电解液和被测水样组成原电池，联氨为还原剂，在铂电极上失去电子被氧化，氧化银为氧化剂，获得电子被还原。电极反应如下：

　　铂电极（阳极）为

$$N_2H_4+4OH^- \longrightarrow N_2+4H_2O+4e$$

　　氧化银电极（阴极）为

$$2Ag_2O+2H_2O+4e \longrightarrow 4Ag+4OH^-$$

　　对于原电池的外电路来说，氧化银电极是正极，铂电极是负极，根据电极扩散动力学方程式，扩散电流 I 为

$$I = \frac{DAnF}{\delta}c \tag{11-1}$$

式中　D——扩散系数（与温度有关）；

　　　A——铂电极有效面积；

　　　n——单个联氨分子释放的电子数；

　　　F——法拉第常数；

　　　δ——扩散层有效厚度（与流速有关）；

　　　c——联氨浓度。

　　由式（11-1）可见，在原电池结构、铂电极面积、水样流速、温度一定条件下，扩散电流 I 与水中联氨浓度 c 成正比。

（二）电解池工作原理

对于电解池工作原理的联氨分析仪，其传感器采用三个电极，即阳极（铂电极）、阴极（不锈钢电极）和参比电极（Ag/AgCl 电极）。在阳极表面联氨发生氧化反应，生成氮气和水，同时在阴极表面，水发生还原反应，生成氢气和氢氧根离子，阴极和阳极间的电流大小与水样中联氨的浓度呈线性的比例关系。电极反应方程式如下：

铂电极（阳极）为

$$N_2H_4 + 4OH^- \longrightarrow N_2 + 4H_2O + 4e$$

不锈钢电极（阴极）为

$$4H_2O + 4e \longrightarrow 2H_2 + 4OH^-$$

在此过程中，铂工作电极电动势相对于 Ag/AgCl 参比电极保持不变，故与传统的两电极测量法相比，三电极测量技术能使系统的零点极其稳定，提高仪器测量的灵敏度和精度。同时，为了保证联氨在铂电极上能充分反应，提高仪器测量的灵敏度和精度，传感器将水样在进入测量池前进行碱化处理，即用一个文丘里管样品调节槽将水样与碱性试剂充分混合，使进入测量池的水样 pH>10.2。碱性试剂为乙二胺或二乙基乙胺。

二、分光光度法测量原理

分光光度法对样水中联氨浓度的测量依据朗伯－比尔定律，即样品吸光度 A 与吸光系数 K、光程长 L、联氨浓度 c 成正比。样水进入分光光度计以前，使联氨在酸性条件下与对二甲氨基苯甲醛反应生成黄色的偶氮化合物，如式（11－2）所示。在测定范围内，黄色的深浅程度与样水中联氨的含量成正比例，偶氮化合物的最大吸收波长为 454nm。

$$2p - (CH_3)_2NC_6H_4CHO + N_2H_4 \rightarrow (CH_3)_2NC_6H_4CHN - NCHC_6H_4(CH_3)_2 + 2H_2O$$

$$(11 - 2)$$

第二节　联氨分析仪测量准确性影响因素

一、电化学式联氨分析仪测量准确性影响因素

（一）铂电极面积

由式（11-1）可知，铂电极面积与检测池的电流信号大小成正比。铂电极面积越大，信号越强，对测量越有利，但面积过大，凝胶型电解质中的氧化银消耗太快，更换频繁，也影响检测池的寿命。仪器应根据信号检测水平和仪器的误差要求，采用比较合理的铂电极面积。

铂电极表面污染会改变铂电极测量的有效面积，导致仪器测量的灵敏度下降和测量误差。因此，需根据实际运行情况，定期清洗铂电极，定期校正仪器，应在仪器的测量流路中安装过滤器。

（二）水样流速

水样流速在一定的范围内与电流 I 大小成正比。水样的流速和流动状态会影响仪表的测量精度。当水样流速过大时，会产生涡流，电极反应不充分且不稳定，或水样碱化不够，导致仪器测量误差和测量不稳定；当测量池内水样产生偏流时，则会影响到仪表的重现性。因此，仪器中应装有恒位水槽等定压或恒流装置，使水样流速稳定且控制在合适的范围内，同时测量池应垂直安装，防止水样偏流。

（三）水样 pH 值

水样的 pH 值低于 8 时，电极反应缓慢且不稳定，同时有 $3N_2H_4 \rightarrow 4NH_3 + N_2$ 的化学反应发生，使到达铂电极表面的 N_2H_4 不能完全参与电极反应，因此水样的 pH 值必须在 $8.5 \sim 10.5$ 范围内。为此，需定时更换试剂瓶中的碱性溶液或更换电极内的凝胶。标准仪器用的标准溶液的 pH 值应尽量与被测水样的 pH 值接近，要求两者的 pH 值误差不超过 0.5。

（四）水样温度

水样温度的变化会影响联氨的扩散系数及电极反应的速度，仪器均采用自动温度补偿措施加以解决。此外，水样的温度过高，还会导致电极的损坏，要严禁高温水样进入仪器的测量电极。

（五）共存离子的干扰

水样中的 Fe^{3+}、Cu^{2+} 等干扰离子含量过高，会导致联氨被氧化，减少了联氨参与电极反应的量，对测量产生干扰。

水样中的胶体物质、悬浮物等杂质，会附着在铂电极和陶瓷管表面，减少了铂电极的表面积和扩散层厚度，使仪器的灵敏度下降，导致测量值偏小。故应在水样流路系统中安装过滤器，并定期清洗电极表面。

二、分光光度法联氨分析仪测量准确性的影响因素

（一）水样颜色

采用分光光度法测量时，水样的颜色可能会干扰分析，但对于电厂常规分析水样，通常不用担心水样颜色会产生干扰。

（二）仪器检测限和分析方法的局限性

采用分光光度法的局限性主要体现在可用范围的低端和高端处。

低端测量的局限性是由仪器检测限造成的，检测限原则上是检测器灵敏度和稳定性的函数。当测量范围在仪器检测限附近时，尽管绝对误差可能只有几个 $\mu g/L$，但是其相对误差却很大。因此，联氨分析仪的测量精度与测量方法和仪器技术指标本身有关，很多联氨分析仪将会列出检测限、准确度和精度，这些指标显示了测量的不确定性。

高端测量的局限性是由于自吸收特性造成的。随着联氨浓度的增大，显色反应后溶液颜色随之加深，当联氨浓度高于仪器测量上限时，进入测量池的光线几乎完全被吸收，如图 11-1 所示。当吸光度达到一定值时，吸收曲线逐渐变平，弯曲的曲线不能再用于准确分析测定。因此，大部分仪器具有与线性关系上端相对应的最大测量范围。

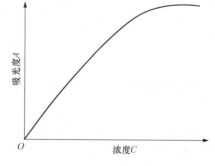

图 11-1　吸光值和浓度关系

（三）水样中的气泡

待测水样应从测量池下端进入，从上端排出。当有小气泡存留在测量池内时，吸光度会大大增加，并且读数跳动不稳定。此时可开启空气阀，从试样泵吸入端吸入一段空气，将测量池排空后，再启动校正阀吸入高纯水，使小气泡排出。另一种方法是停止试样泵，将测量池进口管和出口管拧下，用洗耳球吹洗使测量池排空，然后再连接好。再启动试样泵，用水充满测量池。测量水样进口端连接了一个气泡分离器，可将水样中气泡排出，防止气泡进入测量池。

（四）测量池和光检测器污染

当仪器吸光度调整不到零或当吸光度显示不稳定时，可能因测量池或光检测器污染所致。此时，可用试样泵吸入 1% 氨水洗涤 5～10min，然后再用高纯水将测量池冲洗清洁。必要时也可将光检测器拆下，对测量池和光检测器进行仔细清洗。

第三节 联氨分析仪的使用和维护

一、电化学式联氨分析仪的使用和维护

（一）参数的设定

对于智能化的仪器，投运前应对仪器的测量范围、输出信号、浓度高低限报警等参数进行设定。设定时进入仪器的参数设定菜单，使仪器进入编程状态，然后根据仪器参数设定菜单显示的参数，用数字键输入或用增加/减少键进行修改。当所有参数修改完成后，按回车键，以存储修改后的参数。最后，退出编程状态，将仪器运行于测量状态。

（二）仪器的校准

仪器初次运行或维护以后，需对仪器进行校准后，方可投入正常测量运行。校准仪器前，应检查仪器的测量系统和电器系统。

仪器的校准采用两点校准法，即零点＋斜率校准法。首先在实验室用无氧水配制联氨的标准溶液，其浓度最好与被测水样中的联氨浓度相近。如果获取无氧水有困难，可配制联氨溶液后，用实验方法测定其准确浓度（联氨的测定方法参见 GB/T 6906—2006《锅炉用水和冷却水分析方法 联氨的测定》），再用水样不加联氨作为空白溶液，以校准仪器零点。同时，用碱性试剂调整空白溶液和标准溶液的 pH 值，其 pH 值与炉水 pH 值相同，空白溶液、标准溶液及给水三者的 pH 值相差不能超过 0.5，否则会导致仪器校准产生较大的误差。

进行仪器校准时首先将空白溶液（不加联氨）通入仪器进样管，保持水样流量为仪器规定的测量流量，待仪器显示值稳定后，将仪器的测量/校正开关置于校正位置或进入仪器的校正菜单，使仪器进入校准或校正程序状态，调节仪器的显示值为零。然后，将标准溶液接入仪器的测量回路，并调节水样的流速为仪器的规定流速。观察仪器的显示值，待显示值稳定后，调节仪器的校正旋钮或修改仪器的显示值为标准溶液的浓度值，至此仪器的校准完成。

注意，由于配制标准联氨溶液的空白溶液要求为无氧水，而获取无氧水有一定的困难，因而在实验室配制的标准联氨溶液最好用试验方法准确测量其浓度，并保证在校正过程中标准溶液与空气隔离，否则，在溶液 pH 值高于 8.5 以上时，空气中融入的氧会与标准溶液中的联氨发生反应，导致标准溶液的实际浓度低于标称值，这样仪器的测量值会高于水样的实际浓度。

（三）仪器的运行

仪器校正完成后，将仪器的测量流路接入被测水样，并调整好水样的流速，将仪器的测量/校正开关置于测量位置或将变送器运行于测量程序，这样整个仪器即运行于正常的测量状态。

当机组检修或仪器需维护、维修时，需停运仪器，停运仪器时只需关闭水样进水阀，并关断变送器电源即可。

（四）仪器的维护

联氨分析仪运行稳定、可靠，维护量很小，当仪器处于正常运行状态时，只需进行以下维护即可：

（1）观察试剂瓶的碱性试剂液位，如发现液位过低，应及时补充碱性试剂。

（2）定期更换电极内的凝胶。

（3）观察测量池及参比电极是否被水样中的杂质污染，铂电极表面是否有沉淀，若被污染，关掉进样阀，取出电极或拧下铂电极，清洗测量池和电极。

（4）定期检查、清洗在线过滤器内的污垢。

二、分光光度法联氨分析仪的使用和维护

（一）仪器的校准

在试样测定前，首先用一组已知浓度的标准溶液对仪器进行标定，根据标准溶液浓度和对应的吸光度值建立一个计算待测物浓度的方程式。当标定采用两种标准溶液时，计算采用的方程式为

$$C = l + b\Delta A \tag{11-3}$$

式中　C——溶液中的待测物浓度值；

　　　l——方程截距；

　　　b——方程斜率；

　　　ΔA——待测物吸光度值与基线吸光度值之差。

当标定采用三种标准液时，计算采用的方程式为

$$C = a + b\Delta A + c\Delta A^2 \tag{11-4}$$

式中　a、b、c——多项式常数。

采用多点标定可以对测定中化学因素造成的偏离进行修正。

（二）仪器维护

联氨分析仪运行稳定、可靠，维护量很小，正常运行状态时，只需进行以下维护即可：

（1）观察试剂瓶的显色剂液位，如发现液位过低，应及时补充显色剂。

（2）观察测量池及光检测器是否被水样中的杂质污染，若被污染应及时清洗。

（3）定期检查、清洗在线过滤器内的污垢。

复习题

一、填空题

1. 向给水中加入_____是继除氧器之后实现进一步强化除氧的化学方法。

2. 锅炉给水中微量联氨的检测方法主要有_____和_____。

3. 电化学式联氨分析仪测量准确性影响因素主要包括_____、_____、_____、_____、共存离子的干扰。

4. 分光光度法联氨分析仪测量准确性的影响因素主要包括_____、_____、_____、_____。

二、选择题

1. 电化学式联氨分析仪的校准采用（　　）法。

A. 零点校准；　　　　　　　　B. 斜率校准；

C. 零点＋斜率校准；　　　　　D. 空气校准。

2. 当仪器吸光度调整不到零或当吸光度显示不稳定时，可能因（　　）所致。

A. 水样中有气泡；　　　　　　B. 水样温度过高；

C. 仪器电路故障；　　　　　　D. 测量池或光检测器污染。

3. 联氨测定过程中，（　　）会改变铂电极测量的有效面积，导致仪器测量的灵敏度下降和测量误差。

A. 铂电极表面污染；　　　　　B. 水样温度过高；

C. 水样流速太小；　　　　　　D. 测量池或光检测器污染。

三、判断题

1. 采用分光光度法测量联氨时，对于电厂常规分析水样，通常不用担心水样颜色会产生干扰。（　　）

2. 当仪器吸光度调整不到零或当吸光度显示不稳定时，可能因测量池或光检测器污染所致。（　　）

四、问答题

正常运行状态时，分光光度法联氨分析仪定期维护工作主要包括哪些内容？

参考答案

一、填空题

1. 联氨。

2. 电化学分析法；分光光度法。

3. 铂电极面积；水样流速；水样 pH 值；水样温度。

4. 水样颜色；仪器检测限和分析方法的局限性；水样中的气泡；测量池和光检测器污染。

二、选择题

1. C；2. D；3. A。

三、判断题

1. √；2. √。

四、问答题

联氨分析仪运行稳定、可靠，维护量很小，只需进行以下维护即可：

（1）观察试剂瓶的显色剂液位，如发现液位过低，应及时补充显色剂。

（2）观察测量池及光检测器是否被水样中的杂质污染，若被污染应及时清洗。

（3）定期检查、清洗在线过滤器内的污垢。

第十二章

在 线 浊 度 仪

　　水中含有泥土、粉砂、细微有机物、无机物、浮游生物等悬浮物和胶体物都可以使水质变得浑浊而呈现一定浊度。浊度是衡量水质的重要指标之一，自来水厂及污水处理厂等场合对水的浊度都有严格的控制。在发电厂，为了保证水处理设备的正常运行，对进水浊度有一定要求。随着水处理新技术的不断进步和发展，控制进水的浊度也越来越重要。

第一节　基本概念及原理

一、基本概念

（一）分散物系

　　在物理化学中，一种或几种物质以极微小的粒子分散在另一种物质中所组成的物质体系称为分散物系。被分散的物质称为分散相，分散其他物质的物质称分散介质。分散物系的分类见表 12 - 1。

表 12 - 1　　　　　　　　　　　　分 散 物 系 的 分 类

分散物系	粒子直径（nm）	组成	实例
低分散物系	<1	原子、离子、小分子	蔗糖溶于水、NaCl 水溶液等一些真溶液
胶体物系	1～100	大分子、有机胶粒、无机胶粒（分子聚集体）	聚乙烯、微生物、胶体
粗分散物系	>100	乳状液、悬浮液、大粒子	牛奶、泥浆水

（二）浊度

　　浊度是指水中悬浮物对光线透过时所发生的阻碍程度。水中的悬浮物一般是泥土、砂粒、细微的有机物和无机物、浮游生物、微生物和胶体物质等。水的浊度不仅与水中悬浮物质的含量有关，而且与它们的大小、形状及折射系数等有关。"浊度"与"色度"都是水的光学性质。"色度"是由水中的溶解性物质所引起的，"浊度"是由水中的不溶性颗粒物质所形成的。因此，色度很高的水样不一定混浊。相反，色度较低的水样可能浊度较高。

　　一束光照射到某一分散物系（例如水样）上，一部分光被散射，一部分光被反射和折射，一部分光被吸收，其余的光则透过水样。当分散物系中粒子的直径远小于入射光波长时（约小于 20 倍），粒子对光的作用主要是散射，这时一薄层水样产生的总散射光强度，可用瑞利（Raylign）公式描述，即

$$I = \frac{24\pi^3 nV^2}{\lambda^4} \left(\frac{n_1^2 - n_2^2}{n_1^2 + 2n_2^2} \right)^2 I_0 \tag{12 - 1}$$

式中　I——散射光强度；

　　　n——单位体积的粒子数；

　　　V——单个粒子的体积；

　　　λ——入射光波长；

　　　n_1——分散粒子的折射率；

　　　n_2——分散介质的折射率；

　　　I_0——入射光强度。

此外，研究还表明，微粒直径 d 从小于入射光波长到大于入射光波长的分散物系，对光都有散射作用。散射光强度 I 与入射光波长 λ 有 $I \propto 1/(\lambda^x)$ 的关系，当 d/λ 从小于 1 变化到大于 1 时，x 从 4 变到 0。当颗粒的直径大于入射光波长时，颗粒产生的光效应逐渐变为以反射和折射为主。但从整个物系来看，表现出很强的漫散射效果。

散射光的强度除与上述诸因素有关外，还与被测物系中微粒的形状等有关。一般水系是一种复杂的分散体系，它既包括小分子、离子，又包含胶体粒子及粗颗粒，而且微粒的成分、形状也不一致。由此可见，水的浊度并不能确切地反应水中不溶微粒的含量。

二、浊度的测量方法

按照 ISO 7027《水质　浊度的测定》的规定，浊度测量方法可以分为半定量法和定量法两大类。半定量法是人用眼睛分辨浊度的目视测量方法，如烛光浊度计法、透明度检测盘（管）法、目视比浊法等。这类方法测量范围小，测量准确性和重复性差，已逐渐被定量法所取代。

定量法主要是指光学测量法，光学测量法有散射光法和透射光法。与透射光法相比，散射光法能够获得较好的线性，灵敏度有所提高，色度影响也较小，这些优点在低浊度测量时更加明显。因此，低、中浊度分析仪中主要采用散射光法。透射光法则主要用于高浊度和固体悬浮物浓度测量中。

（一）透射光浊度及其测量方法

根据水样中微粒物质引起水样透光率降低的程度所确定的浊度称为水样的透射光浊度。

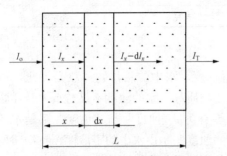

透射光法主要用于固体悬浮物浓度计、污泥浓度计中。在污水处理工艺中，采用污泥浓度计测量活性污泥的浓度、用透射光法测量出污泥的浑浊度后，在实验室中用烘干称重法测定其质量（固体悬浮物含量）；然后对仪器进行相关校准，将浊度单位转变成质量浓度单位。

图 12 - 1　透射光浊度法示意图

如图 12 - 1 所示，当强度为 I_0 的一束光，通过厚度为 L 的水样时，若 $\mathrm{d}x$ 薄层水中微粒对光没有吸收，则因散射使透射光强度衰减了 $\mathrm{d}I_x$，根据散射光强度与光径和入射光强成正比的原理，有

$$-\frac{\mathrm{d}I_x}{I_x} = k\mathrm{d}_x \tag{12 - 2}$$

式（12 - 2）中，入射光通过单位长度水样的衰减系数 k，即为投射光浊度。对式（12 - 2）进行积分，I_x 从 I_0 到 I_T，x 从 0 到 L，得

$$\lg \frac{I_o}{I_T} = kL \tag{12-3}$$

因此，透射光浊度的测量符合朗伯比尔定律，即

$$A = \lg \frac{I_o}{I_T} = \frac{1}{2.303}kL \tag{12-4}$$

式中　A——消光度；

　　　I_o——入射光强度；

　　　I_T——透射光强度；

　　　k——入射光通过单位长度水样的衰减系数，即水样的浊度；

　　　L——测量的光程长。

以透射光法测定浊度时，水样透光度的下降应是水中微粒物质对光的散射造成的，而水中某些粒子对光的选择性吸收所造成的透光度下降，则不应包括在内。因此，当水中存在对光有吸收的物质时，所测结果会偏大。为消除或减少水样色度对测量的影响，可采用单色光作为浊度的测量光源。另外，由于水中有机物对 500nm 以下的光有明显的吸收作用，所以选用 660nm 附近的单色光为光源是比较合理的。

（二）散射光浊度及其测量方法

根据水样中微粒物质的光散射特性来确定的浊度称为水样的散射光浊度。按照测量角度的不同，散射光法又分为 90°散射、前散射和后散射三种方式。浊度计中主要采用 90°散射方式，也有组合采用 90°散射、前散射和后散射方式的浊度计，组成消除干扰的散射光测量系统。围绕着散射光法，针对不同的应用，开发出一些其他浊度测量方法，如表面散射光法、散射光和透射光比率法等，但这些测量方法都属于散射光法的延伸，本质上仍属于散射光法。

如图 12-2 所示，在试样无光吸收的情况下，I_S 可由式 (12-5) 表示，即

$$I_s = I_0 - I_T \tag{12-5}$$

将式 (12-3) 代入式 (12-5) 可得

$$I_s = I_o(1 - e^{-kL}) \tag{12-6}$$

式中　I_s——散射光强度；

　　　I_o——入射光强度；

　　　k——入射光通过单位长度水样的衰减系数，即水样的浊度；

　　　L——测量的光程长。

当水样的浊度较小、光程较短时，$kL \ll 1$，则式 (12-6) 可写为

$$I_s \approx I_0 kL \tag{12-7}$$

即散射光强度 I_s 与水样浊度 k 有近似的线性关系。

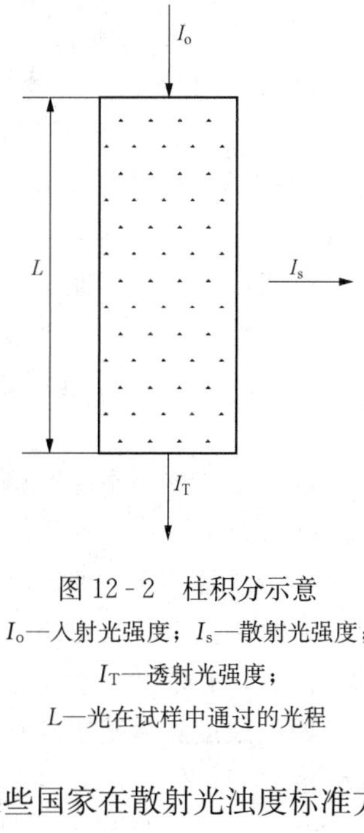

由于散射光浊度与散射光的接收角度有关，同时也与所用光源的光谱特性有关。使用光谱能量曲线不同的光源或者使用同一光源在不同角度接收散射光，其强度都不会相同。因此，某些国家在散射光浊度标准方

图 12-2　柱积分示意

I_o—入射光强度；I_s—散射光强度；

I_T—透射光强度；

L—光在试样中通过的光程

法中，明确规定了入射光的波长（例如 660nm）和接收方式（例如，接收与入射光方向90°，或同时接收与入射光方向 90°和 270°的散射光）。

三、浊度的单位

根据不同的测量原理，浊度的单位有许多种表示方法，常见的有以下一些。

（一）光散射浊度单位（NTU）

光散射浊度单位用 NTU 表示，NTU 是英文 nephelometric turbidity units 的缩写。NTU 是采用 Formazine 浊度标准液校准 90°光散射式浊度计，经此校准后仪器测量结果的表示单位。NTU 是国际标准化组织 ISO 7207《水质　浊度的测定》中规定的浊度单位，也是目前国内、国际上普遍使用的浊度单位。

目前，我国水质标准和规程中已采用 ISO 7027《水质　浊度的测定》标准规定的 NTU浊度单位，1NTU 称为 1 度（Unit）。也有用 FNU（formazine nephelometric units）表示光散射浊度单位的，其含义和数值与 NTU 完全相同。

（二）Formazine 浊度单位（FTU）

Formazine 浊度单位用 FTU 表示，FTU 是英文 formazine turbidity units 的缩写，通常将其译为福马肼浊度单位。FTU 是美国的标准浊度单位，也是国际标准化组织推荐使用的浊度单位之一。它是将一定比例的六亚甲基四胺 $[(CH_2)_6N_4]$ 溶液和硫酸肼（$N_2H_4 \cdot H_2SO_4$）溶液混合，配制成的一种白色牛奶状悬浮物——福马肼，以此作为浊度标准液，测得的浊度称为福马肼浊度。由于它是人工合成，在一定的操作条件下均能获得良好的重现性。

NTU 与 FTU 的数值相同，即 1NTU＝1FTU。

（三）光衰减浊度单位（FAU）

光衰减浊度单位用 FAU 表示，FAU 是英文 formazine attenuated units 的缩写。FAU是采用 Formazine 浊度标准液校准光衰减式浊度计，经此校准后仪器测量结果的表示单位。FAU 与 FTU 的数值相同，即 1FAU＝1FTU。

（四）总悬浮固体物浊度单位（mg/L）

以 1L 水中含有的悬浮物的毫克数作为浊度单位，用 mg/L 表示。浊度基准物为精制高岭土或硅藻土，即将 1L 水中含有 1mg 精制高岭土或硅藻土时的浊度称为 1 个浊度或1mg/L。

以前，我国和其他一些国家使用这种浊度单位，例如，日本工业用水浊度标准（采用高岭土）、德国 Kieselgur 浊度标准（采用硅藻土）等。现在各国已普遍采用再现性和稳定性良好的福马肼浊度标准溶液代替高岭土或硅藻土浊度标准液。用 NTU 代替 mg/L 浊度单位。

高岭土、硅藻土浊度单位 mg/L 与福马肼浊度单位 NTU 之间不存在严格的对应关系，两者之间也无法进行换算，只存在一定条件下通过仪器测试比对求出的"相当于"关系。

应当注意，作为浊度单位的 mg/L 和作为浓度单位的 mg/L 是两个完全不同的概念，前者是光学单位，后者是质量含量单位，两者之间不存在数值上的相应或等同关系。浊度相同的悬浊液，其浓度可能完全不同；浓度相同的悬浊液，其浊度差异也往往相当大。

四、浊度测量范围的划分

浊度分析仪可以有多个不同的应用量程，最宽的量程为 0～9999NTU。标准样品系列可以由 0.1～7500NTU 多个标准样品组成，但无法配制 9999NTU 的标准样品，其值是根据标准样品值推算出来的。

浊度仪的测量范围目前尚无统一、明确的划分，习惯上根据测量对象或应用场所的不同，大致将其划分为低、中、高三段。

（一）低浊度

低浊度测量范围在 0～100NTU（或 0～200NTU）以内。

主要用于高纯水和饮用水工艺、自来水厂和工业水处理中的混凝沉淀监测、过滤器反冲洗控制和泄漏监测以及工业水处理中离子交换器进水监测等。

（二）中浊度

中浊度测量范围在 0～1000NTU（或 0～2000NTU）以内。

主要用于污水处理厂排放监测、污水处理厂混凝沉淀监测、污水处理厂过滤器反冲洗控制和泄漏监测以及地表水和污水处理排放口水质监测等。

（三）高浊度

高浊度测量范围在 0～20g/L SiO$_2$（或 0～100g/L SiO$_2$）以内。

主要用于污水处理厂的曝气池、二次沉淀池、浓缩池、消化池等场合，监测污泥的密度、厚度、界面及溢出情况等。活性污泥的浊度为 3～6g/L SiO$_2$，原污泥的浊度为 30～70g/L SiO$_2$。

五、瞬时浊度值与平均浊度值

由于浊度仪光源形成的激光光束很细，比浊管内水样受光照射的体积很小，所以水中微粒（特别是大颗粒）在空间分布的不均匀性，也会反映到显示仪表上，使测量值在某一范围内波动，这时仪表的示值是水样受光部分的瞬时浊度值。瞬时浊度值可以大致反映水中分散颗粒粒径的大小。在电渗析、反渗透等水处理设备入口水的监测方面，测量瞬时浊度值比测量平均浊度值更有实际意义。另外，这种测定方法在筛选浊度标准物、研究凝聚过程等方面，也是一种新的有效手段。仪器中设有平均电路，以时间平均值代替空间平均值，测量时接入平均电路，测得结果为平均浊度值。

六、浊度值与测试方法的关系

无论用透射光法，还是散射光法，对同一标准浊度液进行测量，都应得到相同的浊度值。但是用不同的方法对同一水样进行测量时，因其物系组成与标准液存在差异，所以它对不同的测试方法所呈现的光效应也不同，这样用不同方法测试同一水样将会得到不同结果。因此，有些国家规定，对所测浊度值要指明方法。

第二节　浊度仪的类型和测量原理

一、散射式浊度仪

散射式浊度仪的测量原理：光源以平行光束投射到被测水样中，由于水中的悬浊物而产生散射，散射光的强度与悬浮颗粒的数量和体积成正比，借以测定其浊度。任一特定角度的散射是下列参数的函数：散射颗粒的浓度、尺寸、形状、入射光的波长、颗粒和介质折射率之差。散射光强度与颗粒物浓度之间的关系是十分复杂的，因此仪器标定通常根据实验确定。

（一）散射光的测量角度

按照散射光测量角度（散射光检测器安装位置）的不同，散射式浊度仪的测量方式分为90°散射式、前散射式、后散射式三种，如图 12-3 所示。实验发现，在 90°角的方向，散射现象受颗粒物的形状和大小的影响最小。目前，国际、国内标准均规定散射式浊度计采用90°散射光。

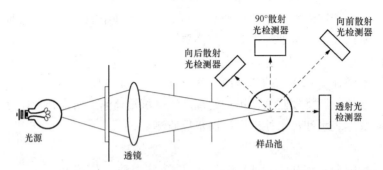

图 12-3　散射式浊度仪的三种光检测器位置

（二）光源种类

浊度仪中使用的光源主要有以下几种。

1. 红外光源

在欧洲地区采用 ISO 7027《水质　浊度的测定》、EN 27027《水质　浊度的测定》标准，测量光为波长 880nm±30nm 近红外光，常用的发光器件是 LED 发光二极管。红外光对颜色不敏感。恩德斯豪斯公司 CUS 型浊度仪的光源采用的就是红外 LED 发光二极管，仪器采用发射光与参比光周期切换比较的测量方式，参比光的作用是用来对光学系统的可能漂移进行补偿。

2. 可见光源

美国 EPA 180.1《浊度的测定：比浊法》标准要求，测量光为全光谱白色光，常用的发光器件是装有滤光片和单色器的钨灯。白炽灯更适合于低浊度测量。哈希公司 1720E 型 90°散射光浊度仪采用白炽灯光源，光源的照度强，对检测微小颗粒更加有利，特别适用于净水的浊度检测。

3. 激光光源

激光具有亮度高、方向性强、光能量密集等优点，是一种较为理想的光源。发光器件多采用半导体激光器件，一般用于超纯水、高纯水的浊度测量中。哈希公司 FT660sc 激光浊度仪采用 LED 激光光源，由于光源单色性好，大大减少了杂散光的影响。

二、表面散射式浊度仪

在高浊度情况下，检测器在水面下容易被污染，需要经常清洗，采用表面散射式浊度仪可以有效解决这一问题。

表面散射式浊度仪是通过测量照射到水样表面光束的散射光强度而求得的水样浊度。图 12-4 所示为表面散射式浊度仪的结构原理图，用很窄的光束以很低的入射角度（一般为15°）射到水样表面。光束的大部分被水面反射，其余部分折射入试样，反射和折射的两路光均被水箱的黑色侧壁所吸收，只有被水面杂质微粒向上散射的光线有可能进入物镜。如果水样中有浑浊颗粒存在，就会发生散射，由位于水样表面上方的探测器检测出部分散射光。探测器可位于与入射光线成 90°的方位上，也可位于与液面成 90°的方位上。

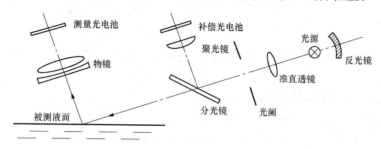

图 12-4　表面散射式浊度仪的结构原理图

由于光线直接作用于开口容器的液面上，因此，不存在检测器窗口积污和冷凝水汽对测量结果的干扰。这种仪器的测量范围很宽，从 0～2NTU 的低浊度至 0～9999NTU 的浊度均可测量。适用行业也很宽，城市污水、尚未处理的地表水、造纸工业的白色悬浮液、电厂锅炉水和冷凝液、食品饮料行业产生的污水等的浊度都可以测量。另外，由于水样同仪器的光学系统没有接触，从而减少了仪器的清洁维护量。

三、散射光和透射光比率式浊度计

一束光通入浑浊水样后，既有散射光，又有透射光。散射光的强度随浊度的增大而成比例地提高，而透射光强度将随浊度的增加成反比减小。由于两者向相反的方向差动，其比值将有较大的变化。同时交替测定散射光和透射光的强度而求两者之比的方法可使浊度仪检测灵敏度大为提高，其灵敏度可达 0.001NTU。散射光和透射光比率式浊度计就是根据这一原理工作的。这种测量方法的优点还有：可以把散射光和透射光的光程做成相等，因而水样色度的影响很小。由于使用同一光源，电源的变化及环境干扰的影响、窗口接触水样的污染影响也相对减小。

散射光和透射光之比并非是严格的线性关系，只是在一定的浊度范围有近似的线性关系。从图 12-5 可见，透射光强是一条指数曲线，散射光强也并非直线。此外，还与所用光电元件有关，光电元件对各种频率光的敏感程度及光电反应也并非线性关系。但是，可以通过合理地选择接受透射光及散射光的两个光电元件的特性及调整两束光路长度等方法，使仪器的线性调整到近似的线性关系。这也是透射光和散射光比率式浊度仪的优势之一，其在 0～2NTU 到 0～9999NTU 量程范围内均具有较高的灵敏度和线性度。

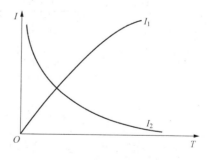

图 12-5　散射光强度 I_1、
透射光强度 I_2 和浊度 T 的关系图

四、固体悬浮物浓度计

废水中在 100℃时不能蒸发的所有物质称为总固体，包括溶解性固体（dissolved solid，DS）和悬浮性固体（suspension solid，SS），实际区分两者是用特制的微孔滤膜（孔径 0.45μm）来过滤，能透过的为溶解性固体，被膜截留的为悬浮性固体。单位体积液体中悬浮物固体的含量为固体悬浮物浓度。

固体悬浮物浓度是一个重要的参数，环保标准中把它列为监测项目。废水中固体悬浮物的多少用单位体积的水中所含悬浮颗粒的质量来表示，单位为 mg/L。固体悬浮物浓度采用光学透射法测量。

第三节 浊度仪的使用、校准和维护

一、测量槽式浊度仪水路系统的设计

测量槽式浊度仪对进入测量槽的水样有以下几点要求。

（1）必须除去水中的气泡。浊度测量通常是在无压力的水样中进行，带压水样压力释放时会产生非常细小的气泡。当水样温度升高或水流受到严重扰动时，也会产生气泡。水中的气泡和水中的颗粒一样，会产生严重的散射而导致测量误差，必须加以消除。消除水中的气泡通常称为消泡，高效可靠的消泡系统，为测量提供了最具代表性的样品，保证了样品流通过程中不会再次产生气泡。浊度测量中采用的消泡措施有如下一些：

1）浮力消泡将水样引入敞开的消泡槽中，靠浮力使气泡上浮除去，再通入测量槽中进行测量。其结构通常采用静压、震荡除气泡原理，如图12-6所示。样液通过进水口进入一个流通空间大且与大气连通的环境，释放掉样液中原有的压力，使高压溶于样液中的气体溶解出来。接下来样液会沿着上下起伏的流路流动，在通过起伏流路时样液上下层交换，底部样液缓慢搅动、震荡，从而使样液中的气体析出。经过滤的样液通过两个斜孔导引到结构底部的储液池，样液积累到一定容量后通过溢流口排出结构。传感器垂直置于结构中，沉入样液。

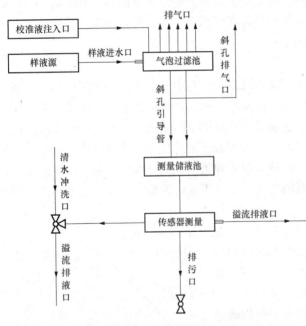

图 12-6 常用浮力消泡结构设计示意图

2）加热消泡采用加热消泡槽，对水样进行加热，使气泡脱除。

3）保压消泡采用密封的压力式消泡槽和测量槽，保持水样的压力不变，消除气泡产生的条件。

（2）防止水中悬浮颗粒物的沉积。在流量较小时，悬浮颗粒物会产生沉积，浊度检测数据将小于实际的浊度值。

（3）水样流量应保持恒定。在水样流量适当且稳定时，能够使测量槽内的水流成为湍流，这样悬浊物才能分布均匀并且防止沉积。

二、探头式浊度仪的安装要求

探头式浊度仪的测量探头有沉入式和流通式两种安装方式，沉入式浊度仪是指用插入式支架将探头沉入水池或水渠中，流通式浊度仪是指用螺纹或法兰将探头安装在管道上或流通

池中。

探头式浊度仪的测量探头直接插入或沉入水池或水渠中进行测量，因而不存在水路系统的设计问题。同测量槽式浊度仪，选用的探头式浊度仪应设有消泡装置，以消除气泡对测量产生的干扰，同时对安装还有如下要求：

沉入式探头安装时，应与池壁保持一定的距离，至少应距离池壁 10cm，以防池壁对光波的反射造成的测量干扰。

流通式探头在垂直管道上安装时，为避开水流不均匀时产生的空穴或断流，应装在水流自下而上流动的管段，而不应相反。在水平管道上安装时，应装在管子的中部，而不应装在顶部或底部，以防止有可能出现的气泡积聚或悬浮物沉积。安装时，探头的测量面应朝向流体流动方向，以避开管壁对光线的反射干扰，同时可增强自清洗作用。

三、校准

浊度仪的校准有在线校准和离线校准两种方式，可根据仪表使用说明书的要求和现场实际情况确定采用哪种方式，有的产品无需零点校准，只需校准量程即可。

（一）在线校准

在线零点校准时，可将自来水经零浊度过滤器过滤后作为零点标准液。零浊度过滤器是一种孔径为 $0.1\mu m$ 或 $0.2\mu m$ 的微孔过滤器。自来水经该过滤器后，可得到相当于蒸馏水的标准液及 $0\sim0.2NTU$ 的标准液。量程超过 200NTU 时，还可直接用自来水作为零点标准液，但该自来水的浊度应低于 2NTU。校准前，要用零点标准液对测量槽进行充分的清洗，清洗时间根据仪表使用说明书的要求确定。在线量程校准是在仪器通零点标准液的同时，在光路中插入量程标准片进行的。

（二）离线校准

离线校准是指将浊度传感器移至实验室进行校准的方法。校准时，将浊度传感器插入标准液中（或将标准液充入测量槽中），分别校准零点和量程。零点标准液采用零浊度水。量程标准液采用浊度标准片＋零浊度水，必要时采用 Formazine 浊度标准溶液。

四、维护

正确的测量和定期保养可以有效延长仪器的使用寿命。具体如下：

（1）储存和运输期间，应避免高温和低温及潮湿的地方，以防止损坏仪器内的光学系统及电气元件。

（2）在测量槽式浊度仪的使用中，光源室和光电池室内若有湿气，透明的玻璃窗口内表面会形成露滴，将会造成测量误差。当冷的测定液流入测量槽时，也会产生这种现象。为了防止测量窗口内表面结露，在光学系统室内必须装有干燥剂，并应定期检查和更换。

（3）长时间停用的情况下，应定期开机预热一段时间，有利于驱除机内的潮气。

（4）定期清洗试样瓶及清除试样座内的灰尘，可以有效地提高测量准确度，清洗时，不能划伤玻璃表面。部分产品设计有免维护自清洁功能，采用刷头式清洁装置对传感器底部透镜窗口进行清洁，透镜窗口选用抗磨损蓝宝石水晶玻璃，使清洁时窗口不被磨损。

（5）当光学系统的测量窗口污染时，需对其进行人工或自动清洗。清洗方法和注意事项如下：

1）用软刷和水进行人工清洗，如果污染物是碳酸钙或油类时，用相应的清洗剂清洗。

2）用机械式、水射式、超声波式等方式进行自动清洗。机械式采用电动刷擦洗，水射式采用水流喷射清洗，机械式和水射式效果很好，但只有在停止测量时才能进行清洗。注意不要让电动刷或活塞的停止位置挡住测量窗口。超声波式是将一个锆钛酸铅电致伸缩片粘贴在与被测液体接触的窗口上，超声振荡器将一定频率的电压加到锆钛酸铅片上，激发产生超声波，连续地清洗窗口，以免窗口附着有污染物而影响光的传播。超声振动的强度可以调节，但注意不能调到有气泡产生。

五、故障诊断

表 12-2 给出了浊度仪常见的故障现象、可能的原因和相应的维修方法。

表 12-2　　　　　　　　　　　　　常见故障诊断及维修

故障现象	可能原因	维修方法
开机后无显示	电源线与插座接触不良或松脱	紧固插座或更换电源线
测量无反应	光源灯损坏	更换
	内部接插件松脱	紧固
	电气系统故障	检修
测量值不稳定或漂移	溶液内有气泡或有颗粒在不停漂动	重新取样或延长读数时间
	仪器内部电路受潮	延长开机预热时间进行预热驱潮
	外界干扰	排除干扰源
	电源电压不稳定	排除不稳定因素
调零时调不到零位	调零时没有采用零浊度水	应采用零浊度水
	测量池内壁消光漆脱落	涂刷消光漆
	调零电位器损坏	更换电位器
	调零范围偏移	调节对应电位器
调不到校正值	标准溶液标准值不准确	准确配制标准溶液
	校正电位器损坏	更换
	校正范围偏移	调节对应电位器
	光路偏移	调整
显示屏缺笔划	LCD 显示屏损坏	更换
	显示线路板故障	检修
测量值为负	零浊度水不够纯	重新配制零浊度水

复习题

一、填空题

1. _____是指水中悬浮物对光线透过时所发生的阻碍程度。

2. _____是由水中的溶解性物质所引起的，_____是由水中的不溶性颗粒物质所形成的。

3. 浊度分析仪应定期清洗_____及清除试样座内的_____，可以有效地提高_____，清洗时，不能划伤_____。

二、选择题

1. 在测量槽式浊度仪的使用中，光源室和光电池室内若有（　　），透明的玻璃窗口内表面会形成露滴，将会造成测量误差。

A. 灰尘；　　　　　B. 湿气；　　　　　C. 污染物；　　　　　D. 细菌。

2. 在水样流量适当且稳定时，能够使测量槽内的水流成为（　　），这样悬浊物才能分布均匀并且防止沉积。

A. 层流；　　　　　B. 稳流；　　　　　C. 静流；　　　　　D. 湍流。

3. 浊度仪中使用的光源为（　　）。

A. 红外光；　　　　　B. 激光；　　　　　C. 可见光；　　　　　D. 以上所有。

三、判断题

1. 浊度测量方法可以分为半定量法和定量法两大类，定量法主要是指光学测量法。（　　）

2. 采用光学测量法测量浊度时，与散射光法相比，透射光法能够获得较好的线性，灵敏度有所提高，色度影响也较小，这些优点在低浊度测量时更加明显。（　　）

3. 在线浊度仪的离线校准是指将浊度传感器移至实验室进行校准的方法。校准时，将浊度传感器插入标准液中（或将标准液充入测量槽中），分别校准零点和量程。（　　）

四、问答题

测量浊度时，当光学系统的测量窗口污染时，需对其进行人工或自动清洗，清洗方法有哪些？应注意的事项主要包括哪些？

参考答案

一、填空题

1. 浊度。

2. "色度"；"浊度"。

3. 试样瓶；灰尘；测量准确度；玻璃表面。

二、选择题

1. B；2. D；3. D。

三、判断题

1. √；2. ×；3. √。

四、问答题

清洗方法及注意事项如下：

（1）用软刷和水进行人工清洗。如果污染物是碳酸钙或油类时，用相应的清洗剂清洗。

（2）用机械式、水射式、超声波式等方式进行自动清洗。机械式采用电动刷擦洗，水射式采用水流喷射清洗，机械式和水射式效果很好，但只有在停止测量时才能进行清洗。注意不要让电动刷或活塞的停止位置挡住测量窗口。超声波式是将一个锆钛酸铅电致伸缩片粘贴在与被测液体接触的窗口上，超声振荡器将一定频率的电压加到锆钛酸铅片上，激发产生超声波，连续地清洗窗口，以免窗口附着有污染物而影响光的传播。超声振动的强度可以调节，但注意不能调到有气泡产生。

在线余氯分析仪

第一节 基本概念及测定原理

一、基本概念

余氯是指水经过加氯消毒，反应一定时间后，水中所余留的有效氯。其作用是保证持续杀菌，以防止水受到再污染。余氯有三种形式：

（1）余氯（总氯）：以游离氯、化合氯或两者并存的形式存在的氯，包括 $HOCl$、OCl^- 和 $NHCl_2$ 等。

（2）化合性余氯：余氯中以氯胺及有机氯胺形式存在的氯，包括 NH_2Cl、$NHCl_2$ 及其他氯胺类化合物。

（3）游离氯：以次氯酸、次氯酸根或溶解性单质氯形式存在，包括 $HOCl$、ClO^-、Cl_2 等。

我国生活饮用水标准中规定集中式供水出厂水的游离氯含量不低于 0.3mg/L，管网末梢不低于 0.05mg/L。

二、测定原理

余氯的测定方法有 2 种，一种是比色法，如 N，N-二乙基-1，4-苯二胺（DPD）分光光度法和四甲基联苯胺比色法；一种是电极法。

（一）比色法 N，N-二乙基-1，4-苯二胺分光光度法（DPD 法）

当 pH 值为 6.2～6.5 时，在过量的碘化钾存在下，水样中的余氯与 DPD 反应，生成红色化合物，在 515nm 波长下，采用分光光度法测量。

（二）电极法

渗透膜把电解池的电解液和水样隔开，渗透膜可以选择性让 ClO^- 穿透；在两个电极之间有一个固定电位差，产生的电流强度可以换算成 ClO^- 浓度。

在阴极上为

$$ClO^- + 2H^+ + 2e^- \longrightarrow Cl^- + H_2O$$

在阳极上为

$$Cl^- + Ag \longrightarrow AgCl + e^-$$

由于在一定温度和 pH 值条件下，$HOCl$、ClO^- 和余氯之间存在固定的换算关系，通过这种方式可测量余氯。

第二节 测定仪器及应用

一、测定仪器

（一）DPD 法在线余氯分析仪

在线余氯分析仪简单地说就是用于快速检测余氯的仪器，仪器相当于一台小型分光光度计，水样经过与专门的试剂反应后，通过分光光度方法计算出其余氯/总氯值。某公司生产的余（总）氯分析仪如图 13-1 所示。其特点是将检测过程需要用的试剂设计成专门的试剂包，而仪器本身也包含了标准曲线，使用者无需专业知识去调配试剂和制作曲线，能够快速地监控水中余氯的含量。一套试剂供余氯分析仪自动运行 30 天，分析周期 2.5min。

该分析仪每隔 2.5min 从样品中采集一部分液体进行分析，所采集的水样引入仪器内部的比色皿中，进行空白吸光度的测量。样品在进行空白吸光度测量时可以对任何干扰或样品原色进行补偿，并提供一个自动零参考点。试剂在该参考点处加入并逐渐呈现紫红色，随即仪器会对其进行测量并与零参考点进行比较。

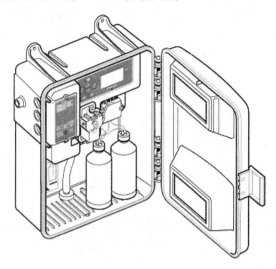

图 13-1 某公司生产的在线余（总）氯分析仪

在 2.5min 的采样周期中，线性蠕动泵的阀组件将控制样品流量和缓冲液、指示剂注入体积。泵的阀组件使用电动机驱动的凸轮来带动一组加紧滚轮，这组滚轮通过滚压在固定板上特殊的厚壁导管来输送液体。操作步骤如下：

（1）打开进行管线，样品在负压下涌入进样管和比色皿。

（2）关闭进样管线，比色皿中留下新鲜样品，比色皿的有效体积由溢流堰来控制。

（3）当进样管线关闭时，试剂管线打开，可使缓冲溶液和指示剂注满泵中阀组件的管道。

（4）对未处理的样品进行测量，以确定试剂加入前的平均基准值。

（5）打开试剂出口阀，可使缓冲溶液和指示剂流出后相互混合，并进入比色皿中，再与样品混合。

（6）在显色过程终止后，对处理过的样品进行测量以确定余氯含量。

上述过程每隔 2.5min 重复一次。

（二）电极法在线余氯分析仪

如图 13-2 所示，余氯传感器的阳极是一根银棒构成的银阳极，阴极是圆柱形金电极。两电极同时浸在传感器探头内的电解液中。金电极外是一片带选择性的聚四氟乙烯渗透膜，该渗透膜只能选择性地透过次氯酸，而次氯酸根离子和水中其他离子不能透过该膜。测量时，在阳极和阴极之间加上 50mV 的极化电压，选择性渗透膜透过次氯酸分子，次氯酸分子在金阴极发生还原反应，形成与次氯酸浓度成比例关系的微弱电流，其化学反应方程式如下：

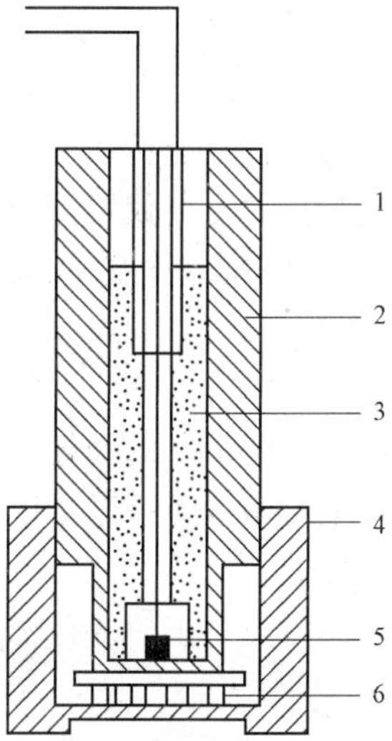

图 13-2 余氯传感器结构示意图

1—银阳极；2—传感器外壳；

3—电解液；4—模压帽；

5—金阴极；

6—聚四氟乙烯选择性渗透膜

127

阳极（银电极）为

$$Cl^- + Ag \longrightarrow AgCl + e^-$$

阴极（金电极）为

$$2H^+ + 2e^- + OCl^- \longrightarrow H_2O + Cl^-$$

根据极谱式电极传感器的基本原理，需要在传感器的阴、阳两电极之间加一极化电压，产生一个微弱的电流，通过检测此微弱电流并将其换算成次氯酸浓度，经过温度补偿，即得到水中的余氯含量。

二、在线余氯表在电厂的应用

（一）循环水系统

余氯表用于监测循环水中余氯含量，主要是要保证细菌含量小于每毫升 1×10^5 个，减少循环水系统滋生粘泥及微生物风险。

（二）制水系统反渗透入口

余氯指标主要是考察反渗透进水中的氧化性物质，因为在反渗透进水前投加次氯酸钠做杀菌剂，这样会在反渗透进水处形成余氯。氧化性物质会对反渗透膜产生不可逆损伤，故要在反渗透进水管上加余氯表，一般控制反渗透入口余氯小于 0.1mg/L，根据测量值确定还原剂（一般是亚硫酸钠）的投加量。

第三节　在线余氯分析仪的校准、使用及维护

一、在线余氯分析仪的校准

（一）DPD 法在线余氯分析仪

余氯零点校准：用于校准余氯零点，通常无须校准。

余氯过程校准：手工测量样水的余氯值，把该余氯值输入仪表中。

现有余氯仪通常采用生产厂家提供的储存在仪器中的标准曲线作为样品分析依据，没有统一的测量标准。由于缺乏有证余氯标准物质，难以对仪器性能进行评价及对仪器检测结果进行校准和评估，造成该指标监控有可能失控，对环境安全和生活用水安全感带来较大影响。

（二）电极法在线余氯分析仪

由于每支余氯电极的零电流及电极斜率不尽相同，随着填充液（电解液）的消耗，零电流和斜率在使用过程中会逐渐变化，产生老化现象，而且每次添加电解液或更换渗透膜也会引起零电流和斜率的变化，这就需要定期进行标定，以保证测量精度。

余氯分析仪零点标定，把余氯电极放置于无氯水中，标定电极的零点（出厂时已标定完成，客户使用时可省略此步骤）。

余氯分析仪的斜率标定：把余氯电极放置在已知余氯浓度的溶液中或所测水样中，用于标定电极的斜率。

二、在线余氯分析仪的使用与维护

（一）DPD 法在线余氯分析仪

（1）检查水样过滤器是否脏污。过滤器上的任何沉积物都会消耗余氯，导致测量值降低，如发现过滤器脏污，及时对过滤器进行清洗或更换。

（2）检查仪表本身过滤器，如发现过滤器脏污，及时对过滤器进行清洗或更换。

（3）检查水样流量，确保水样流量在仪表要求的范围内。

（4）检查测量电极表面脏污程度，如需要应及时进行清洗。

（5）每周做一次余氯过程校准，每月做一次 pH 过程校准。

（二）电极法在线余氯分析仪

（1）在线余氯电极使用之前需要接上仪表通电活化 0.5h，待信号稳定后方可测量。

（2）电极寿命 2～3 年，电极膜可以更换。一般每半年换一次膜。

（3）电极电解液采用专用的溶液，每 3 个月加 1 次。

（4）每次换膜或加电解液后都需要重新标定电极。

三、影响测量准确性的因素

（一）DPD 法

1. 水样颜色和浊度的影响

比色法测试精度容易受样品的颜色和浑浊度的影响，因此，需要水样无色透明。

2. pH 值的影响

余氯由溶解氯气、次氯酸和次氯酸根三部分组成，其中的三个组成部分含量依据水中的 pH 值变化。根据测量原理，测量余氯浓度就是测量次氯酸的浓度，然后换算成余氯浓度。检测水中的次氯酸的重要条件是样品 pH 在 5～7 之间。因为在这个 pH 范围里，水中的次氯酸浓度相对很高（大于 80%）；仪器检测信号可以达到最大，干扰相对较低。因此，样品预酸化是余氯检测是否准确的最重要条件。某些余氯分析仪采用了缓冲液，把测量样品的 pH 值保持在 6.3～6.6 之间。

通常，饮用水的 pH 值范围在 7.3～8.5 之间；在这个 pH 值范围里，次氯酸根浓度很高，甚至大于次氯酸的浓度。因此，样品的 pH 值保持稳定，适当把样品预酸化，pH 值保持在 5～7 范围之间，是余氯仪准确监测的重要保证。否则，即使分析系统有 pH 值自动补偿的功能，仪器测量的准确度也会出问题。

3. 校正方法的影响

某些在线余氯分析仪在校正和测试过程中分别设计了两次扣除本底，校正零点时扣除本底是去除系统偏差，在测试时扣除本底是去除电子漂移和污染引起的偶然偏差。这样可大大提高测量的准确性。

（二）电极法

1. 流量、压力的干扰

运用电极法在测量余氯的过程中，样品不停地流过探头表面，样品的流量、压力的变化会对余氯测量值带来偏差。为此，电极法余氯分析仪设计了多种形式的流通池，但也不能完全克服流量变化对电极引起的干扰效果。如常见的电极表面覆盖了一层膜，样品压力变化会改变电极表面和膜之间的电解液的厚度，也会给覆盖膜的张力和膜的空隙度带来微小变化，这些变化足以导致余氯监测探头的错误响应。

2. 校正方法对测量结果的影响

比色法和电极法的校正原理是完全不同的。DPD 比色法是 GB/T 14424—2008《工业循环冷却水中余氯的测定》方法，其他的非国标方法只有是把实际的应用点选在校正点附近。通常电极法余氯探头的准确应用是在校正点附近±10%。

3. 其他影响

在线余氯分析在连续使用情况下，不可避免地要遇到零点漂移，系统污染、样品流速、pH 值、温度等变化造成的干扰因素，此外，由于余氯的标准样品配置不容易，所以很难验证校正曲线的线性程度和引起的偏差，也会对测量产生干扰。

复习题

一、填空题

1. 余氯包括_____、_____。余氯的作用是_____。

2. 余氯的测定方法有 2 种，一种是_____，另一种是_____。

3. 当 pH 值为_____时，在过量的_____存在下，水样中的余氯与 DPD 反应，生成_____化合物。

4. 电极法在线余氯分析仪在连续使用情况下，不可避免地要遇到_____、_____、_____、_____、_____等变化造成的干扰因素。

二、选择题

1. DPD 法测定余氯适宜的 pH 值范围是（　　）。

    A. 5.2～5.5；   B. 6.2～6.5；   C. 7.2～7.5；   D. 都可以。

三、判断题

1. 通常，电极法余氯探头在校正点浓度的 ±10％ 范围应用时，准确度较高。（　　）

2. 比色法和电极法余氯测定方法都是国家标准方法。（　　）

四、问答题

简述测量反渗透进水余氯的目的。

参考答案

一、填空题

1. 游离氯；化合氯；保证持续杀菌，以防止水受到再污染。

2. 比色法；电极法。

3. 6.2～6.5；碘化钾；红色。

4. 零点漂移；系统污染；样品流速；pH 值；温度。

二、选择题

1. B。

三、判断题

1. √；2. ×。

四、问答题

余氯指标主要是考察反渗透进水中的氧化性物质，因为在反渗透进水前投加次氯酸钠做杀菌剂，这样会在反渗透的进水处形成余氯，氧化性物质会对反渗透膜产生不可逆损伤，故要在反渗透进水管上加余氯表，一般控制反渗透入口余氯小于 0.1mg/L，根据测量结果确定还原剂（一般是亚硫酸钠）的投加量。

第十四章

在线酸、碱浓度计

第一节 酸、碱浓度测量的意义及原理

一、测量意义

酸、碱浓度计广泛应用于火电、化工等行业，适用于测定离子交换法制取高纯水工艺中的再生液酸、碱浓度，或者用来配制锅炉、管道酸洗液，对酸洗液中酸、碱浓度的连续监测。

二、测量原理

（一）电导式酸、碱浓度计

电导式酸、碱浓度计是通过测量溶液电导率的方法间接地测得溶液的浓度，典型的电导电极式酸、碱浓度计如图 14-1 所示。已知在某一恒定温度时，低浓度电解质的电导率与该溶液的浓度成对应关系，浓度不变而溶液温度发生变化时，电导率也发生变化，即该溶液的浓度是电导率和温度的函数。如能测出溶液的温度并按前述对应关系将其修正成标准温度下的电导率，就可直接换算成该溶液的酸（碱）浓度。

电导式传感器电极材料常采用铂金，为避免电极极化，仪表产生高稳定度的正弦波信号加在电极上，流过电极的电流与被测溶液的浓度成正比，由前置放大器测量流过电极的电流并转换为电压信号，经程控放大、相敏检波和滤波后得到反映浓度值的电压信号；微处理器通过开关切换，对温度信号和浓度信号交替采样，经过运算和温度补偿后，转换并显示为 25℃时被测量的浓度值和即时的温度值。

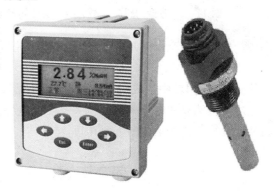

图 14-1 典型的电导电极式酸、碱浓度计

自动温度补偿原理：被测溶液的浓度与其电导率呈非线性正比，而溶液的电导率受温度影响而变化，需要进行温度补偿，各种溶液的温度特性均不一样，由微处理器来进行相关的处理就变得既快又准确，实现了自动温度补偿的功能。

温度系数设置范围 $0 \sim 10\%/℃$，测量 HCl 浓度的温度系数出厂设置为 $1.60\%/℃$，测量 NaOH 浓度的温度系数出厂设置为 $1.90\%/℃$。

电极常数分为 $30.000 \mathrm{cm}^{-1}$、$40.000 \mathrm{cm}^{-1}$、$50.00 \mathrm{cm}^{-1}$ 三种，一般情况下配电极常数为 $30.0 \mathrm{cm}^{-1}$ 即可。

电导式酸、碱浓度计的优势在于价格，但其"极化"的缺陷太过明显。当电流通过电极时，会发生氧化或还原反应，从而改变电极附近溶液的组成，产生"极化"现象，导致电极表面结晶结垢，如不及时清洗，就会引起测量的严重误差，甚至损毁。即便采用高频交流电测定法，也仅仅是减轻上述极化现象。为保证测量精度，必须及时定期对其进行清洗和校正。每次传感器清洗或更换，都必须停机断流，影响效率。

（二）电磁感应式酸、碱浓度计

电磁式传感器的测量原理采用一对线绕合金环形线圈，传感器的探头与被测液体是完全隔离的（非接触）。两个线圈，一个作为发送器，另一个作为接收器。当给发送器线圈通电时，则电解质溶液导电产生感应电流，该感应电流与溶液的电导率成正比，接收器线圈检测该电流的大小，从而求出溶液的电导率值。

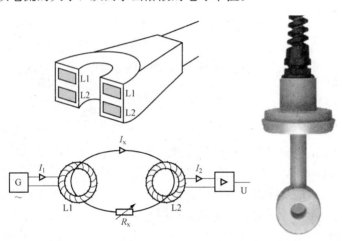

图 14 - 2　典型的感应式酸、碱浓度计测量原理图

电磁感应式酸、碱浓度计电极不直接接触被测样品，因此感应式电极具有抗污染、抗腐蚀、易清洗，即使是很脏的水样，在有些应用场合，也能够把导电度转换为浓度。

仪表由传感器和二次仪表组成，其间用电缆线连接。传感器由两个线圈，即激励线圈和测量线圈组成，如图 14 - 2 所示。线圈外部包有耐腐蚀的绝缘材料。测量时，给激励线圈 L1 通入交流电流，则在激励线圈中产生相应的交变磁通，根据电磁感应原理，此交变磁通使溶液中产生感应电流 I_x，I_x 形成一个交叉于 L1、L2 的电流环，此电流环的电流值与溶液电导率呈正比，同时此电流环又使测量线圈 L2 中生成交变磁通，从而使测量线圈 L2 中产生与溶液电流 I_x 成比例的感应，该电压与被测介质电导率成比例关系，而电导率与溶液酸、碱度呈比例，因此，通过信号转换就计算出该溶液的酸、碱浓度。

第二节　酸、碱浓度计的校准及维护

一、仪表校准

酸浓度计采用已知浓度的酸溶液来进行过程校准，碱浓度计采用已知浓度的碱溶液来进行过程校准，一般采用一点校准或两点校准。

配制校准用酸、碱溶液时，一定要采用实际测量的工业酸、碱浓溶液配制，而不能用实验室的酸、碱化学试剂直接配制，原因是杂质含量有较大差别，用实验室杂质含量较少的化学试剂配制的校准溶液校准后的酸、碱浓度计测量结果将偏高。更换酸、碱生产厂家或等级后，因为其杂质含量将发生变化，所以应该对酸、碱浓度计进行校准，以确保其测量的准确性。

校准用的酸、碱溶液浓度应在仪表测量范围内，其准确浓度应在化学实验室采用标准酸、碱溶液来标定。

二、使用与维护

（一）电导式酸、碱浓度计

电导式酸、碱浓度计由于要和酸、碱溶液直接接触，所以电极容易被污染、腐蚀，导致电极常数发生较大变化，从而使测定结果不准确，因此，不适合长期在线测量，一般只在实验室测量用。电导式酸、碱浓度计使用时需要注意以下几点：

(1) 检查水样流量及压力变化。

(2) 定期对电极进行校准。

(3) 根据水质定期清洗探头。

(4) 电极流通池不能进气。

（二）电磁感应式酸、碱浓度计

由于感应式酸、碱浓度计电极不直接接触被测的酸、碱样品，所以感应式电极不存在被腐蚀、被污染的问题，因此，适合长期在线监测使用，目前在线测量用酸、碱浓度计主要是感应式酸、碱浓度计。电磁感应式酸、碱浓度计在使用中基本是免维护，只需要定期对电极进行校准。

一、填空题

1. 按测量原理分，酸、碱浓度计有_____酸、碱浓度计和_____酸、碱浓度计两种。

2. 电导式酸、碱浓度计是通过测量溶液_____的方法间接地测得溶液的浓度。

二、选择题

1. 为了减轻电导式酸、碱浓度计测量时电极极化现象，宜采用（　　）测定法。

A. 直流电；　　　　　　　　B. 高频交流电；

C. 低频交流电；　　　　　　D. 都可以。

三、判断题

1. 电解质的电导率与该溶液的浓度成对应关系，因此，酸、碱浓度计可以测量任意浓度的酸、碱溶液。（　　　）

2. 电导式酸、碱浓度计比电磁感应式酸、碱浓度计容易污染。（　　　）

3. 校准酸、碱浓度计时应采用分析纯酸、碱与除盐水配置的溶液。（　　　）

四、问答题

为什么在线酸、碱浓度计不宜采用电导式酸、碱浓度计？

参考答案

一、填空题

1. 电导式；电磁感应式。

2. 电导率。

二、选择题

1. B。

三、判断题

1. ✕；2. ✓；3. ✕。

四、问答题

电导式酸、碱浓度计由于要和酸、碱溶液直接接触，所以电极容易被污染、腐蚀，导致电极常数发生较大变化，从而使测定结果不准确，因此，不适合长期在线测量。

第十五章

提高在线化学仪表准确性方法

第一节　在线化学仪表测量准确性的检验

提高在线化学仪表准确性，前提是采用正确的检验方法，发现测量不准确的在线化学仪表。

国内大多数标准（包括国标 GB、计量检定规程 JJG、机械工业部标准 JB 等）提供的检验在线化学仪表准确性的方法均为使用标准物质进行离线检验。然而，这些离线检验在线化学仪表的方法不适合测量纯水的在线电导率表、在线氢电导率表、在线 pH 表、在线溶解氧表、在线钠表，这些在线仪表称为第一类在线化学仪表。离线检验在线化学仪表的方法仅适用于在线氯表、在线 TOC 表、在线硅表、在线磷表、在线联氨表、在线浊度仪、在线余氯表、在线酸度计和在线碱度计等，这些在线仪表称为第二类在线化学仪表。两类在线化学仪表准确性检验方法分类见表 15-1。

表 15-1　　　　　　　　　在线化学仪表准确性检验方法分类

分　类	在线化学仪表	检验方法	备　注
第一类在线化学仪表	纯水在线电导率表	在线检验	由于在线干扰和纯水干扰，离线检验准确的在线化学仪表，在线测量不一定准确
	纯水在线氢电导率表		
	纯水在线 pH 表		
	纯水低浓度在线溶解氧表		
	纯水低浓度在线钠表		
第二类在线化学仪表	在线氯表	离线检验	用标准溶液检验准确的仪表，在线测量基本准确
	在线 TOC 表		
	在线硅表		
	在线联氨表		
	在线磷表		
	在线浊度仪		
	在线余氯表		
	在线酸、碱浓度计		

第二节　在线化学仪表测量准确性低的主要原因

第一类在线化学仪表，包括纯水在线电导率表、纯水在线氢电导率表、在线 pH 表、在线钠表和在线溶解氧表等。这类在线化学仪表准确性受在线测量因素和纯水测量因素的影响，用国内相关标准推荐的标准溶液离线检验准确，在线测量时仍会存在较大的测量误差。

例如，在线氢电导率表测量准确性受交换柱（树脂再生度、树脂裂纹、树脂失效）、系统漏气、电极污染等在线干扰因素的影响，还受纯水非线性温度补偿、测量频率、电极常数等纯水因素的影响。国内以前的电导率表检验标准方法是采用标准溶液，标准溶液的电导率大于 $100\mu S/cm$，比实际水样的电导率大 1000 倍。用标准溶液进行离线检验时，既脱离了在线条件，也脱离了纯水条件，无法检验由于纯水和在线因素造成的仪表测量误差。由于水汽系统在线氢电导率表的主要误差来源是纯水和在线干扰因素，所以采用以前的方法检验准确的氢电导率表，在电厂纯水条件下进行实际测量时，仍然会出现很大的测量误差，但电厂监督人员和仪表维护人员却认为氢电导率表测量准确，并统计水汽化学监督合格率。

又例如，在线 pH 表测量准确性受流动电位、地回路等在线因素的影响，还受液接电位、温度补偿等纯水因素的影响，以前的 pH 表检验标准方法是采用标准缓冲溶液，其电导率大于 $1000\mu S/cm$，而水样的电导率一般小于 $10\mu S/cm$。因此，采用标准缓冲溶液进行离线检验，既脱离了在线条件，也脱离了纯水条件，无法检验由于纯水和在线因素造成的仪表测量误差。由于水汽系统在线 pH 表的主要误差来源是纯水和在线干扰因素，所以采用以前方法检验准确的 pH 表，在电厂纯水条件下进行在线测量时，仍然会出现很大的测量误差，但电厂监督人员和仪表维护人员却认为 pH 表测量准确，并统计水汽化学监督合格率。

在线溶解氧表测量准确性受在线管路系统泄漏、流速、水样温度等在线因素的影响。以前检验溶解氧表的方法是离线空校，其溶解氧浓度约为 $8000\mu g/L$，而水样溶解氧浓度一般为 $7\mu g/L$ 以下（AVT 处理）或几十微克每升以下（OT 处理）。因此，离线空校方法，既脱离了在线条件，也远离水样的实际测量浓度，无法确定在线溶解氧表真正的测量准确性。

在线钠表测量准确性受流动电位、地回路、碱化剂浓度等在线因素的影响，还受液接电位、电极选择性等纯水因素的影响。由于钠标准溶液容易受到空气中的灰尘的污染，一般钠标准溶液的浓度大于 $100\mu g/L$，而水样中钠离子浓度一般为 $5\mu g/L$ 以下。因此，采用钠标准溶液进行离线检验，既脱离了纯水和在线干扰因素，也远离了水样实际钠离子浓度，离线方法检验准确的仪表，在电厂纯水条件下进行在线测量时，仍然会出现很大的测量误差，但电厂监督人员和仪表维护人员却认为测量准确，并统计水汽化学监督合格率。

由此可见，在电厂纯水系统中，在线（氢）电导率表、pH 表、溶解氧表、钠表的主要误差来源是纯水干扰因素和在线干扰因素，国内以前的检验标准和电厂具备的检验手段，只能在标准溶液中进行离线检验，无法发现在线因素和纯水因素造成测量不准确的在线化学仪表。因此，超过半数的在线化学仪表不准确，电厂监督人员和仪表维护人员无法确认准确性。由此可见，电厂缺乏正确的在线化学仪表检验方法和检验手段，是导致大量在线化学仪表测量不准确的主要原因。

综上所述，电厂缺乏检验在线化学仪表准确性的正确方法和必要手段，无法发现测量不准确的在线化学仪表，是在线化学仪表测量准确性低的主要原因。

第三节　在线化学仪表测量准确性检验的错误方法

一、标准溶液检验方法

如上所述，对于纯水在线电导率表、纯水在线氢电导率表、在线 pH 表、在线钠表和在线溶解氧表等第一类在线化学仪表，受在线干扰因素和纯水干扰因素的影响，同时也无法配制与水样浓度接近的标准溶液。这些仪表用国内相关标准推荐的标准溶液检验准确，在线测量时仍然会存在较大的测量误差。因此，用国内相关标准（包括国标 GB、计量检定规程 JJG、机械工业部标准 JB 等）推荐的离线检验方法检验第一类在线化学仪表是错误的检验方法。

二、取样比对检验方法

许多发电企业采用现场取样到实验室进行测量，与在线化学仪表测量结果进行比对，检验在线化学仪表的准确性。对于第二类在线化学仪表，这种方法多数情况下可以确定在线仪表的准确性。然而，对第一类化学仪表，这种实验室比对方法是错误的。原因如下：

（1）取样比对采用的实验室仪表等级比在线化学仪表低，并且受个人操作因素影响较大，同一个水样，不同人测量会得出不同的测量结果，因此，测量准确性明显低于在线化学仪表。另外，在测量过程中，水样本身会发生变化，代表性较差。

（2）对于纯水在线电导率和在线氢电导率表，由于正常测量值在 $0.1\mu S/cm$ 左右，取样过程中，空气中的二氧化碳会迅速溶解到水样中，使电导率增加数倍以上，取样无法准确测量水样的实际电导率。

（3）对于纯水在线测量 pH 值的仪表，取样过程中空气中的二氧化碳会被碱性水样迅速吸收，使样品的 pH 值降低，实验室测量的结果比在线水样的真实 pH 值低 $0.1\sim0.3$。因此，用实验室测量的 pH 值比对校准在线 pH 表，会使在线 pH 表测量结果偏低。

（4）对于纯水在线溶解氧表，取样过程中空气中的氧会迅速溶解到样品中，使样品的溶解氧升高数十倍以上，实验室无法测量在线水样的真实溶解氧浓度。

综上所述，取样到实验室进行测量，与在线化学仪表测量结果进行比对检验在线化学仪表准确性的方法，对第一类化学仪表是完全错误的方法。

三、便携表在线检验方法

某些电科院和发电企业，采用经计量院检定合格的便携式化学仪表在线检验电厂在线化学仪表的准确性。这种方法表面上看既符合我国量值传递规定，也符合 DL/T 677—2009《发电厂在线化学仪表检验规程》要求的在线检验方法，似乎是正确的检验方法。但实际上该方法仍然是一种错误的检验方法。原因如下：

（一）在线电导率和在线氢电导率表

将便携电导率表送往中国计量院或各省计量院进行检定，其依据的标准是国家计量检定规程 JJG 376—2007《电导率仪检定规程》。然而，该标准仅针对高电导率水样的测量，相当于国外标准 ASTM D1125—1995《水的电导率和电阻率测量方法》，没有考虑到纯水电导率或氢电导率在线测量时所遇到的纯水及在线因素的影响。针对发电厂在线测量纯水电导率或氢电导率，国外有专门的标准，如 ASTM D5391—1999《流动纯水的电导率和电阻率测量方法》、ASTM D6504—2000《流动纯水的氢电导率在线测量》等标准，而我国计量检定规程 JJG 376—2007《电导率仪检定规程》完全没有涉及纯水在线测量这部分内容。

如国家计量检定规程 JJG 376—2007《电导率仪检定规程》检验整机误差的方法是在 $12852\mu S/cm$ 的标准溶液中进行检验，检验准确的便携电导率表在高电导率水样中测量准确，并不能保证在纯水中测量准确，因为纯水测量时使用电极常数和测量频率均与普通水有很大差异。

又如国家计量检定规程 JJG 376—2007《电导率仪检定规程》检验电极常数的方法是在 $146.5\mu S/cm$ 的标准溶液中进行检验，而对于电极常数为 $0.01cm^{-1}$ 的纯水电导电极，采用该方法检验结果是错误的。国际标准要求采用 $0.055\mu S/cm$（25℃）的纯水作为标准物质检验纯水电极常数。因此，采用国家计量检定规程 JJG 376—2007《电导率仪检定规程》检验电极常数合格的电极，测量纯水电导率时会存在较大误差。

又如国家计量检定规程 JJG 376—2007《电导率仪检定规程》检验温度补偿误差时，是检验 1.5％和 2％的线性温度补偿误差，而纯水温度补偿需要 3％～7％范围内的非线性温度补偿。因此，用国家计量检定规程 JJG 376—2007《电导率仪检定规程》检验温度补偿合格的电导率表，测量纯水电导率时会存在较大误差。

由于我国计量检定规程电导率检验方法缺少对电导率表纯水测量和在线测量因素的检验方法，所以其检定合格的便携式电导率表在线测量纯水电导率和氢电导率时，仍然会存在较大的误差。

（二）在线 pH 表

将便携 pH 表送往中国计量院或各省计量院进行检定，其依据的标准是国家计量检定规程 JJG 119—2005《实验室 pH（酸度）计》。然而，该标准仅针对高电导率水样的 pH 值测量，相当于国外标准 ASTM E70—2002《用玻璃电极测量水的 pH 值的方法》，没有考虑到纯水 pH 值在线测量时所遇到的纯水及在线因素的影响。针对发电厂在线测量纯水 pH 值，国外有专门的标准，如 ASTM D6569—2000《pH 在线测量方法》、ASTM D5464—2001《测量低电导率水 pH 的方法》、ASTM D5128—1999《在线测量低电导率水 pH 的方法》等，而我国计量检定规程 JJG 119—2005《实验室 pH（酸度）计》完全没有涉及纯水在线测量这部分内容。

如国家计量检定规程 JJG 119—2005《实验室 pH（酸度）计》检验整机误差的方法是在浓度大于 3000mg/L 的标准溶液中进行检验，不能检验纯水在线测量时的流动电位误差、液接电位误差等。因此，采用国家计量检定规程 JJG 119—2005《实验室 pH（酸度）计》检验合格的 pH 表，测量纯水 pH 时会存在较大误差。

又如国家计量检定规程 JJG 119—2005《实验室 pH（酸度）计》检验温度补偿误差时，是检验能斯特温度补偿误差，而纯水温度补偿最大部分的是纯水电离常数随温度的变化（可达 0.3pH/℃）。因此，用国家计量检定规程 JJG 119—2005《实验室 pH（酸度）计》检验温度补偿合格的 pH 表，测量纯水 pH 时会存在较大误差。

由于我国计量检定规程 pH 表检验方法缺少对针对纯水和在线测量因素的检验方法，所以其检定合格的便携式 pH 表在线测量纯水 pH 时，仍然会存在较大的误差。

（三）在线钠表和在线溶解氧表

国家计量检定规程 JJG 822—1993《钠离子计检定规程》、JJG 291—2008《覆膜电极溶解氧测定仪规程》均不涉及在线、纯水和低浓度仪表的检验方法，因此，按国家计量检定规程检验合格的便携式溶解氧表和便携式钠表，在线测量溶解氧和钠时，仍然可能存在较大的误差。

综上所述，由于国家计量检定规程缺少针对测量纯水仪表和在线仪表的相应检定规程，无法检验在线纯水电导率表、氢电导率表、pH 表、钠表、溶解氧表的准确性。经计量院检定合格的便携仪表，在线测量纯水时可能存在较大的误差。用测量误差很大的便携式化学仪表检验第一类在线化学仪表时，会误认为测量准确的在线化学仪表不准确，并参照测量不准确的便携式仪表将在线化学仪表调整得不准确，对电厂化学监督与控制危害很大。因此，用计量院检定合格的便携式化学仪表检验电厂在线化学仪表的做法是错误的，并且对电厂化学监督造成较大的安全隐患。

第四节　确保在线化学仪表测量准确的途径

一、采用正确的检验方法

水汽系统化学监督依靠最重要在线化学仪表包括在线（氢）电导率表、pH 表、钠表和溶解氧表，即第一类化学仪表。国外化学控制导则称这四种在线化学仪表为核心仪表，国内有些电力公司称其为关口表或关键仪表。确保这四种在线化学仪表测量准确，并控制其测量值在合格范围内，基本上就可以有效防止热力设备的腐蚀、结垢和积盐问题。

由于在线（氢）电导率表、pH 表、钠表、溶解氧表四种关键在线化学仪表的主要误差来源是在线干扰因素和纯水干扰因素，国内以前的检验标准，如计量检定规程 JJG、国标 GB、机械工业部标准 JB 等，均采用标准溶液离线检验方法，不能发现测量不准确的在线化学仪表。

20 世纪 90 年代以来，国外 ASTM 等标准均规定了在线检验方法，美国电科院在其化学控制导则中明确规定，上述在线化学仪表必须采用在线检验的方法进行检验。

针对上述问题，电力行业电厂化学标准化技术委员会组织修订了 DL/T 677—2009《发电厂在线化学仪表检验规程》。该标准规定，在线（氢）电导率表、pH 表、钠表、溶解氧表四种在线化学仪表应进行在线检验。这样，包括在线干扰因素、纯水干扰因素和二次仪表误差等所有因素产生的误差均可以检验出来。在线检验准确的仪表，测量的数据可以准确反映水汽品质的真实情况，从而保证水汽化学监督和控制准确可靠。

针对发电厂在线化学仪表检验的 DL/T 677—2009《发电厂在线化学仪表检验规程》是国内唯一与国际标准接轨的检验标准。尽快执行该标准，用经过电力行业化学仪表一级实验室检验合格的在线化学仪表检验装置对水汽系统在线化学仪表进行在线检验（不能采用计量院检定合格的便携表），可以确保发电厂水汽在线化学仪表的准确性，从而提高化学监督和控制的准确性，避免"两高问题"，有效防止热力设备的腐蚀、结垢和积盐。

二、装备在线检验装置

电力行业标准 DL/T 677—2009《发电厂在线化学仪表检验规程》，解决了在线化学仪表正确检验的方法问题。电厂执行新标准时，还必须具备实施在线化学仪表正确检验的有效手段。

针对上述技术关键，西安热工研究院有限公司经过 3 年的科研攻关，产生四项专利技术，研制出 YHJ 系列移动式在线化学仪表检验装置，通过中国电机工程学会组织的部级鉴定，技术评价为国际领先，获得 2007 年度中国电力科学技术奖二等奖和陕西省科技奖三等奖。该装置可以对在线（氢）电导率表、pH 表、钠表、溶解氧表四种在线化学仪表进行准确的在线检验、查找误差来源、消除误差及校准。

电力行业化学仪表一级实验室采用纯水在线化学仪表系列国际标准对 YHJ 系列移动式在线化学仪表检验装置测量准确性进行检验，确保了在线（氢）电导率表、pH 表、钠表、溶解氧表四种在线化学仪表检验准确性。

2008年1月，在澳大利亚M电厂，使用YHJ-V型移动式在线化学仪表检验装置进行在线检验期间，与该电厂装备的美国生产的1875 smart calibrator在线化学仪表校验装置进行了比较试验。测量同一水样时，两个检验装置的标准电导率测量值最大差别为0.001μS/cm；两个检验装置的标准pH表测量值差别小于0.02。相比之下1875 smart calibrator只能够在线检验电导率表和pH表的整机测量误差；而西安热工研究院研制的YHJ-V型移动式在线化学仪表检验装置能够检验电导率表、pH表、钠表和溶解氧表四类在线化学仪表，并且不仅能检验发现误差，还可以查找误差来源，指导消除误差来源，使在线化学仪表恢复准确测量；而1875 smart calibrator不能查找误差来源。由此可见，YHJ-V型移动式在线化学仪表检验装置的准确性和技术水平达到国际领先水平。

YHJ-V型移动式在线化学仪表检验装置具有以下特点：

（1）可以对在线（氢）电导率表、pH表、钠表、溶解氧表四种在线化学仪表进行准确的在线检验。

（2）该检验装置具有携带轻便、使用方便的特点，检验时不用拆卸仪表，大大减轻了检验工作量，检验快速准确。

（3）该装置带有检验各种化学仪表的二次仪表的标准计量器具，可以进行所有二次仪表检验项目。

（4）能够确定测量不准确的化学仪表的主要误差来源，指导电厂仪表维护人员消除误差来源，使在线化学仪表恢复测量准确性。

目前，已有九十多个发电厂和二十多个电科院装备了YHJ-V型移动式在线化学仪表检验装置，一百多个电厂使用该装置进行了在线化学仪表的检验，发现平均超过50%的在线化学仪表测量不准确（见表15-2）。通过查找误差来源和消除误差处理，在线化学仪表准确率达到98%以上。在线化学仪表测量准确后，发现大量水汽指标超标问题和水汽控制偏差问题，解决上述问题后，可有效控制水汽系统热力设备腐蚀、结垢和积盐隐患。

表15-2　　　　　　　　十二个电厂水汽系统在线化学仪表检验结果统计

序号	电厂名称	检验时间	被检表数[1]（台）	误差超标表数[2]（台）	误差超标表占仪表总数百分比（%）
1	A电厂	2006年	16	13	81.25
2	B电厂	2006年	19	6	31.58
3	C电厂	2006年	20	10	50.00
4	D电厂	2006年	27	14	51.85
5	E电厂	2006年	22	18	81.82
6	F电厂	2008年	26	14	53.85
7	G电厂	2008年	17	6	35.29
8	H电厂	2009年	23	13	56.52
9	I电厂	2009年	15	4	26.67
10	J电厂	2009年	26	21	80.77
11	K电厂	2009年	29	25	86.21
12	L电厂	2009年	22	8	36.36
	合计		262	152	58.02

① 被检表包括电导率表、pH表、钠表、溶解氧表四种关键在线化学仪表。

② 误差超标表是采用YHJ-V型移动式在线化学仪表检验装置检验的结果。

然而，目前装备移动式在线化学仪表检验装置的发电厂不到10％，多数发电厂仍然存在化学监督和控制偏离的隐患。各大发电集团和各火电厂必须引起足够重视，尽快执行电力行业标准DL/T 677—2009《发电厂在线化学仪表检验规程》，装备移动式在线化学仪表检验装置。

三、加强在线化学仪表的管理

在线化学仪表的准确性是化学监督的基础，对发电机组的安全经济性有重要影响，发电企业的相关领导要高度重视在线化学仪表工作，应给予企业化学监督专责监督在线化学仪表维护和校准的责任和权利。

负责化学监督的专工应负责监督化学仪表运行维护的人员应经过电厂化学仪表（实验室）计量确认审查会委员会组织的电厂化学仪表检验校准培训学习，并取得合格证书，持证上岗。监督尽快装备在线化学仪表检验装置，必须按照DL/T 677—2009《发电厂在线化学仪表检验规程》，定期对在线（氢）电导率表、pH表、钠表、溶解氧表四种在线化学仪表进行在线检验。标准规定的检验项目和检验周期见表15-3。

表15-3　　　　　　　　　四种在线化学仪表定期检验项目和检验周期

仪表种类	检验项目	要求	检验周期		
			运行中	检修后	新购置
在线电导率表	工作误差（％FS）	±1	1次/1个月	√	√
在线pH表	工作误差（pH）	±0.05	1次/1个月	√	√
在线钠表	整机引用误差（％FS）	<10	1次/3个月	√	√
在线溶解氧表	整机引用误差（％FS）	±10	1次/1个月	√	√
	流路泄漏附加误差（％）	<1.0	1次/1个月	√	√

注　√表示检验。

化学运行人员和仪表维护人员，应合理分工，对在线化学仪表的运行条件进行定期检查和维护，参见表15-4～表15-7。

表15-4　　　　　　　　在线（氢）电导率表运行条件的定期检查和维护

序号	项目	周期	标准	备注
1	检查仪表样水流量	2h	200～300mL/min	及时调整
2	检查恒温冷却器温度	2h	25℃±2℃	异常时报告
3	检查取样系统是否有泄漏	2h	无渗漏、无泄漏	异常时填写缺陷
4	检查阳交换柱失效界面	24h	以失效标识线为准	及时更换

表15-5　　　　　　　　　在线pH表运行条件的定期检查和维护

序号	项目	周期	标准	备注
1	检查仪表样水流量	2h	80～120mL/min	及时调整
2	检查恒温冷却器温度	2h	25℃±1℃	异常时报告
3	检查取样系统是否有泄漏	2h	无渗漏、无泄漏	异常时填写缺陷
4	检查饱和氯化钾溶液是否用完	24h	以标识线为准	及时补充
5	接线端子清灰	三个月	无积灰	

表 15 - 6　　　　　　在线钠表运行条件的定期检查和维护

序号	项目	周期	标准	备注
1	检查仪表样水流量	2h	厂家规定流量范围	及时调整
2	检查恒温冷却器温度	2h	25℃±2℃	异常时报告
3	检查取样系统是否有泄漏	2h	无渗漏、无泄漏	异常时填写缺陷
4	检查碱化剂是否充足	24h	以标识线为准	及时补充
5	检查参比电极填充液	24h	不少于1/4	及时补充
6	接线端子清灰	三个月	无积灰	

表 15 - 7　　　　　　在线溶解氧表运行条件的定期检查和维护

序号	项目	周期	标准	备注
1	检查仪表样水流量	2h	100～250mL/min	及时调整
2	检查恒温冷却器温度	2h	25℃±2℃	异常时报告
3	检查取样系统是否有泄漏	2h	无渗漏、无泄漏	异常时填写缺陷
4	清洁氧电极和膜	半年		用软棉纸清洁氧电极和膜

四、小结

（1）发电厂缺乏在线化学仪表检验的正确方法和有效手段，无法发现测量不准确的在线化学仪表，是导致在线化学仪表准确性低的主要原因。

（2）各火电厂应尽快装备在线化学仪表检验装置，并按照 DL/T 677—2009《发电厂在线化学仪表检验规程》，定期对在线（氢）电导率表、pH 表、钠表、溶解氧表四种关键在线化学仪表进行在线检验，以确保水汽系统在线化学仪表准确。

（3）应定期对在线化学仪表运行条件进行检查和调整，确保在线化学仪表在规定的水样条件下运行，可减少仪表的测量误差。

（4）负责化学监督的专工，应监督本厂水汽系统在线化学仪表是否按照 DL/T 677—2009《发电厂在线化学仪表检验规程》进行定期检验。

 复习题

一、填空题

1. 第一类在线化学仪表有_____、_____、_____、_____、_____。
2. 第一类在线化学仪表的准确性受_____和_____的影响。
3. 用离线检验方法检验准确的_____，实际在线测量时不一定准确。
4. 发电厂缺乏在线化学仪表检验的_____和_____，无法发现测量不准确的在线化学仪表，是导致在线化学仪表准确性低的主要原因。
5. 负责化学监督的专工，应监督本厂水汽系统在线化学仪表是否按照_____进行定期检验。

二、选择题

1. 第一类在线化学仪表的正确检验方法是用（　　　　）。

A. 标准液离线检验；　　　　B. 便携表检验；　　　　C. 在线检验装置在线检验。

2. 在线检验发现测量不准确的在线化学仪表后，应采取的措施是（　　）。

A. 用标准溶液重新进行标定；

B. 将仪表送计量院检验；

C. 依据在线检验装置的示值对在线表进行校准。

3. 在线化学仪表检验装置应经过（　　）检验合格。

A. 省计量院；

B. 电力行业化学仪表一级实验室；

C. 中国计量院。

4. 我国计量检定规程 pH 表检验方法缺少（　　），其检定合格的便携式 pH 表在线测量纯水 pH 时，仍然会存在较大的误差。

A. 针对纯水和在线测量因素的检验方法；

B. 标准 pH 表；

C. pH 标准溶液。

5. 由于我国计量检定规程电导率检验方法缺少（　　）的检验方法，其检定合格的便携式电导率表在线测量纯水电导率和氢电导率时，仍然会存在较大的误差。

A. 对二次仪表；

B. 对电导率表纯水测量和在线测量因素；

C. 对便携表。

三、判断题

1. 使用经过中国计量院检定合格的便携式电导率表，可以检验纯水在线电导率表和氢电导率表。（　　）

2. 使用经过中国计量院检定合格的便携式 pH 表，可以检验纯水在线 pH 表。（　　）

3. 使用经过电力行业化学仪表一级实验室检验合格的在线化学仪表检验装置，可以检验在线电导率表、氢电导率表、在线 pH 表、在线钠表和在线溶解氧表。（　　）

4. 可以使用标准溶液检验第二类在线化学仪表测量准确性。（　　）

5. 用现场取样到实验室进行测量，并与在线化学仪表测量结果进行比对检验的方法，可以检验第一类在线化学仪表的准确性。（　　）

四、问答题

1. 为什么使用经计量院检定合格的便携式化学仪表检验在线化学仪表的准确性是错误的方法？

2. 为什么不能采用标准溶液检验第一类在线化学仪表的准确性？

3. 为什么不能用取样比对检验第一类在线化学仪表的准确性？

参考答案

一、填空题

1. 纯水在线电导率表；在线氢电导率表；在线 pH 表；在线溶解氧表；在线钠表。

2. 在线测量因素；纯水测量因素。

3. 第一类在线化学仪表。

4. 正确方法；有效手段。

5. DL/T 677—2009《发电厂在线化学仪表检验规程》。

二、选择题

1. C；2. C；3. B；4. A；5. B。

三、判断题

1. ✕；2. ✕；3. ✓；4. ✓；5. ✕。

四、问答题

1. 由于国家计量检定规程缺少针对测量纯水仪表和在线仪表的相应检定规程，无法检验在线纯水电导率表、氢电导率表、pH 表、钠表、溶解氧表的准确性。经计量院检定合格的便携仪表，在线测量纯水时可能存在较大的误差。用测量误差很大的便携式化学仪表检验第一类在线化学仪表时，会误认为测量准确的在线化学仪表不准确，并参照测量不准确的便携式仪表将在线化学仪表调整得不准确，对电厂化学监督与控制危害很大。

2. 对于纯水在线电导率表、纯水在线氢电导率表、在线 pH 表、在线钠表和在线溶解氧表等第一类在线化学仪表，受在线干扰因素和纯水干扰因素的影响，同时也无法配制与水样浓度接近的标准溶液。这些仪表用国内相关标准推荐的标准溶液检验准确进行在线测量时仍然会存在较大的测量误差。因此，用标准溶液离线检验方法检验第一类在线化学仪表是错误的检验方法。

3.（1）取样比对采用的实验室仪表等级多数比在线化学仪表低，并且受个人操作因素影响较大，测量准确性明显低于在线化学仪表。

（2）取样过程中会受到空气的污染，使样品本身发生很大变化。

因此，取样到实验室进行测量，与在线化学仪表测量结果进行比对检验第一类化学仪表是完全错误的方法。

附录A 几种标准溶液的制备方法

A.1 电导率标准溶液的制备方法

A.1.1 一级试剂水的制备

按 GB/T 6903《锅炉用水和冷却水分析方法 通则》的规定制备一级试剂水。

A.1.2 标准溶液的制备方法

标准溶液的制备方法见表 A-1。

表 A-1　　　　　　　　　　　　标准溶液的制备方法

标准溶液	制 备 方 法	温度（℃）	电导率（μS/cm）
A	精确称取在105℃条件下干燥处理 2h 后的优级纯 KCl 0.7440g，用一级试剂水稀释至1L	25	1408.8
B	量取 100mL 标准溶液 A 用一级试剂水稀释至 1L	25	146.93

注　1. 标准溶液的制备必须在 20℃±2℃ 温度条件下进行。

2. 配制好的标准溶液用聚乙烯或煮过的硬质玻璃容器隔绝空气低温保存。

3. 标准溶液应在 25℃±2℃ 恒温条件下使用，溶液的电导率值＝本表中的值＋一级试剂水的电导率值。

4. 标准溶液最好是现用现配制，不必重复使用，以免交叉污染。

A.2 pH 标准缓冲溶液的制备与保存

A.2.1 pH 标准缓冲溶液

A.2.1.1 pH 标准缓冲溶液的制备方法

由原国家计量局发布的 pH 标准缓冲溶液有 7 种，配制标准缓冲溶液时必须使用优级纯以上的标准物质配制，稀释用水为二次蒸馏水或去离子水，其电导率应小于 $2\mu S/cm$。7 种标准缓冲溶液的制备方法如下：

（1）0.05mol/L 四草酸氢钾溶液：称取在 54℃±3℃ 下烘干 4～5h 的四草酸氢钾 12.61g 溶于蒸馏水中，于 25℃ 下在容量瓶中稀释至 1L。

（2）25℃饱和酒石酸氢钾溶液：在磨口瓶中装入蒸馏水和过量酒石酸氢钾粉末 7g/L，温度控制在 25℃±3℃，剧烈摇晃 20～30min，溶液澄清后，用倾泻法取清液备用。

（3）0.05mol/L 邻苯二甲酸氢钾溶液：称取在 115℃±5℃ 下烘干 2～3h 的邻苯二甲酸氢钾 10.12g 溶于蒸馏水中，于 25℃ 下在容量瓶中稀释至 1L。

（4）混合磷酸盐Ⅰ溶液：0.025mol/L 磷酸氢二钠和 0.025mol/L 磷酸二氢钾混合液。分别称取在 115℃±5℃ 下烘干 2～3h 的磷酸氢二钠 3.533g、磷酸二氢钾 3.338g 溶于蒸馏水中，于 25℃ 下在容量瓶中稀释至 1L。

（5）混合磷酸盐Ⅱ溶液：0.03043mol/L 磷酸氢二钠和 0.008695mol/L 磷酸二氢钾混合液。分别称取在 115℃±5℃ 下烘干 2～3h 的磷酸氢二钠 4.303g、磷酸二氢钾 1.179g 溶于蒸馏水中，于 25℃ 下在容量瓶中稀释至 1L。

(6) 0.01mol/L 硼砂溶液：称取硼砂 3.8g（不能烘干），于 25℃下在容量瓶中稀释至 1L。

(7) 25℃饱和氢氧化钙溶液：在磨口瓶中装入蒸馏水和过量氢氧化钙粉末（约 2g/L），温度控制在 25℃±3℃，剧烈摇晃 20～30min，迅速抽滤，取清液备用。

2.1.2 7 种 pH 标准缓冲溶液在不同温度下的 pHₛ值（见表 A‑2）

表 A‑2   7 种 pH 标准缓冲溶液在不同温度下的 pHₛ值

温度（℃）	pHₛ						
	a	b	c	d	e	f	g
15	1.673	—	3.996	6.898	7.445	9.276	12.820
20	1.676	—	3.998	6.879	7.426	9.226	12.637
25	1.680	3.559	4.003	6.864	7.409	9.182	12.460
30	1.684	3.551	4.010	6.852	7.395	9.142	12.292
35	—	—	4.02	6.84	—	9.11	—

A.2.2 pH 标准缓冲溶液的保存

(1) A.2.1.1 (6)、(7) 系碱性溶液应装在聚乙烯瓶中密封保存。

(2) 为防止发霉，A.2.1.1 (2) 可以加入百里酚，用量为 1g/L。

(3) pH 标准缓冲溶液的保存期为 3 个月，但发现浑浊、发霉或沉淀等现象时，不能继续使用。

A.2.3 0～60℃温度条件下的 K 值（见表 A‑3）

$$K = \ln 10 \times 8.31433 \times (t + 273.15) \times 10^3 / 96487 \qquad (A\text{-}1)$$

式中　K——斜率，mV/pH；

　　　t——温度，℃。

表 A‑3   0～60℃温度条件下的 K 值

温度（℃）	斜率 K（mV/pH）	温度（℃）	斜率 K（mV/pH）
0	54.197	35	61.141
5	55.189	38	61.737
10	56.181	40	62.133
15	57.173	45	63.126
20	58.165	50	64.118
25	59.157	55	65.110
30	60.149	60	66.102

A.3 钠标准溶液的配制与保存及 pNa 值

A.3.1 钠标准溶液的配制与保存

(1) 配制钠标准溶液必须用经 450℃灼烧过的氯化钠（基准试剂），配制前应将试剂在 110℃下进行干燥处理，然后，再用电导率小于 0.1μS/cm、钠离子含量小于 0.2μg/L 的新鲜一级试剂水进行稀释。

（2）制备一级试剂水所用的容器必须采用聚乙烯或聚丙烯制品。

（3）标准溶液配制：

1）1.0mol/L 标准溶液：准确称取 58.443g 氯化钠并置入 1L 容量瓶中，在 25℃条件下用一级试剂水稀释至刻度。

2）0.1mol/L 标准溶液：准确称取 5.844g 氯化钠并置入 1L 容量瓶中，在 25℃条件下用一级试剂水稀释至刻度。

3）0.01mol/L 标准溶液：准确称取 0.584g 氯化钠并置入 1L 容量瓶中，在 25℃条件下用一级试剂水稀释至刻度。

4）0.001mol/L 标准溶液：精确吸取 100mL 0.01mol/L 标准溶液，移入 1L 容量瓶中，在 25℃条件下用一级试剂水稀释至刻度。

5）1×10^{-4}、1×10^{-5}、1×10^{-6} mol/L 等标准溶液：采用逐级稀释的方法制备，操作同上。

（4）标准溶液的保存方法：

1.0、0.1、0.01、0.001mol/L 标准溶液配制后，应马上置入聚乙烯或聚丙烯瓶中，并于室温下洁净处或冰箱中保存。保存期不能超过 1 年。1×10^{-4}、1×10^{-5}、1×10^{-6} mol/L 等标准溶液应随用随配。

（5）为了消除氢离子对测量的干扰，标准溶液必须用二异丙胺或氢氧化钡调节其 pH 值，使 H^+ 浓度比钠标准溶液浓度低 3 个数量级以上。

（6）标准溶液钠离子含量与其相对应的 pNa 值见表 A-4。

表 A-4　　　　　　　　　　钠离子含量与 pNa 值对照表

pNa 值		0.157	1.106	2.044	3.015
Na⁺ 浓度	mol/L	1.0	0.1	0.01	0.001
	g/L	22.99	2.30	0.23	2.299×10^{-2}
pNa 值		4.005	5.00	6.00	7.00
Na⁺ 浓度	mol/L	1×10^{-4}	1×10^{-5}	1×10^{-6}	1×10^{-7}
	g/L	2.299×10^{-3}	2.299×10^{-4}	2.299×10^{-5}	2.299×10^{-6}

A.3.2　钠离子含量与其相对应的 pNa 值

pNa4～pNa7 钠离子含量计算公式为

$$C_{Na}=10^{-pNa}\times22.99\times10^6 \tag{A-2}$$

式中　C_{Na}——Na⁺ 浓度，$\mu g/L$。

A.3.3　pNa 值与电位对应关系（见表 A-5 和表 A-6）

表 A-5　　　　　　　　　25℃时 pNa 值与电位对应关系对照表

pNa	1.00	2.00	3.00	3.20	3.40	3.60
对应电位（mV）	59.16	118.31	177.47	189.30	201.13	212.96
pNa	4.00	5.00	6.00	7.00	8.00	9.00
对应电位（mV）	236.63	295.78	354.94	414.10	473.26	532.41

表 A-6		不同温度下对应于 pNa6 的电位值对照表			
温度补偿器 Rt 位置（℃）	5	10	15	20	25
标准器输出电压（mV）	331.13	337.09	343.04	348.99	354.94
温度补偿器 Rt 位置（℃）	30	35	40	45	50
标准器输出电压（mV）	360.89	366.85	372.80	378.76	384.71
温度补偿器 Rt 位置（℃）	55	60	65	70	75
标准器输出电压（mV）	390.66	396.61	402.56	408.52	414.47
温度补偿器 Rt 位置（℃）	80	85	90	95	100
标准器输出电压（mV）	420.42	426.37	432.32	438.28	444.23

A.4 SO_2 标准溶液的配制方法

A.4.1 储备液 100mg/L（1mL 含 0.1mgSiO$_2$）SiO$_2$ 溶液的配制

准备称取 0.1000g 经 700～800℃ 灼烧过，已经磨细的二氧化硅（优级纯），与 1.0～1.5g 已于 270～300℃ 烧过的粉状无水碳酸钠（优级纯）置于铂坩埚内混匀，在上面加一层碳酸钠，在冷炉状态放入高温炉升温至 900～950℃ 下熔融 30min。冷却后，将铂坩埚放入硬质烧杯中，用热的一级试剂水溶解熔融物，待熔融物全部溶解后取出坩埚，用一级试剂水仔细清洗坩埚的内外壁，待溶液冷却至室温后，移入 1L 容量瓶之中，再用一级试剂水稀释至刻度，混匀后移入塑料瓶中储存。配制好的溶液应完全透明，如有浑浊须重新配制。

A.4.2 工作溶液的配制

（1）50mg/L（1mL 含 0.05mg SiO_2）工作液：取 100mg/L SiO_2 贮备液 50mL，用一级试剂水准确稀释至 100mL。

（2）1mg/L（1mL 含 1μg SiO_2）工作液（此溶液应在使用时配制）：取 1mL 50mg/L SiO_2 工作液，用一级试剂水准确稀释至 50mL。

A.4.3 含量小于 100μg/L 标准溶液的配制

按照表 A-7 的规定，取 SO_2 工作溶液 1mg/L（1mL 含 1μg SiO_2），注入聚乙烯瓶中，并用滴定管添加一级试剂水使其体积为 50.0mL，控制温度在 25℃±5℃。

表 A-7	每升含 0～100μg SiO_2 标准溶液的配制					
取工作溶液体积（mL）	0.0	1.0	2.0	3.0	4.0	5.0
添加一级试剂水体积（mL）	50.0	49.0	48.0	47.0	46.0	45.0
SiO_2 浓度（μg/L）	0.0	20.0	40.0	60.0	80.0	100.0

A.4.4 浓度为 0～500μg/L SiO_2 标准溶液的配制

（1）先配制 100mL 10mg/L SiO_2 工作溶液，方法是将贮备液 10mL（100mg/L SiO_2）用一级试剂水稀释至 100mL。

（2）按表 A-8 的规定，取 SO_2 工作溶液（10mg/L SiO_2）1mL，注入聚乙烯瓶中并用滴定管添加一级试剂水，使其体积为 50.0mL，控制温度在 25℃±5℃。

表 A - 8　　　　　　　　　每升含 0～500μg SiO₂ 标准溶液的配制

取工作溶液体积 （mL）	0.00	0.50	1.00	1.50	2.00	2.50
添加一级试剂水体积 （mL）	50.0	49.5	49.0	48.5	48.0	47.5
SiO₂ 浓度 （μg/L）	0.00	100.00	200.00	300.00	400.00	500.00

注　0.00 为试剂空白试验。

A.4.5　注意事项

（1）在配制硅标准溶液过程中必须严防污染，所用的塑料器皿在使用前都必须用（1＋1）盐酸溶液与（1＋1）氢氟酸溶液混合溶液浸泡一段时间，再用一级试剂水充分冲洗后备用。在配制过程中如发现工作溶液有异常时，应弃去不用。

（2）对微量硅标准溶液的配制应现用现配，不能长期保存。

附录 B 火力发电机组及蒸汽动力设备水汽质量
(GB/T 12145—2016)

1 范围

本标准规定了火力发电机组及蒸汽动力设备在正常运行和停（备）用机组启动时的水汽质量。

本标准适用于锅炉主蒸汽压力不低于 3.8MPa（表压）的火力发电机组及蒸汽动力设备。

2 规范性引用文件

下列文件对于本标准的应用是必不可少的。凡是注日期的引用文件，仅注日期的版本适用于本文件。凡是不注日期的引用文件，其最新版本（包括所有的修改单）适用于本文件。

DL/T 1358—2014 火力发电厂水汽分析方法 总有机碳的测定

3 术语和定义

下列术语和定义适用于本文件。

3.1

氢电导率 cation conductivity

水样经过氢型强酸阳离子交换树脂处理后测得的电导率。

3.2

无铜给水系统 feed water system without copper alloys

与水汽接触的部件和设备（不包括凝汽器）不含铜或铜合金材料的给水系统。

3.3

有铜给水系统 feed water system with copper alloys

与水汽接触的部件和设备（不包括凝汽器）含铜或铜合金材料的给水系统。

3.4

还原性全挥发处理 all volatile treatment（reduction）；AVT（R）

锅炉给水加氨和联氨的处理。

3.5

氧化性全挥发处理 all volatile treatment（oxidation）；AVT（O）

锅炉给水只加氨的处理。

3.6

加氧处理 oxygenated treatment；OT

锅炉给水加氧的处理。

3.7

固体碱化剂 solid alkalizing agents

用于处理炉水的磷酸盐、氢氧化钠等药剂。

3.8

炉水固体碱化剂处理 alkalizing of boiler water with solid alkalizing agents

炉水中加入磷酸盐、氢氧化钠等的处理。

3.9

炉水全挥发处理 alkalizing of the boiler water without solid alkalizing agents

给水加挥发性碱，炉水不加固体碱化剂的处理。

3.10

标准值 standard value

运行控制的最低要求值。超出标准值，机组有发生腐蚀、结垢和积盐等危害的可能性。

3.11

期望值 expectation value

运行控制的最佳值。按期望值控制，可有效防止机组腐蚀、结垢和积盐等危害。

3.12

闭式循环冷却水 closed recirculating cooling water

冷却热力系统辅机设备的密闭循环水。补充水可以用除盐水、凝结水等。

3.13

总有机碳离子 total organic carbon ion; TOC_i

有机物中总的碳含量与氧化后产生阴离子的其他杂原子含量之和。

[DL/T 1358—2014，定义 3.2]

3.14

脱气氢电导率 degassed cation conductivity

水样经过脱气处理后的氢电导率。

4 蒸汽质量标准

汽包炉和直流炉主蒸汽质量应符合表 1 的规定。

表 1 蒸 汽 质 量

过热蒸汽压力 MPa	钠 µg/kg		氢电导率（25℃） µS/cm		二氧化硅 µg/kg		铁 µg/kg		铜 µg/kg	
	标准值	期望值	标准值	期望值	标准值	期望值	标准值	期望值	标准值	期望值
3.8～5.8	≤15	—	≤0.30	—	≤20	—	≤20	—	≤5	—
5.9～15.6	≤5	≤2	≤0.15a	—	≤15	≤10	≤15	≤10	≤3	≤2
15.7～18.3	≤3	≤2	≤0.15a	≤0.10a	≤15	≤10	≤10	≤5	≤3	≤2
>18.3	≤2	≤1	≤0.10	≤0.08	≤10	≤5	≤5	≤3	≤2	≤1

a 表面式凝汽器、没有凝结水精除盐装置的机组，蒸汽的脱气氢电导率标准值不大于 0.15µS/cm，期望值不大于 0.10µS/cm；没有凝结水精除盐装置的直接空冷机组，蒸汽的氢电导率标准值不大于 0.3µS/cm，期望值不大于 0.15µS/cm。

5 锅炉给水质量标准

5.1 给水的质量应符合表 2 的规定。

表 2　锅 炉 给 水 质 量

控制项目	标准值和期望值	过热蒸汽压力 MPa					
		汽包炉				直流炉	
		3.8~5.8	5.9~12.6	12.7~15.6	>15.6	5.9~18.3	>18.3
氢电导率（25℃）μS/cm	标准值	—	≤0.30	≤0.30	≤0.15[a]	≤0.15	≤0.10
	期望值	—	—	—	≤0.10	≤0.10	≤0.08
硬度/（μmol/L）	标准值	≤2.0	—	—	—	—	—
溶解氧[b] μg/L	AVT（R） 标准值	≤15	≤7	≤7	≤7	≤7	≤7
	AVT（O） 标准值	≤15	≤10	≤10	≤10	≤10	≤10
铁 μg/L	标准值	≤50	≤30	≤20	≤15	≤10	≤5
	期望值	—	—	—	≤10	≤5	≤3
铜 μg/L	标准值	≤10	≤5	≤5	≤3	≤3	≤2
	期望值	—	—	—	≤2	≤2	≤1
钠 μg/L	标准值	—	—	—	—	≤3	≤2
	期望值	—	—	—	—	≤2	≤1
二氧化硅 μg/L	标准值	应保证蒸汽二氧化硅符合 表 1 的规定			≤20	≤15	≤10
	期望值				≤10	≤10	≤5
氯离子/（μg/L）	标准值	—	—	—	≤2	≤1	≤1
TOC$_i$/（μg/L）	标准值	—	≤500	≤500	≤200	≤200	≤200

a 没有凝结水精处理除盐装置的水冷机组，给水氢电导率应不大于 0.30μS/cm。
b 加氧处理溶解氧指标按表 4 控制。

液态排渣炉和燃油的锅炉给水的硬度，铁、铜含量，应符合比其压力高一级锅炉的规定。

5.2 当给水采用全挥发处理时，给水的调节指标应符合表 3 的规定。

表 3　全挥发处理给水的调节指标

炉型	锅炉过热蒸汽压力/（MPa）	pH（25℃）	联氨/（μg/L）	
			AVT（R）	AVT（O）
汽包炉	3.8~5.8	8.8~9.3	—	
	5.9~15.6	8.8~9.3（有铜给水系统）或 9.2~9.6[a]（无铜给水系统）	≤30	—
	>15.6			
直流炉	>5.9			

a 凝汽器管为铜管和其他换热器管为钢管的机组，给水 pH 值宜为 9.1~9.4，并控制凝结水铜含量小于 2μg/L。
无凝结水精除盐装置、无铜给水系统的直接空冷机组，给水 pH 应大于 9.4。

5.3 当采用加氧处理处理时，给水的调节指标应符合表4的规定。

表4 加氧处理给水 pH 值、氢电导率和溶解氧的含量^a

pH（25℃）	氢电导率（25℃） μS/cm		溶解氧 μg/L
	标准值	期望值	标准值
8.5～9.3	≤0.15	≤0.10	10～150^a

注：采用中性加氧处理的机组，给水的 pH 值宜为 7.0～8.0（无铜给水系统），溶解氧宜为 50μg/L～250μg/L。

^a 氧含量接近下限值时，pH 值应大于 9.0。

6 凝结水质量标准

6.1 凝结水质量应符合表5的规定。

表5 凝结水泵出口水质

锅炉过热蒸汽压力 MPa	硬度 μmol/L	钠 μg/L	溶解氧^a μg/L	氢电导率（25℃） μS/cm	
				标准值	期望值
3.8～5.8	≤2.0	—	≤50	—	
5.9～12.6	≈0	—	≤50	≤0.30	—
12.7～15.6	≈0	—	≤40	≤0.30	≤0.20
15.7～18.3	≈0	≤5^b	≤30	≤0.30	≤0.15
>18.3	≈0	≤5	≤20	≤0.20	≤0.15

^a 直接空冷机组凝结水溶解氧浓度标准值为小于 100μg/L，期望值小于 30μg/L。配有混合式凝汽器的间接空冷机组凝结水溶解氧浓度宜小于 200μg/L。

^b 凝结水有精除盐装置时，凝结水泵出口的钠浓度可放宽至 10μg/L。

6.2 经精除盐装置后的凝结水质量应符合表6的规定。

表6 凝结水除盐后的水质

锅炉过热蒸汽压力 MPa	氢电导率（25℃） μS/cm		钠		氯离子		铁		二氧化硅	
					μg/L					
	标准值	期望值	标准值	期望值	标准值	期望值	标准值	期望值	标准值	期望值
≤18.3	≤0.15	≤0.10	≤3	≤2	≤2	≤1	≤5	≤3	≤15	≤10
>18.3	≤0.10	≤0.08	≤2	≤1	≤1	—	≤5	≤3	≤10	≤5

7 锅炉炉水质量标准

汽包炉炉水的电导率、氢电导率、二氧化硅和氯离子含量，根据水汽品质专门试验确定，也可按表7控制，炉水磷酸根含量与 pH 指标可按表8控制。

表7 汽包炉炉水电导率、氢电导率、氯离子和二氧化硅含量标准

锅炉汽包压力 MPa	处理方式	二氧化硅 mg/L	氯离子 mg/L	电导率（25℃） μS/cm	氢电导率（25℃） μS/cm
3.8～5.8	炉水固体碱化剂处理	—	—	—	—
5.9～10.0		≤2.0[a]	—	<50	—
10.1～12.6		≤2.0[a]	—	<30	—
12.7～15.6		≤0.45[a]	≤1.5	<20	—
>15.6	炉水固体碱化剂处理	≤0.10	≤0.4	<15	<5[b]
	炉水全挥发处理	≤0.08	≤0.03	—	<1.0

[a] 汽包内有清洗装置时，其控制指标可适当放宽。炉水二氧化硅浓度指标应保证蒸汽二氧化硅浓度符合标准。

[b] 仅适用于炉水氢氧化钠处理。

表8 汽包炉炉水磷酸根含量和pH标准

锅炉汽包压力 MPa	处理方式	磷酸根 mg/L 标准值	pH[a]（25℃）标准值	pH[a]（25℃）期望值
3.8～5.8	炉水固体碱化剂处理	5～15	9.0～11.0	—
5.9～10.0		2～10	9.0～10.5	9.5～10.0
10.1～12.6		2～6	9.0～10.0	9.5～9.7
12.7～15.6		≤3[a]	9.0～9.7	9.3～9.7
>15.6	炉水固体碱化剂处理	≤1[a]	9.0～9.7	9.3～9.6
	炉水全挥发处理	—	9.0～9.7	—

[a] 控制炉水无硬度。

8 锅炉补给水质量标准

锅炉补给水的质量应能保证给水质量符合标准可按表9控制。

表9 锅炉补给水质量

锅炉过热蒸汽压力 MPa	二氧化硅 μg/L	除盐水箱进水电导率（25℃）μS/cm 标准值	除盐水箱进水电导率（25℃）μS/cm 期望值	除盐水箱出口电导率（25℃）μS/cm	TOC_i[a] μg/L
5.9～12.6	—	≤0.20			—
12.7～18.3	≤20	≤0.20	≤0.10	≤0.40	≤400
>18.3	≤10	≤0.15	≤0.10		≤200

[a] 必要时监测。对于供热机组，补给水 TOC_i 含量应满足给水 TOC_i 含量合格。

9 减温水质量标准

锅炉蒸汽采用混合减温时，其减温水质量，应保证减温后蒸汽中的钠、铜、铁和二氧化

硅的含量符合表1的规定。

10　疏水和生产回水质量标准

10.1　疏水和生产回水的回收应保证给水质量符合表2的规定。

10.2　有凝结水精除盐装置的机组，回收到凝汽器的疏水和生产回水质量可按表10控制。

表10　回收到凝汽器的疏水和生产回水质量

名称	硬度/（μmol/L）		铁 μg/L	TOC_i μg/L
	标准值	期望值		
疏水	≤2.5	≈0	≤100	—
生产回水	≤5.0	≤2.5	≤100	≤400

10.3　回收至除氧器的热网疏水质量，可按表11控制。

表11　回收至除氧器的热网疏水质量

炉型	锅炉过热蒸汽压力 MPa	氢电导率（25℃） μS/cm	钠离子 μg/L	二氧化硅 μg/L	全铁 μg/L
汽包锅炉	12.7～15.6	≤0.30	—	—	≤20
	>15.6	≤0.30	—	≤20	
直流炉	5.9～18.3	≤0.20	≤5	≤15	
	超临界压力	≤0.20	≤2	≤10	

10.4　生产回水还应根据回水的性质，增加必要的化验项目。

11　闭式循环冷却水质量标准

闭式循环冷却水的质量可按表12控制。

表12　闭式循环冷却水质量

材质	电导率（25℃） μS/cm	pH（25℃）
全铁系统	≤30	≥9.5
含铜系统	≤20	8.0～9.2

12　热网补水质量标准

热网补水质量，可按表13控制。

表13　热网补水质量

总硬度 μmol/L	悬浮物 mg/L
<600	<5

13 水内冷发电机的冷却水质量标准

13.1 空心铜导线的水内冷发电机的冷却水质量可按表14和表15控制。

表14 发电机定子空心铜导线冷却水水质控制标准

溶氧量 μg/L	pH（25℃）		电导率（25℃） μS/cm	含铜量 μg/L	
	标准值	期望值		标准值	期望值
—	8.0～8.9	8.3～8.7	≤2.0	≤20	≤10
≤30	7.0～8.9	—			

表15 双水内冷发电机内冷却水水质控制标准

pH（25℃）		电导率（25℃） μS/cm	含铜量 μg/L	
标准值	期望值		标准值	期望值
7.0～9.0	8.3～8.7	< 5.0	≤40	≤20

13.2 空心不锈钢导线的水内冷发电机的冷却水应控制电导率小于1.5μS/cm。

14 停（备）用机组启动时的水汽质量标准

14.1 锅炉启动后，并汽或汽轮机冲转前的蒸汽质量可按表16控制，并在机组并网后8h内应达到表1的标准值。

表16 汽轮机冲转前的蒸汽质量

炉型	锅炉过热蒸汽压力 MPa	氢电导率（25℃） μS/cm	二氧化硅	铁	铜	钠
				μg/kg		
汽包炉	3.8～5.8	≤3.00	≤80	—	—	≤50
	>5.8	≤1.00	≤60	≤50	≤15	≤20
直流炉	—	≤0.50	≤30	≤50	≤15	≤20

14.2 锅炉启动时，给水质量应符合表17的规定，在热启动时2h内、冷启动时8h内应达到表2的标准值。

表17 锅炉启动时给水质量

炉型	锅炉过热蒸汽压力 MPa	硬度 μmol/L	氢电导率（25℃） μS/cm	铁	二氧化硅
				μg/L	
汽包炉	3.8～5.8	≤10.0	—	≤150	—
	5.9～12.6	≤5.0	—	≤100	—
	>12.6	≤5.0	≤1.00	≤75	≤80
直流炉	—	≈0	≤0.50	≤50	≤30

14.3 直流炉热态冲洗合格后，启动分离器水中铁和二氧化硅含量均应小于 $100\mu g/L$。

14.4 机组启动时，无凝结水精处理装置的机组，凝结水全部排放至能满足表17给水水质标准方可回收。有凝结水处理装置的机组，凝结水的回收质量应符合表18规定，处理后的水质应满足给水要求。

表18 机组启动时凝结水回收标准

凝结水处理形式	外观	硬度 $\mu mol/L$	钠 $\mu g/L$	铁 $\mu g/L$	二氧化硅 $\mu g/L$	铜 $\mu g/L$
过滤	无色透明	$\leqslant 5.0$	$\leqslant 30$	$\leqslant 500$	$\leqslant 80$	$\leqslant 30$
精除盐	无色透明	$\leqslant 5.0$	$\leqslant 80$	$\leqslant 1000$	$\leqslant 200$	$\leqslant 30$
过滤＋精除盐	无色透明	$\leqslant 5.0$	$\leqslant 80$	$\leqslant 1000$	$\leqslant 200$	$\leqslant 30$

14.5 机组启动时，应监督疏水质量。疏水回收至除氧器时，应确保给水质量符合表17要求；有凝结水处理装置的机组，疏水铁含量不大于 $1000\mu g/L$ 时，可回收至凝汽器。

15 水汽质量劣化时的处理

15.1 当水汽质量劣化时，应迅速检查取样的代表性、化验结果的准确性，并综合分析系统中水汽质量的变化，确认判断无误后，应按下列三级处理要求执行：

- 一级处理——有发生水汽系统腐蚀、结垢、积盐的可能性，应在72h内恢复至相应的标准值。
- 二级处理——正在发生水汽系统腐蚀、结垢、积盐，应在24h内恢复至相应的标准值。
- 三级处理——正在发生快速腐蚀、结垢、积盐，4h内水质不好转，应停炉。

在异常处理的每一级中，在规定的时间内不能恢复正常时，应采用更高一级的处理方法。

15.2 凝结水（凝结水泵出口）水质异常时的处理，应按表19执行。

表19 凝结水水质异常时的处理

项目		标准值	处理等级		
			一级	二级	三级
氢电导率（25℃），$\mu S/cm$	有精处理除盐	$\leqslant 0.30^a$	$> 0.30^a$	—	—
	无精处理除盐	$\leqslant 0.30$	> 0.30	> 0.40	> 0.65
钠[b] $\mu g/L$	有精处理除盐	$\leqslant 10$	> 10	—	—
	无精处理除盐	$\leqslant 5$	> 5	> 10	> 20
[a] 主蒸汽压力大于18.3MPa的直流炉，凝结水氢电导率标准值为不大于 $0.20\mu S/cm$，一级处理为大于 $0.20\mu S/cm$。					
[b] 用海水或苦咸水冷却的电厂，当凝结水中的含钠量大于 $400\mu g/L$ 时，应紧急停机。					

15.3 锅炉给水水质异常时的处理，应按表20执行。

表 20 锅炉给水水质异常时的处理

项目		标准值	处理等级		
			一级	二级	三级
pH[a] （25℃）	无铜给水系统[b]	9.2～9.6	<9.2	—	—
	有铜给水系统	8.8～9.3	<8.8 或>9.3		
氢电导率（25℃），μS/cm	无精处理除盐	≤0.30	>0.30	>0.40	>0.65
	有精处理除盐	≤0.15	>0.15	>0.20	>0.30
溶解氧，μg/L	还原性全挥发处理	≤7	>7	>20	
[a] 直流炉给水 pH 值低于 7.0，按三级处理。					
[b] 凝汽器管为铜管、其他换热器管均为钢管的机组，给水 pH 标准值为 9.1～9.4，一级处理为 pH 值小于 9.1 或大于 9.4。采用加氧处理的机组（不包括采用中性加氧处理的机组），一级处理为 pH 值小于 8.5。					

15.4 锅炉水水质异常时的处理，应按表 21 执行。当出现水质异常情况时，还应测定炉水中氯离子、钠、电导率和碱度，查明原因，采取对策。

表 21 锅炉炉水水质异常时的处理

锅炉汽包压力 MPa	处理方式	pH（25℃）标准值	处 理 等 级		
			一级	二级	三级
3.8～5.8	炉水固体碱化剂处理	9.0～11.0	<9.0 或>11.0	—	—
5.9～10.0		9.0～10.5	<9.0 或>10.5	—	—
10.1～12.6		9.0～10.0	<9.0 或>10.0	<8.5 或>10.3	—
>12.6	炉水固体碱化剂处理	9.0～9.7	<9.0 或>9.7	<8.5 或>10.0	<8.0 或>10.3
	炉水全挥发处理	9.0～9.7	<9.0	<8.5	<8.0
注：炉水 pH 值低于 7.0，应立即停炉。					

附录 C 发电厂在线化学仪表检验规程
（DL/T 677—2009）

1 范围

本标准规定了发电厂在线的电导率、pH 值、钠离子、溶解氧和硅酸根仪表的技术要求、检验条件及检验方法等内容。

本标准适用于发电厂上述在线化学仪表新购置时的验收检验和运行期间的测量检验。实验室仪表可参照本标准。

2 规范性引用文件

下列文件中的条款通过本标准的引用而成为本标准的条款。凡是注日期的引用文件，其随后所有的修改单（不包括勘误的内容）或修订版均不适用于本标准，然而，鼓励根据本标准达成协议的各方研究是否可使用这些文件的最新版本。凡是不注日期的引用文件，其最新版本适用于本标准。

GB/T 6903 锅炉用水和冷却水分析方法 通则

JB/T 8276 pH 测量用缓冲溶液制备方法

GB/T 12148 锅炉用水和冷却水分析方法 全硅的测定 低含量硅氢氟酸转化法

GB/T 12149 工业循环冷却水和锅炉用水中硅的测定

GB/T 14640 工业循环冷却水及锅炉用水中钾、钠含量的测定

GB/T 13966 分析仪器术语

DL/T 913 火电厂水质分析仪表质量验收导则

DL/T 1029 火电厂水质分析仪器实验室质量管理导则

JJG 119 实验室 pH（酸度）计检定规程

JJG 291 覆膜电极溶解氧测定仪

JJG 376 电导率仪检定规程

JJG 822 实验室用钠离子计检定规程

3 术语和定义

本标准名词术语引自 GB/T 13966，下列术语和定义适用于本标准。

3.1

示值误差 error of indication

仪表的示值与被测量的 ［约定］ 真值之差。

3.2

引用误差 fiducial error

仪表的示值误差与引用值之比。

注：本标准引用值采用量程范围内最大值。

3.3

量程范围内最大值 M

指比仪表所监测水样的标准值高一数量级的最小值。例如，测量给水氢电导率，标准值为 $0.20\mu S/cm$，量程范围内最大值 M 为 $1.00\mu S/cm$。

3.4

二次仪表引用误差   display devices fiducial error

二次仪表的示值误差与二次仪表量程范围内最大值之比。

3.5

温度补偿附加误差   temperature compensation additional error

仪表在非标准条件下使用时所产生的误差称为附加误差，为了检验在不同温度条件下仪表自动温度补偿性能，该项指标定义为温度补偿附加误差。

3.6

稳定性   stability

指在规定条件下，计量仪表保持其计量特性恒定不变，并在一定的时间内（24h）连续运行中的仪表保持恒定不变的能力。

3.7

重复性   repeatability

用相同的方法，相同的试样，在相同的条件下测得的一系列结果的一致程度。相同的条件指同一操作者、同一仪器、同一实验室和短暂的时间间隔。

注：重复性表征仪表随机误差的大小，不包括漂移和回差等。

3.8

示值   indication [of a measuring instrument]

测量仪表所显示的被测量的值。

3.9

流路泄漏附加误差   sample line leakage additional error

测量系统泄漏造成的仪表示值的相对误差。

3.10

约定真值   conventional true value [of q quantity]

为了给定的目的，可以替代真值的量值。

注：一般来说，约定真值被认为是非常接近真值的，就给定目的而言，其差值可以忽略不计。

3.11

标准物质   standard material

具有足够的准确度，可用以校准或检定仪表、评定测量方法或给其他物质赋值的物质。

3.12

化学仪表   chemical instrument

用于火力发电厂生产过程中化学监督专用的在线工业流程式成分分析仪表，即为在线工业化学分析仪表。在电力行业中，为了区别电测仪表和热工仪表而称为化学分析仪表，简称化学仪表。

3.13

工作误差　operating error

在正常工作条件内任意一点上测定的误差。

3.14

真值　true value [of q quantity]

表征在研究某量时所处条件下严密定义的量的值。

注：量的真值是理想的概念，一般来说是不可能准确知道的。

3.15

零点误差　zero error

仪表在约定真值为零时，测量的示值误差。

4　化学仪表的质量验收

4.1　化学仪表应按 DL/T 913 和本标准的要求，经电力行业电厂化学仪表计量确认实验室（以下简称确认实验室）验收。具体检测项目与技术要求见表 1、表 3、表 4、表 6、表 8 和表 10，根据检测结果进行验收。

4.2　化学仪表实验室应按 DL/T 1029 的要求进行确认和管理。

4.3　本标准规定的标准设备（标准电阻箱、电位差计）应具有国家技术监督部门批准的计量器具制造许可证。用于检验纯水系统在线测量仪表的标准仪表和装置（标准电导率表、标准氢交换柱、标准 pH 表，流动 pH、钠、溶解氧标准水样制备装置）应经过取得确认实验室的溯源并达到合格。

5　在线电导率表

5.1　技术要求

在线电导率表检验项目、性能指标和检验周期应符合表 1 的规定。

表 1　检验项目与技术要求

项　　目		要求	检　验　周　期		
			运行中	检修后	新购置
整机配套检验	整机引用误差 δ_Z %FS	±1	1 次/12 个月	√	√
	工作误差 δ_G %FS	±1	1 次/1 个月	√	√
	温度测量误差 Δt ℃	±0.5	1 次/12 个月	—	√
二次仪表	温度补偿附加误差 δ_t ×10^{-2}/10℃	±0.25	1 次/12 个月	√	√
	引用误差 δ_Y %FS	±0.25	1 次/12 个月	—	√
	重复性 δ_C %FS	<0.25	根据需要[a]	—	√
	稳定性 δ_W ×10^{-2}/24h	<0.25	根据需要[a]	—	√

161

表1（续）

项　　目	要求	检　验　周　期		
		运行中	检修后	新购置
电极常数误差 δ_D %	±1	根据需要[b]	—	√
交换柱附加误差 δ_J %	±5	1次/12个月	—	√
[a]　当发现仪表读数不稳定时，进行该项目的检验。				
[b]　当整机工作误差检验不合格时，进行该项目的检验				

5.2　检验条件

在线电导率表检验条件应符合表2的规定。

表2　检　验　条　件

项　　目		规范与要求
工作条件	电源要求	AC 220V±22V，50Hz±1Hz
	环境温度	10℃～40℃
	环境相对湿度	30%RH～85%RH
介质条件	压力	0.098MPa～0.200MPa
	温度	5℃～40℃
	流量	仪表制造厂要求的流量
注：如果厂家有特殊要求时，可按照仪表制造厂的技术条件掌握		

5.3　检验设备与标准溶液

5.3.1　标准电导率表应满足以下要求：

a）引用误差不超过±0.5%FS；

b）能够测量流动水样；

c）具有分别对混床出水水样和氢型阳离子交换柱出水水样进行非线性温度补偿的功能；

d）能够消除电极表面微分电容和导线分布电容的影响；

e）具备量值传递条件，并定期检定。

5.3.2　精度优于0.1级的标准交流电阻箱、直流电阻箱。

5.3.3　0℃～50℃精密温度计，最小分度值为0.1℃。

5.3.4　精密度±2℃，范围0℃～50℃可调恒温水浴。

5.3.5　标准氢交换柱应满足以下要求：

a）装有再生度大于98%的氢型阳离子交换树脂；

b）树脂裂纹小于1%；

c）经过确认实验室检验交换柱附加误差小于2%。

5.3.6　氯化钾标准溶液。

注：可按照A.1、A.2的规定进行电导率标准溶液的制备。

5.3.7　能够连续产生稳定低电导率水样的装置。

5.4　整机误差检验

5.4.1　检验原则

对于测量水样电导率值不大于 $0.30\mu S/cm$ 的电导率表不能采用标准溶液法，应采用水样流动法进行整机工作误差的检验；对于测量电导率值大于 $0.30\mu S/cm$ 的电导率表，可采用标准溶液法进行整机引用误差的检验。

5.4.2　水样流动检验法

对于测量电导率的仪表，可按图1将标准仪表的电导池就近与被检仪表的电导池并联连接，水样仍为被检表正常测量时的水样❶，水样电导率应小于 $0.20\mu S/cm$；对于测量氢电导率的仪表，按图2将标准仪表的电导池和被检仪表的电导池分别连接在标准氢交换柱和在线氢交换柱后，水样为被检表正常测量时的水样❶，水样氢电导率应小于 $0.20\mu S/cm$。水样的流速按照要求调整至符合表2的规定条件，并保持相对稳定。被检仪表通电预热并冲洗流路15min以上，将被检仪表的温度补偿设定为自动温度补偿。精确读取被检仪表示值（κ_J）与标准仪表示值（κ_{bB}），并记录标准仪表的温度示值。检验数据的记录格式见表 B.1。

整机工作误差计算方法见式（1），即

$$\delta_G = \frac{\kappa_J - \kappa_{bB}}{M} \times 100\% \tag{1}$$

式中：

δ_G——整机工作误差，%FS；

κ_J——被检表电导率示值，$\mu S/cm$；

κ_{bB}——标准表示值，$\mu S/cm$；

M——量程范围内最大值，$\mu S/cm$。

5.4.3　标准溶液检验法

首先设定被检表的电极常数与仪表配套电极的电极常数一致，选择电导率大于 $100\mu S/cm$，并且在被检仪表量程范围内的标准溶液。将标准溶液恒温至 $25℃\pm2℃$，将被检仪表的电导电极置入标准溶液之中，待温度稳定后记录标准溶液的电导率值（κ_b），精确读取被检仪表的示值（κ_J）及溶液的温度值。检验数据的记录格式见表 B.2。

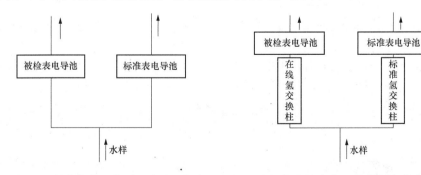

图 1　电导率仪表工作误差检验示意　　　图 2　氢电导率表工作误差检验示意

整机引用误差计算方法见式（2），即

---

❶　如果水样电导率不稳定，则使用能够连续产生稳定低电导率水样的装置产生稳定电导率的水样。

$$\delta_Z = \frac{\kappa_J - \kappa_b}{M} \times 100\%$$ （2）

式中：

δ_Z ——整机引用误差，%FS；

κ_J ——被检表电导率示值，$\mu S/cm$；

κ_b ——标准溶液电导率值［标准溶液在基准温度（25℃）时的电导率值可根据所配制的氯化钾标准溶液由表 A.1 查出］，$\mu S/cm$；

M ——量程范围内最大值，$\mu S/cm$。

5.5 二次仪表检验

5.5.1 引用误差检验

5.5.1.1 检验原则

对于测量电导率值大于 $0.30\mu S/cm$ 的电导率表，采用标准交流电阻箱（见图3）作为电导率标准输入信号进行检验。对于测量电导率值不大于 $0.30\mu S/cm$ 的电导率表，应采用模拟电路（见图4）作为电导率标准输入信号进行检验。

5.5.1.2 检验方法

用精度优于 0.1 级的标准交流电阻箱和标准直流电阻箱，分别模拟溶液等效电阻 R_X 和温度电阻 R_t，作为检验的模拟信号。调节模拟温度电阻 R_t，使仪表显示的温度为 25℃。将被检仪表的电导池常数设为 0.01（或 0.1）。被检仪表和标准交流电阻之间连接如图3所示，对于测量电导率值不大于 $0.30\mu S/cm$ 的电导率表，用图4的模拟电路取代图3中的交流电阻箱 R_X，其中 R_X 为标准交流电阻箱。

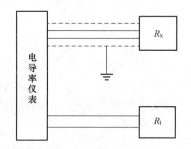

图3　被检仪表与标准电阻箱之间的连接

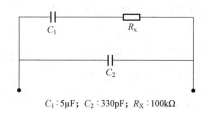

C_1:5μF；C_2:330pF；R_X:100kΩ

图4　纯水电导率表二次仪表检验模拟电路

被检仪表通电预热 15min 后，再根据式（3）的计算结果向二次仪表输入模拟等效电阻信号。

$$R_X = \frac{J \times 10^6}{\kappa_L}$$ （3）

式中：

R_X ——等效电阻值，Ω；

J ——被检仪表设定的电导池常数，cm^{-1}；

κ_L ——理论电导率值，$\mu S/cm$。

记录被检仪表示值 κ_J，二次仪表引用误差的计算方法见式（4）。检验数据的记录格式见表 B.3。

$$\delta_Y = \frac{\kappa_J - \kappa_L}{M} \times 100\%　　　　(4)$$

式中：

δ_Y——二次仪表引用误差，%FS；

κ_J——被检仪表电导率示值，$\mu S/cm$；

κ_L——理论电导率值，$\mu S/cm$；

M——量程范围内最大值，$\mu S/cm$。

5.5.2　二次仪表稳定性检验

按图 3 连接被检表，按照 5.5.1 的方法向被检仪表输入一个电导率所对应的等效电阻值并记录操作的时间和仪表的示值 κ_{S1}；被检仪表连续通电 12、24h 再分别重复上述工作，记录被检仪表示值 κ_{S2}、κ_{S3}。二次仪表稳定性检验的计算方法见式（5）和式（6）。二次仪表稳定性检验的记录格式见表 B.3。

$$\delta_{W1} = \frac{|\kappa_{S1} - \kappa_{S2}|}{M} \times 100\%　　　　(5)$$

$$\delta_{W2} = \frac{|\kappa_{S1} - \kappa_{S3}|}{M} \times 100\%　　　　(6)$$

式中：

δ_W——稳定性，取 δ_{W1} 和 δ_{W2} 中的最大值，$\times 10^{-2}/24h$。

5.5.3　重复性检验

按图 3 连接被检表，按照 5.5.1 的方法向被检仪表输入一个电导率所对应的等效电阻值，记录被检仪表的示值 κ_S，按照停止、再输入上述电阻值的操作方法，重复测量 6 次，计算方法见式（7）。记录格式见表 B.3。

$$\delta_C = \sqrt{\frac{\sum\limits_{i=1}^{6}(\kappa_{Si} - \overline{\kappa_S})^2}{5M^2}}　　　　(7)$$

式中：

δ_C——重复性，%FS；

κ_{Si}——第 i 次测量的仪表示值，$\mu S/cm$；

$\overline{\kappa_S}$——6 次测量的平均值，$\mu S/cm$；

M——量程范围内最大值，$\mu S/cm$。

5.5.4　二次仪表温度补偿附加误差检验

用精度优于 0.1 级的标准交流电阻箱和标准直流电阻箱，分别模拟溶液等效电阻 R_X 和温度电阻 R_t，作为检验的模拟信号。按图 3 连接。

将被检仪表的电极常数设为被检电极的标称电极常数 J。

调节模拟温度电阻 R_t，使仪表显示的温度为 25℃，然后按式（3）调节溶液等效电阻 R_X，使仪表显示电导率为被检水样电导率的中间值。记录仪表示值 κ_{t1} 与模拟量输入值。

调节模拟温度电阻 R_t，使仪表显示的温度为 35℃，按式（8）调节溶液等效电阻为 R_X，记录仪表示值 κ_{t2} 与模拟量输入值。

$$R_X = \frac{J \times 10^6}{\kappa \left[1 + \beta(t - 25)\right]}　　　　(8)$$

式中：

J——被检仪表设定的电极常数。

β——溶液的温度系数（对于测量水样电导率值大于 $0.30\mu S/cm$ 的被检表，取仪表正常测量时给定的温度补偿系数；对于测量电导率值不大于 $0.30\mu S/cm$ 的中性水样的被检表，取中性水样该电导率、该温度下的非线性温度补偿系数；对于测量电导率值不大于 $0.30\mu S/cm$ 的氢交换柱出水的被检表，取酸性水样该电导率、该温度下的非线性温度补偿系数）。

κ——给定的电导率，$\mu S/cm$。

t——仪表显示的温度（可取 $35℃$）。

二次仪表的温度补偿附加误差的计算方法见式（9）。检验的记录格式见表 B.4。

$$\delta_t = \frac{\kappa_{t2} - \kappa_{t1}}{M} \times 100\% \tag{9}$$

式中：

δ_t——二次仪表温度补偿附加误差，$\times 10^{-2}/10℃$；

κ_{t1}——25℃时被检仪表电导率示值，$\mu S/cm$；

κ_{t2}——35℃时被检仪表电导率示值，$\mu S/cm$；

M——量程范围内最大值，$\mu S/cm$。

5.6　电极常数检验

5.6.1　检验原则

对于电极常数不小于 0.1 的电极，采用标准溶液法或标准电极法进行检验。对于电极常数小于 0.1 的电极，应采用标准电极法进行检验。

5.6.2　标准溶液法

选用电导率大于 $100\mu S/cm$ 的标准溶液，所选用的标准溶液应当在溶液的等效电阻为 $5\times 10^2\Omega \sim 1\times 10^4\Omega$ 之间选择。

将被检电极置入已知标准电导率值的标准溶液中（恒温 25℃±2℃），将被检电极连接至标准电导率表（标准表的电极常数设为1），测量溶液的电导 G。

电极常数的计算方法见式（10）。记录格式见表 B.5。

$$J_X = \frac{\kappa_b}{G} \tag{10}$$

式中：

J_X——被检电极常数，cm^{-1}；

κ_b——标准溶液的电导率值，$\mu S/cm$；

G——被检电极连接至标准电导率表时，标准电导率表测量的电导，μS。

5.6.3　标准电极法

按图 1 将标准电导池（电极常数为 J_B）就近与被检电导池并联连接，水样的电导率在被检电导池正常测量水样的电导率范围内，保持水样温度和水样的电导率在检验期间不变（如果水样电导率不稳定，则使用连续产生一定电导率水样的装置产生稳定电导率的水样），将标准电导率表（电极常数设定为 J_B）与标准电导池连接，测量水样电导率为 κ_{bB}。

将标准电导率表（电极常数设定为 J_B）与被检电导池的电导测量引线连接，测量水样

电导率为 κ_X 。被检电极常数的计算方法见式（11），即：

$$J_X = \frac{J_B \kappa_{bB}}{\kappa_X} \tag{11}$$

式中：

J_X ——被检电极常数，cm^{-1}；

κ_{bB} ——标准表连接标准电极测量的水样电导率值，$\mu S/cm$；

κ_X ——标准表连接被检电极测量的水样电导率值，$\mu S/cm$；

J_B ——标准电极的电极常数，cm^{-1}。

5.6.4　电极常数误差计算方法

计算方法见式（12）。记录格式见表 B.5。

$$\delta_D = \frac{J_X - J_g}{J_g} \times 100\% \tag{12}$$

式中：

δ_D ——电极常数误差，%；

J_X ——被检电极常数，cm^{-1}；

J_g ——厂家给定（或本次标定前）的电极常数值，cm^{-1}。

5.7　交换柱附加误差检验

5.7.1　检验方法

按图 5 将标准电导池分别连接在标准氢交换柱出水和被检在线氢交换柱出水中，保持水样温度和电导率在检验期间不变，用标准电导率表分别测量标准氢交换柱出水电导率 κ_b 和被检在线氢交换柱出水电导率 κ_z。

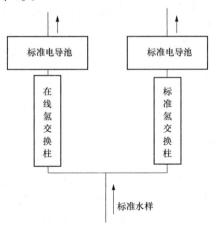

图 5　交换柱附加误差检验示意

5.7.2　交换柱附加误差计算方法

计算方法见式（13）。记录格式见表 B.6。

$$\delta_J = \frac{\kappa_z - \kappa_{bH}}{\kappa_{bH}} \times 100\% \tag{13}$$

式中：

δ_J ——交换柱附加误差，%；

κ_z ——在线氢交换柱出水电导率，$\mu S/cm$；

κ_{bH} ——标准氢交换柱出水电导率，$\mu S/cm$。

5.8 温度测量误差检验

将被检电导率表测量电极和标准温度计放入同一杯水溶液中，待被检表读数稳定后，同时读取被检表温度示值 t_X 和标准温度计示值 t_B。温度测量误差按式（14）计算。记录格式见表 B.6。

$$\Delta t = t_X - t_B \tag{14}$$

式中：

Δt ——温度测量误差，℃。

6 在线 pH 表

6.1 技术要求

在线 pH 表检验项目、性能指标和检验周期应符合表 3 的规定，电极的检验项目与技术要求应符合表 4 的规定。

进行整机示值误差项目检验时，水样的选择应在 pH3～pH10 范围内进行。

表 3　检验项目与技术要求

项　　　目		要求	检验周期		
			运行中	检修后	新购置
整机配套检验	整机示值误差 δ_S pH	±0.05	1次/1个月	√	√
	工作误差 δ_G pH	±0.05	1次/1个月	√	√
	示值重复性 S	<0.03	根据需要[a]	—	√
	温度补偿附加误差 pH$_t$ pH/℃	±0.01	根据需要[b]	—	√
	温度测量误差 Δt ℃	±0.5	1次/12个月	—	√
二次仪表	示值误差 ΔpH pH	±0.03	1次/12个月	—	√
	输入阻抗引起的示值误差 pH$_R$	±0.01	1次/12个月	—	√
	温度补偿附加误差 pH$_t$ pH/℃	±0.01	根据需要[b]	—	√

[a] 当发现仪表读数不稳定时进行检验。
[b] 当发现仪表示值误差或工作误差超标时，随时进行检验。

表 4　　　　　　　　电极的检验项目与技术要求

检　验　项　目	技　术　要　求
参比电极内阻	≤10kΩ
电极电位稳定性	在±2mV/8h 之内
液络部位渗透速度	可检出/5min

表 4（续）

检 验 项 目	技 术 要 求
玻璃电极内阻 R_N（MΩ）	5～20（低阻）；100～250（高阻）
百分理论斜率 PTS	≥90%
注：电极检验时间至少为 1 次/3 个月	

6.2 检验条件

6.2.1 检验条件应符合表 5 的规定。

表 5 检 验 工 作 条 件

室温 ℃	相对湿度 %RH	标准溶液和电极系统的温度恒定 ℃	干扰因素
10～40	30～85	25±2	无强烈的机械振动和电磁场干扰

6.2.2 被检仪表基本要求。

仪表状态应良好，无明显故障，且具备可以正常投入运行的条件。

玻璃电极无裂纹，内参比电极应浸入内充溶液之中，电极的接插件应清洁、干燥，绝缘良好。

电极在有效期内，参比电极内部应充满溶液，内参比电极应浸入内充溶液之中，盐桥孔隙内无吸附的固体杂质，电解质溶液应可以缓慢渗出。固体参比电极的性能应良好可用。

6.3 检验设备与标准溶液

6.3.1 移动式低电导率 pH 标准水样制备装置（参见 C.1）。

6.3.2 精度优于 0.01 级，输出电压不小于 1V 的高电势高电阻电位差计或具备同等条件和功能的标准信号发生器。

6.3.3 绝缘优于 $1×10^{12}$ Ω 的高阻开关。

6.3.4 精度优于 0.1 级的标准电阻箱。

6.3.5 pH 标准缓冲溶液，优先选用国家计量标准物（配制 pH 标准溶液的方法见附录 D）。

6.3.6 精密度±2℃，范围 0℃～50℃可调整恒温水浴。

6.3.7 测量范围为 0℃～100℃温度计，最小分度值为 0.1℃。

6.3.8 标准 pH 表应满足以下要求：

a）pH 测量示值误差小于 0.02；

b）在线测量纯水 pH 时不受静电荷、液接电位和地回路的影响；

c）具有消除温度变化引起的能斯特方程中的斜率变化、参比电极电位变化和溶液离子平衡常数变化引起的附加误差的性能。

6.4 整机误差检验

6.4.1 检验原则

对于测量水样电导率不大于 100μS/cm 的在线 pH 表，应采用水样流动检验法进行整机工作误差的在线检验。对于测量水样电导率值大于 100μS/cm 的在线 pH 表，应优先选择水样流动检验法进行整机工作误差的在线检验，也可采用标准溶液检验法进行离线整机示值误差检验。

6.4.2 水样流动检验法

利用流动标准水样制备装置产生标准水样,其电导率应在被检表运行期间所监测水样的电导率范围内。将标准水样接到标准 pH 表传感器入口,出口接入被检仪表的传感器。待仪表示值稳定后(每分钟 pH 值变化不大于 0.02),记录标准仪表和被检仪表的示值,整机工作误差的计算可按式(15)进行。记录格式见表 E.1。

$$\delta_G = S_i - B_z \tag{15}$$

式中:

δ_G ——整机工作误差;

S_i ——被检仪表示值;

B_z ——标准仪表示值。

进行水样流动检验时的注意事项如下:

a)水样的电导率和 pH 值应在被检仪表正常运行监测的范围内;

b)调整水样流量在仪表制造厂家要求的流量范围内,水样压力保持稳定。

6.4.3 标准溶液检验法

将被检仪表的电极分别置于 pH6.864(25℃)和 pH9.182(25℃)的标准溶液中进行两点定值,然后再把传感器冲洗干净,将电极置入 pH4.003(25℃)的标准溶液中,并精确记录被检仪表的示值(S_i),重复测量三次。整机示值误差的计算方法见式(16)。检验结果取 δ_S 的最大值。记录格式见表 E.2。

$$\delta_S = S_i - B_z \tag{16}$$

式中:

δ_S ——整机示值误差;

S_i ——第 i 次测量的仪表示值;

B_z ——pH 标准缓冲溶液 pH 值。

6.5 整机示值重复性检验

先将被检仪表整机用标准溶液进行两点定值后,再去测量另外一种标准溶液,同时记录被检仪表的示值(pH_i),重复"测量"操作 6 次,以单次测量的标准偏差表示重复性。计算方法见式(17)。记录格式见表 E.3。

$$S = \sqrt{\frac{\sum_{i=1}^{6}(pH_i - \overline{pH})^2}{5}} \tag{17}$$

式中:

S ——单次测量的标准偏差;

pH_i ——第 i 次测量的示值;

$\overline{pH}$ ——6 次测量的平均值。

6.6 温度补偿附加误差检验

6.6.1 检验原则

对于测量水样电导率不大于 $100\mu S/cm$ 的在线 pH 表,应采用水样流动法进行温度补偿附加误差的在线检验;对于其他 pH 表,可采用二次仪表温度补偿误差检验法进行检验。

6.6.2　水样流动检验法

将标准水样依次接入标准仪表的测量池和被检仪表的测量池，标准水样由流动标准水样制备装置产生，其电导率应在被检表运行期间所监测水样的电导率范围内。待仪表示值稳定后，记录标准仪表的 pH 示值和温度 t_1，精确记录被检仪表示值 pH_J；调整水样冷却器，使标准水样温度变化 5℃～10℃，待仪表示值稳定后，标准仪表的 pH 示值应保持不变，记录标准仪表的温度 t_2，记录被检仪表示值 pH_I。计算方法见式（18）。记录格式见表 E.4。

$$pH_t = \frac{pH_I - pH_J}{t_2 - t_1} \tag{18}$$

式中：

pH_t——温度补偿附加误差，pH/℃；

pH_J——温度变化前被检仪表示值；

pH_I——温度变化后被检仪表示值；

t_1——温度变化前标准仪表温度示值，℃；

t_2——温度变化后标准仪表温度示值，℃。

6.6.3　二次仪表温度补偿误差检验方法

按照图 6 连接检验组件。

参照被检表说明书，调整电阻箱使仪表温度显示为 25℃。通过调电位差计向被检表输入标准 pH 信号，按说明书对被检仪表进行两点定值（电位差计的输出可根据 D.3 计算）。

调电位差计的输出为 −118.31mV（为 25℃理论斜率下 pH 值为 9 时的电位差），记录仪表示值 pH_J。调整电阻箱使仪表温度显示为 35℃，调电位差计的输出为 −122.28mV（为 35℃时理论斜率下 pH 值为 9 时的电位差），记录仪表示值 pH_I。二次仪表温度补偿附加误差的计算方法见式（18）。记录格式见表 E.5。

6.6.4　温度测量误差的检验

将被检表温度测量传感器和标准温度计放入同一杯水溶液中，待被检表读数稳定后，同时读取被检表温度示值 t_X 和标准温度计示值 t_B。温度测量误差按式（14）计算。记录格式见表 E.4。

6.7　二次仪表示值误差检验

6.7.1　按照图 6 所示接好线路，调整电阻箱使仪表温度显示为 25℃，调节电位差计使其输出为零。对具有等电位（或定位）调整器的仪表，可调整等电位（或定位）调整器到其等电位的 pH 值（例如，等电位为 7 的仪表，调整至仪表显示 pH 为 7）。对于具有斜率（或灵敏度）补偿的仪表，可用电位差计向二次仪表输入测量上限 pH 值的等效电位值［此值可按式（19）计算］，调节斜率（或灵敏度）电位器，使二次仪表示值为测量上限值［例如，等电位为 7 的仪表，电位差计输出 −177.471mV，调节斜率（或灵敏度）电位器，使二次仪表示值为 10］。具备条件的被检仪表也可以将斜率直接设置在 100% 的位置。

图 6　二次仪表检验接线

6.7.2 按照输入电位的实际值与标称理论 pH 值的关系式（19），调节电位差计的输出，用被检表输入增加和减少的方式各做一次，分别记录二次仪表的示值 pH_i（例如，对于等电位 pH 值为 7 的 pH 计，使电位差计的输出分别为 118.31mV 和 -118.31mV，对应的二次仪表的标称理论 pH 值分别为 5.00 和 9.00）。二次仪表示值误差的计算方法见式（20）。记录格式见表 E.5。

$$E_S = K(pH_D - pH_B) \tag{19}$$

式中：

E_S——输入二次仪表的实际电位值，mV；

K——测量电极的理论斜率，mV/pH，见 D.3；

pH_B——二次仪表的标称理论 pH 值；

pH_D——被检仪表的等电位 pH 值。

$$\Delta pH = pH_i - pH_B \tag{20}$$

式中：

ΔpH——第 i 次检验时二次仪表示值误差；

pH_i——第 i 次测量的仪表示值。

二次仪表示值误差取绝对值最大的 DpH 值。

6.8 输入阻抗引起的示值误差检验

按照图 7 接好线路。

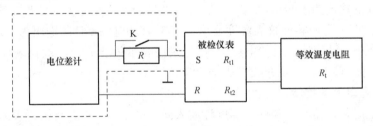

图 7 输入阻抗引起的示值误差检验示意

将高阻开关接通（R 短路），调整电阻箱使仪表温度显示为 25℃。按 6.7.1 对被检表进行两点定值。调节电位差计向二次仪表输入 354.942mV（相当于 6 个 pH）的电位值，记录二次仪表示值 pH_1。断开开关 K（接通 R）。再输入 354.942mV 的电位值并记录被检仪表示值 pH_2，重复操作三次，取其平均值，计算方法见式（21）。记录格式见表 E.5。

$$pH_R = \frac{pH_1 - \overline{pH_2}}{2} \tag{21}$$

式中：

pH_R——输入阻抗引起的二次仪表示值误差；

pH_1——低阻输入时测量的二次仪表示值；

$\overline{pH_2}$——高阻输入时三次测量的二次仪表示值的平均值。

检验中的注意事项如下：

a）R 取值为 1GΩ。

b）图 7 中的 K 必须采用高阻开关，其绝缘电阻大于等于 $1 \times 10^{12}\,\Omega$。

c）电位差计至被检仪表的输出信号线必须采取有效的屏蔽措施。

注：对于传感器电缆有内嵌式前置放大器或采用离子敏感场效应晶体管（ISFET）技术测量的 pH 表，不检测该项目。

6.9 电极性能检验

6.9.1 参比电极主要性能检验

6.9.1.1 参比电极内阻检验

将被检参比电极和一个导电良好的金属棒，置入同一氯化钾溶液中，用专用电桥或高阻抗电阻表的两支表笔分别接在参比电极和金属棒上，测量的电阻值即为参比电极内阻，记录格式见表 E.6。

6.9.1.2 参比电极电位稳定性能检验

将被检参比电极和标准参比电极同时浸入 25℃±2℃ 的饱和氯化钾溶液中，用高阻电压表测量其电位差，每 2h 记录一次，观察 8h，电位差波动的最大值表示被检电极电位稳定性能，记录格式见表 E.6。

6.9.1.3 液络部位内充溶液渗透性能检验

取下参比电极的保护罩，将电极内部充满氯化钾溶液，再将被检电极垂直悬空，观察液络部位溶液的渗透情况。方法是先用滤纸吸去液络部位的表面溶液，等待 5min 左右，再用滤纸做擦拭检查，如果滤纸上有湿痕，则可认为被检电极液络部位渗透速度是正常的。记录格式见表 E.6。

注：对于复合电极和固体电极，可以不检验该项指标。

6.9.2 玻璃电极性能检验

6.9.2.1 玻璃电极内阻检验

6.9.2.1.1 直接测量法

将被检玻璃电极置入饱和氯化钾溶液中，用专用高阻测量仪器的一支表笔接在电极导线上，另一支表笔插入上述氯化钾溶液中，其测量结果应符合表 4 的规定。记录格式见表 E.7。

6.9.2.1.2 间接测量法

将一支经过 24h 浸泡处理后的被检玻璃电极与一支检验合格的甘汞电极，同时浸入 25℃±2℃ 的一个 pH 标准溶液中，用高输入阻抗电位差计（或带毫伏测量的酸度计）测量其电位差为 E_1，再用一支 300MΩ～500MΩ（误差在 ±5% 之内）的电阻去短路上述由玻璃电极和甘汞电极所构成的原电池组，这样就得到了短路后的测量电位差值 E_2。玻璃电极内阻的计算方法见式（22）。记录格式见表 E.7。

$$R_N = \frac{E_1 - E_2}{E_2} R \tag{22}$$

式中：

R_N——被检玻璃电极内阻，MΩ；

E_1——高阻条件下测量的电位差，mV；

E_2——用电阻短路后测量的电位差，mV；

R——短路用电阻值，MΩ。

6.9.2.2 玻璃电极百分理论斜率检验

将一支检验合格的参比电极和一支被检玻璃电极分别置入恒温的邻苯二甲酸氢钾 pH 标准溶液（25℃，pH＝4.003）与四硼酸钠 pH 标准溶液（25℃，pH＝9.182）中，用高输入阻抗电位差计分别测得两个电动势 E_1 与 E_2，并记录溶液温度 t。玻璃电极的百分理论斜率的计算方法见式（23）。记录格式见表 E.7。

$$PTS = \frac{E_2 - E_1}{59.157 \times (pH_2 - pH_1)} \times \frac{298.15}{273.15 + t} \times 100\% \tag{23}$$

式中：

PTS——玻璃电极的百分理论斜率,%；

pH_1, E_1——在邻苯二甲酸氢钾 pH 标准溶液中水样温度条件下的标准 pH 值和所测量的电动势,mV；

pH_2, E_2——在四硼酸钠 pH 标准溶液中水样温度条件下的标准 pH 值和所测量的电动势,mV；

t——水样温度,℃。

7 在线钠表

7.1 技术要求

在线钠表检验项目、性能指标和检验周期应符合表 6 的规定。

表 6 检验项目与技术要求

项　　目		要求	检 验 周 期		
			运行中	检修后	新购置
整机检验	整机引用误差 δ_Z %FS	<10	1 次/3 个月[a]	√	√
	温度补偿附加误差 δ_t pNa/10℃	±0.05	根据需要[b]	—	√
	示值重复性 S	<0.05	根据需要[c]	—	√
二次仪表	示值误差 ΔpNa pNa	±0.05	1 次/12 个月	—	√
	输入阻抗 pNa_R Ω	≥1×10^{12}	1 次/12 个月	—	√
	温度补偿附加误差 pNa_t pNa/10℃	±0.05	根据需要[b]	—	√
a　当发现仪表结果可疑时，随时进行检验					
b　当发现仪表整机引用误差超标时，随时进行检验					
c　当发现仪表读数不稳定时进行检验					

7.2 检验条件

在线钠表检验条件应符合表 7 的规定。

电极性能检验方法可参照第 6 章的规定。

表 7　　　　检 验 工 作 条 件

室温 ℃	相对湿度 %RH	干扰因素
10~40	30~85	检验现场无强烈的机械振动和电磁场干扰

7.3 检验设备与标准溶液

7.3.1 精度优于 0.01 级，输出电压不小于 1V 的高电势高电阻电位差计或具备同等条件和功能的标准信号发生器。

7.3.2 误差在 ±10% 之内的 $1G\Omega \sim 10G\Omega$ 电阻。

7.3.3 精度优于 0.1 级的标准电阻箱。

7.3.4 绝缘优于 $1 \times 10^{12}\Omega$ 的高阻开关。

7.3.5 精度为 ±2℃、范围为 0℃～50℃可调恒温水浴。

7.3.6 0℃～100℃、最小分度值为 0.1℃ 的温度计。

7.3.7 pNa 标准溶液，配制方法见 F.1。

7.3.8 低浓度钠标准溶液连续制备装置（参见 C.2）。

7.4 整机引用误差检验

7.4.1 检验原则

测量浓度不大于 $100\mu g/L$ 的钠表的整机引用误差应采用动态法进行在线检验。测量钠离子浓度大于 $100\mu g/L$ 水样的在线仪表，可以采用动态法或静态法进行整机引用误差检验。

7.4.2 动态法

将被检表的测量水样切换为由低浓度钠标准溶液连续制备装置产生的钠标准水样（见图 8），其电导率应在被检水样的电导率范围内；标准水样的钠浓度应接近被检水样控制范围的上限，并且检验期间标准水样的钠浓度保持不变。

图 8 钠表整机引用误差流动法检验测量回路示意

待水样的钠浓度稳定后 30min，记录被检表的示值 C_X。整机引用误差（δ_Z）的计算方法见式（24）。记录格式见表 G.1。

$$\delta_Z = \frac{|C_X - c_B|}{M} \times 100\% \tag{24}$$

式中：

δ_Z——整机引用误差，%FS；

C_X——被检钠表示值，$\mu g/L$；

c_B——钠标准溶液浓度，$\mu g/L$；

M——量程范围内最大值，$\mu g/L$。

注：当被检表引用误差超过允许值时，可参照钠标准溶液浓度对被检表进行在线校准。

7.4.3 静态法

将被检在线钠表与配套电极安装好，通电预热 10min 以上，在 pNa4（1×10^{-4} mol/L）和 pNa5（1×10^{-5} mol/L）标准溶液（按照 F.1 配制）进行仪表的两点定值。

将电极用无钠水冲洗干净，再放入 Na 标准溶液中（Na 标准溶液的浓度应接近被监测水样浓度范围的上限），当示值稳定后，记录被检表的示值 C_X。整机引用误差（δ_Z）的计算方法见式（24）。记录格式见表 G.1。

7.5 整机示值重复性检验

按照 7.4.3 的方法重复测量 6 次（每次测量完后，将电极取出，然后再放入标准液中），以单次测量标准偏差 S 表示示值重复性误差。计算方法见式（25）。记录格式见表 G.1。

$$S = \sqrt{\frac{\sum_{i=1}^{6} (pNa_i - \overline{pNa})^2}{5}} \qquad (25)$$

式中：

S——单次测量的标准偏差；

pNa_i——第 i 次测量的被检仪表示值；

$\overline{pNa}$——6 次测量的平均值。

7.6 温度补偿附加误差检验

7.6.1 整机检验的方法

将被检仪表进行两点定值。取一适当容量的塑料烧杯并充入 pNa_5 标准溶液，将被检仪表的传感器电极与温度计入溶液中，将水样温度恒定在 25℃±2℃，记录被检仪表示值为 pNa_1。调整恒温水浴的温度，使水样温度在 35℃±2℃，待仪表示值稳定后，记录水样温度与被检仪表示值 pNa_2。计算方法见式（26）。记录格式见表 G.1。

$$\delta_t = pNa_1 - pNa_2 \qquad (26)$$

7.6.2 二次仪表温度补偿附加误差检验方法

参照图 6 连接检验组件。

调节电阻箱输出使仪表显示温度为 25℃，通过调电位差计向被检表输入标准 pNa 信号，按说明书对被检仪表应进行两点定值（例如等电位为 pNa_0 的仪表，输入 0mV 模拟信号，调整"定位"旋钮使仪表示值为 pNa_0；调节输入－354.94mV。调节斜率使仪表示值为 pNa_6）。然后调节电位差计向被检仪表输入 pNa_6（例如等电位为 pNa_0 的仪表，输入－354.94mV）模拟信号，记录二次仪表示值 pNa_{t0}。调节电阻箱输出使仪表显示温度为 15℃，调节电位差计，输出 15℃的 pNa_6 模拟信号（例如等电位为 pNa_0 的仪表，输入－343.04mV），记录二次仪表的示值 pNa_{ti}；调节电阻箱输出使仪表显示温度为 35℃，调节电位差计，输出 35℃的 pNa_6 模拟信号（例如等电位为 pNa_0 的仪表，输入－366.84mV），记录二次仪表的示值 pNa_{ti}。计算方法见式（27）。取计算结果中绝对值最大值为二次仪表温度补偿附加误差。记录格式见表 G.2。

$$pNa_t = (pNa_{ti} - pNa_{t0})/2 \qquad (27)$$

式中：

pNa_t——相当于 3 个 pNa 的二次仪表温度补偿附加误差。

7.7 二次仪表示值误差检验

按照图 6 连接检验组件。

首先，将被检仪表通电预热 10min，调整电阻箱使仪表显示温度为 25℃。按 7.6.2 对被检仪表进行两点定值。

调节电位差计，分别向被检仪表输入 pNa_3 和 pNa_7 所对应的电位，记录二次仪表的示值 pNa_S。二次仪表示值误差计算方法见式（28）。取计算结果中 DpNa 的绝对值最大值为二次仪表示值误差。记录格式见表 G.2。

$$\Delta pNa = pNa_S - pNa_B \qquad (28)$$

式中：

ΔpNa——二次仪表示值误差；

pNa_B——pNa 标称值；

pNa_S——仪表示值。

7.8 二次仪表输入阻抗检验

按图 7 接线，接通开关 K，调整电阻箱输出使被检仪表温度显示为 25℃。按 7.6.2 对被检仪表进行两点定值（如果仪表已经进行两点定值，可省略该步骤）。调整电位差计向被检仪表输出 354.94mV，记录二次仪表示值 pNa_1。断开开关 K，接通高阻，再次记录仪表示值 pNa_2。二次仪表输入阻抗计算方法见式（29）。记录格式见表 G.3。

$$pNa_R = \left| \frac{pNa_2}{pNa_1 - pNa_2} \right| R \qquad (29)$$

式中：

pNa_R——二次仪表输入阻抗，Ω；

pNa_1——低阻模拟输入时的二次仪表示值；

pNa_2——高阻模拟输入时的二次仪表示值；

R——$1G\Omega \sim 10G\Omega$ 的电阻。

8 在线溶解氧表

8.1 技术要求

在线溶解氧表检验项目、性能指标和检验周期应符合表 8 的规定。

表 8 检验项目与技术要求

项 目	要求	检 验 周 期		
		运行中	检修后	新购置
整机引用误差 δ_Z %FS	±10	1 次/1 个月	√	√
零点误差 δ_0 μg/L	<1.0	1 次/12 个月[a]	√	√
温度影响附加误差 δ_T 10^{-2}/℃	±1%	1 次/12 个月[a]	—	√
流路泄漏附加误差 δ_L %	<1.0	1 次/1 个月	√	√
整机示值重复性 S mg/L	<0.2	根据需要[b]	—	√
a 当发现仪表引用误差超标时，随时进行检验。 b 当发现仪表读数不稳定时进行检验				

8.2 检验条件

在线溶解氧表检验条件应符合表 9 的规定。

表9 检验条件

项 目		规范与要求
工作条件	电源要求	AC 220V±22V，50Hz±1Hz
	环境温度	10℃～40℃
	环境相对湿度	30%RH～85%RH
	无强烈震动，无其他能引起被检仪表性能改变的电磁场存在	
介质条件	压力	0.01MPa～0.02MPa
	温度	5℃～40℃
	流量	仪表制造厂要求的流量
	水样无油污、无过量悬浮物质并符合采样的基本要求	
被检仪表条件	整机接线连接正确可靠，各紧固件应无松动，取样流路严密无泄漏现象。传感器内部有符合要求的支持电解质溶液，覆膜应完好无损。直观检查被检仪表已具备正常运行的基本条件	
注：如果厂家有特殊要求时，可按照仪表制造厂的技术条件掌握		

8.3 检验设备与标准溶液

8.3.1 低浓度溶解氧标准水样制备装置（参见附录 H）。

8.3.2 标准溶解氧表应满足以下要求：

　　a）整机引用误差不超过±5%FS。

　　b）具备温度补偿功能；温度影响附加误差不超过±0.5%。

8.3.3 2g/L 亚硫酸钠（Na_2SO_3）＋10mg/L $CoCl_2$ 溶液 1L。

8.4 整机引用误差检验

　　将标准溶解氧表的传感器和被检氧表的传感器按图 9 所示串接在低氧浓度的水样中（如除氧器出口或炉水水样），检查确认测量回路无空气漏入。将水样流量严格控制在仪表厂家要求的流速范围内。待标准表和被检表读数稳定后，分别记录标准表读数 C_{B0} 和被检表读数 C_{X0}；用标准溶解氧水样制备装置向水样中加氧增量 $10\mu g/L$ 以上，待标准表和被检表读数稳定后，分别记录标准表读数 C_{B1} 和被检表读数 C_{X1}。整机引用误差的计算方法见式（30）和式（31）。记录格式见表 I.1。

$$\Delta C = (C_{X1} - C_{X0}) - (C_{B1} - C_{B0}) \tag{30}$$

$$\delta_Z = \frac{\Delta C}{M} \times 100\% \tag{31}$$

　　式中：

　　δ_Z——整机引用误差，%FS；

　　C_{X0}——加氧前被检表读数，$\mu g/L$；

　　C_{X1}——加氧后被检表读数，$\mu g/L$；

　　C_{B0}——加氧前标准表读数，$\mu g/L$；

　　C_{B1}——加氧后标准表读数，$\mu g/L$；

　　M——量程范围内最大值，$\mu g/L$。

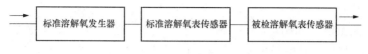

图 9 溶解氧表整机引用误差检验示意

8.5 零点误差检验

被检仪表通电完成电极极化，调整仪表的电气零点，仪表进入运行状态。

将新配制的 2g/L 亚硫酸钠（Na_2SO_3）＋10mg/L $CoCl_2$ 溶液置于玻璃瓶中，玻璃瓶的开口应稍大于氧电极的外径。将氧电极放入玻璃瓶中，使溶液溢出，用塑料薄膜密封瓶口。

待被检仪表示值稳定以后记录被检仪表的读数，每隔 5min 记录一次仪表的示值，记录仪表示值三次。误差（δ_0）计算方法见式（32）。记录格式见表 I.2。

$$\delta_0 = |C_M| \tag{32}$$

式中：

δ_0——零点误差，$\mu g/L$；

C_M——稳定后仪表最大示值，$\mu g/L$。

8.6 温度影响附加误差的检验

按图 9，将标准溶解氧表传感器和被检表传感器串接在低氧浓度的水样中（如除氧器出口或炉水取样），检查确认测量回路无空气漏入。用标准溶解氧制备装置向水样中加入 $10\mu g/L$ 以上的氧增量，待标准表和被检表读数稳定后，分别记录标准表温度读数 T_0、标准表溶解氧读数和被检表读数 C_{X0}。调整水样冷却系统，使水样温度变化 5℃～10℃，待标准表和被检表读数稳定后，分别记录标准表温度读数 T_1、标准表溶解氧读数（应基本不变化）和被检表读数 C_{X1}。温度影响附加误差的计算方法见式（33）。记录格式见表 I.3。

$$\delta_T = \frac{C_{X1} - C_{X0}}{C_{X0} \times (T_1 - T_0)} \times 100\% \tag{33}$$

式中：

δ_T——温度影响附加误差，$10^{-2}/℃$；

C_{X0}——温度变化前被检表溶解氧读数，$\mu g/L$；

C_{X1}——温度变化后被检表溶解氧读数，$\mu g/L$；

T_0——温度变化前标准表温度读数，℃；

T_1——温度变化后标准表温度读数，℃。

8.7 整机示值重复性检验

仪表的重复性检验在恒温水浴温度与室温基本一致的饱和溶氧水中进行，并恒定搅拌速度。

仪表在正常测氧工作状态下，电极自新配的无氧水中取出，迅速用清水冲洗，然后放入恒温水浴内，待示值稳定读取示值。

连续重复测量 6 次，分别记录仪表示值，按式（34）计算仪表的重复性。记录格式见表 I.4。

$$S = \sqrt{\frac{\sum_{i=1}^{6}(\rho_i - \bar{\rho})^2}{5}} \tag{34}$$

式中：

S —— 单次测量的标准偏差，mg/L；

ρ_i —— 第 i 次测量的氧增量仪表示值，mg/L；

$\bar{\rho}$ —— 6 次测量的氧增量平均示值，mg/L。

8.8 流路泄漏附加误差检验

调整在线溶解氧表水样流量稳定在厂家推荐的流量范围的下限值，保持水中溶解氧浓度和温度不变。待被检表读数稳定后，记录被检表溶解氧读数 C_{X0}。调整在线溶解氧表水样流量增加 50%（小于厂家推荐的流量范围的上限值），待被检表读数稳定后，记录被检表溶解氧读数 C_{X1}。流路泄漏附加误差的计算方法见式（35）。记录格式见表 I.5。

$$\delta_L = \frac{C_{X0} - C_{X1}}{C_{X0}} \times 100\% \tag{35}$$

式中：

δ_L —— 流路泄漏附加误差，%；

C_{X0} —— 低流速时被检表溶解氧读数，$\mu g/L$；

C_{X1} —— 高流速时被检表溶解氧读数，$\mu g/L$。

9 在线硅表

9.1 技术要求

在线硅表检验项目、性能指标和检验周期应符合表 10 的规定。

表 10 检验项目与技术要求

项 目		要 求	检 验 周 期		
			运行中	检修后	新购置
整机配套检验	整机引用误差 δ_Z %FS	<1.0	1 次/1 个月	√	√
	重复性 δ_C %FS	<0.5	1 次/12 个月[a]	—	√
抗磷酸盐干扰性能[b]		在磷酸盐含量为 5mg/L 时产生的正向误差不大于 $2\mu g/L$；在 30mg/L 时，误差不大于 $4\mu g/L$			

a 当发现仪表读数不稳定时进行检验。
b 测量炉水的硅表检验抗磷酸盐干扰性能

9.2 检验条件

在线硅表检验条件应符合表 11 的规定。

表 11 检 验 条 件

项 目		规范与要求
工作条件	电源要求	AC 220V±22V，50Hz±1Hz
	环境温度	10℃～40℃
	环境相对湿度	30%RH～85%RH
	无腐蚀性气体，无强烈震动，无其他能引起被检仪表性能改变的电磁场存在	

表 11（续）

项　　目		规范与要求
介质条件	压力	0.098MPa～0.2MPa
	温度	5℃～40℃
	流量	20mL/min～200mL/min
	水样应澄清透明，最大固体颗粒粒径不能超过 5μm	
被检仪表条件	整机接线连接正确可靠，各紧固件应无松动，流路管道应选用高分子惰性材料。 具有数量充足的预先配制合格的所需各种试剂溶液。 直观检查被检仪表已具备正常运行的基本条件	
注：如果厂家有特殊要求时，可按照仪表制造厂的技术条件掌握		

9.3　标准溶液

二氧化硅标准液，配置方法见附录 J。

被检仪表其他必需的试剂溶液可根据仪表厂家的具体要求进行制备。

9.4　整机引用误差检验

把被检仪表的试剂管顶端装好沉头，插入预先配制好的试剂桶中，沉头应置于桶的底部，被检仪表通电运行 20min 后，检查所有试剂应能进入仪表的加药系统中。

将被检仪表的量程置于常用范围，定值仪表的零点与满度。

向被检仪表通入满量程 40％的硅标准溶液，直到显示读数稳定以后，再进行仪表的定值。

用无硅水将仪表流路冲洗干净。向被检仪表通入满量程 20％的硅标准溶液（B_1）1h，待稳定运行后记录仪表示值（S_1），按式（36）计算示值误差 δ_1。

$$\delta_1 = |S_1 - B_1| \tag{36}$$

式中：

δ_1——向被检仪表通入满量程 20％的硅标准溶液时，被检表的示值误差，$\mu g/L$；

B_1——被检仪表满量程 20％的硅标准溶液的浓度，$\mu g/L$；

S_1——向被检仪表通入满量程 20％的硅标准溶液时，被检表的示值，$\mu g/L$。

向被检仪表通入满量程 80％的硅标准溶液（B_2）1h，待稳定运行后记录仪表示值（S_2），按式（37）计算示值误差 δ_2。

$$\delta_2 = |S_2 - B_2| \tag{37}$$

式中：

δ_2——向被检仪表通入满量程 80％的硅标准溶液时，被检表的示值误差，$\mu g/L$；

B_2——被检仪表满量程 80％的硅标准溶液的浓度，$\mu g/L$；

S_2——向被检仪表通入满量程 80％的硅标准溶液时，被检表的示值，$\mu g/L$。

整机引用误差计算方法见式（38），记录格式见表 K.1。

$$\delta_Z = \frac{\delta_1 + \delta_2}{2M} \times 100\% \tag{38}$$

式中：

δ_Z ——整机引用误差,%FS;

M ——量程范围内最大值,$\mu g/L$。

9.5 整机重复性检验

用硅标准溶液对被检仪表进行定值操作。

用无硅水冲洗系统。采用满量程 40%硅标准溶液重复测量 6 次,记录被检仪表的示值。整机重复性计算方法见式(39),检验结果应符合表 9 的规定,记录格式见表 K.2。

$$\delta_C = \sqrt{\frac{\sum_{i=1}^{6}(S_i - \overline{S_i})^2}{5M^2}} \tag{39}$$

式中:

δ_C ——整机重复性,%FS;

S_i ——第 i 次测量时的仪表示值,$\mu g/L$;

$\overline{S_i}$ ——6 次测量的平均示值,$\mu g/L$;

M ——量程范围内最大值,$\mu g/L$。

9.6 抗磷酸盐干扰性能检验

把 500mL 80%FS 的硅标准溶液放在清洗干净并标有刻度的塑料桶中,把被检仪表的采样管插入此桶底部,开机 10min~15min,待示值稳定后,记录被检仪表示值 C_1。

当上述溶液降至 400mL 时,将 2mL 浓度为 1000mg/L 预先配制好的磷酸盐溶液注入上述硅标准溶液中,并充分搅拌均匀,运行 10min~15min,待示值稳定后,记录被检仪表示值 C_2。

当上述溶液降至 200mL 时,再将 5mL 浓度为 1000mg/L 磷酸盐溶液注入上述溶液中并搅拌均匀,运行 10min~15min,待示值稳定后,记录被检仪表示值 C_3。

抗磷酸盐干扰性能检验的计算方法见式(40)和式(41)。记录格式见表 K.3。

$$K_{L1} = C_2 - C_1 \tag{40}$$
$$K_{L2} = C_3 - C_1 \tag{41}$$

式中:

K_{L1} ——溶液中的磷酸盐含量在 5mg/L 时,被检仪表的抗磷酸盐干扰性能;

K_{L2} ——溶液中的磷酸盐含量在 30mg/L 时,被检表的抗磷酸盐干扰性能。

10 检验报告

每种在线化学仪表的检验报告的格式参见附录 L。

检验报告的结论:当所有检测项目合格时,检验结论为合格。当有某项或几项检验不合格时,检验结论写明检验不合格项。

附录 D 发电厂低电导率水 pH 在线测量方法
（DL/T 1201—2013）

1 范围

本标准规定了低电导率流动水样 pH 在线测量的程序、设备和校准方法，以及对水样流动压力、流速和温度的控制要求。

本标准适用于电导率低于 $100\mu S/cm$、pH（25℃）在 3～11 之间水样的 pH 在线测量。

2 规范性引用文件

下列文件对于本文件的应用是必不可少的。凡是注日期的引用文件，仅注日期的版本适用于本文件。凡是不注日期的引用文件，其最新版本（包括所有的修改单）适用于本文件。

GB/T 6904.3 锅炉用水和冷却水分析方法 pH 的测定 用于纯水的玻璃电极法

GB/T 13966 分析仪器术语

DL/T 677—2009 发电厂在线化学仪表检验规程

3 术语和定义

GB/T 13966 界定的以及下列术语和定义适用于本文件。

3.1

液接电位 liquid junction potential

在参比电极盐桥和水样接触点处的直流电位差。理想情况下该电位差接近于零并且稳定。在低电导率水中，液接电位增大，并且其增大量不可知，造成测量误差。只要该电位差保持长时间稳定，则可通过在线校准降低其影响。

3.2

流动电位 streaming potential

由于低电导率水流经非导电体表面（如 pH 测量体系中的玻璃电极的玻璃膜或其他非导电材料）产生的静电荷所引起的电位变化。

3.3

玻璃电极 glass electrode

用对氢离子有选择作用的玻璃敏感膜制作的一种离子选择电极。其电位与溶液中氢离子活度的对数呈线性关系。该电极用于测量 pH。

［GB/T 13966—1992，定义 3.61］

3.4

参比电极 reference electrode

在实际电化学测量条件下，电位值已知并基本保持不变的电极，用于测量指示电极的电位。例如，在电位法分析中用的甘汞电极、银‐氯化银电极等。

［GB/T 13966—1992，定义 3.53］

3.5

pH 复合电极　pH combination electrode

由一支离子选择电极和一支参比电极组合构成的一种电化学传感器。

［GB/T 13966—1992，定义 3.55］

4　方法概述

本方法所述的 pH 在线测量，是指将玻璃电极与参比电极放置在密闭流通池中进行低电导率水 pH 的在线连续测量。选择适合在低电导率水中连续测量、内阻小的玻璃电极，以降低流动电位的影响。宜采用密闭结构、无需补充电解液的参比电极，带有的盐桥与水样通过扩散导通，在连续测量期间，盐桥能限制内充电解液扩散速度，以防止扩散造成电极内充电解液被显著稀释。

本方法介绍了用于低电导率水样 pH 在线连续测量的仪器和程序。详细介绍了 pH 传感器组件的类型和 pH 仪表接口模块。规定了水样压力和流速的控制要求。规定了 pH 传感器的安装和校准方式，介绍了校准时防止水样污染和取得代表性水样应采取的措施。

5　意义和作用

提高在线测量低电导率水 pH 的准确性，对水汽系统 pH 监督、判断水中杂质的污染性质以及获得与纯水系统总体状态有关的信息有重要意义。

通常在酸、碱或溶解性盐含量较大的溶液中，可以快速和精确测定 pH。但低电导率水样 pH 的在线连续测量难度却很大。因为低电导率水样容易受到大气、水样流路和参比电极的污染，且液接电位容易发生改变，导致 pH 测量误差。另外，低电导率水样对参比电极的影响以及高电阻率也可造成 pH 测量值不稳定和误差。

6　低电导率水样 pH 在线测量影响因素

6.1　污染

进行 pH 在线测量时，高纯度、低电导率水样特别容易受到污染，这些污染来自大气（尤其是 CO_2）、取样管路沉积物（氧化铁和其他金属腐蚀产物）、高电导率的标准缓冲液、不正确的取样系统以及参比电极渗出的内充 KCl 溶液。只含有氨和二氧化碳水溶液的 pH 和电导率计算值（25℃）见表 1。

表 1　只含有氨和二氧化碳水溶液的 pH 和电导率计算值（25℃）

氨 mg/L	二氧化碳 0 mg/L		二氧化碳 0.2mg/L		水样含 0.2mg/L 二氧化碳 引起的 pH 改变量
	μS/cm	pH	μS/cm	pH	ΔpH
0	0.056	7.00	0.508	5.89	1.11
0.12	1.462	8.73	1.006	8.18	0.55
0.51	4.308	9.20	4.014	9.09	0.11
0.85	6.036	9.34	5.788	9.26	0.08
1.19	7.467	9.44	7.246	9.38	0.06

6.2 流动电位

玻璃电极的电位与水样中的氢离子活度的对数成比例，反映水样的真实 pH 值。而低电导率水样在流动过程中，额外产生变化的流动电位，该电位叠加到玻璃电极上，使玻璃电极的电位发生变化从而造成 pH 的测量误差，并且该误差变化不定。可使用导电的流通池、对称 pH 复合电极和减少电极表面流速来减少流动电位对低电导率水样 pH 在线测量的影响。

6.3 液接电位

液接电位在低电导率水样中最为明显，使参比电极的电位发生变化，从而改变了玻璃电极和参比电极的电位差，造成 pH 测量误差。参比电极液接电位的变化受参比电极的性能、水样的电导率、运行时间、水样流速和水样压力的影响。pH 仪表的整机校准在 pH 标准缓冲液中进行，其离子强度远高于低电导率水样离子强度，因此将电极从标准缓冲溶液中转移至低电导率水样时，液接电位发生显著变化，导致在 pH 标准缓冲液中校准准确的 pH 仪表，在测量低电导率水样 pH 时，仍然会出现较大测量误差。

在 pH 仪表整机校准时，应保证液接电位的稳定。在离子强度较高的 pH 标准缓冲液中校准后，测量低电导率水样时，需要很长的冲洗时间，参比电极的液接电位才能达到稳定。为了保证低电导率水 pH 在线测量的准确性，应按第 8.2 条所述的方法，在低电导率水样中进行在线校准，或使用与被测水样电导率相近的标准水样进行校准。

6.4 温度

在测量低电导率水样 pH 时，流动水样的温度变化，以及补偿到 25℃所用的温度补偿系数，对 pH 测量的准确性有较大影响。温度对 pH 测量的影响，参见附录 C。

6.5 流速

应控制流经 pH 测量流通池的水样流速在一定范围内，才能使测量结果稳定准确。水样流速对 pH 测量的影响，参见附录 D。

7 仪器

7.1 测量传感器

7.1.1 纯水 pH 测量传感器应是一个完整的组件。pH 测量流通池、连接管宜采用不锈钢（应首选 316 不锈钢，也可采用电解抛光的 304 不锈钢），电极宜采用不锈钢整体屏蔽，并且整个系统应接地良好。同时要求整个测量系统有良好的屏蔽，以减少电磁干扰；应使整个水样系统严密，防止空气漏入水样；应防止水样系统积累沉积物。当水样系统使用塑料（如聚四氟乙烯和聚偏氟乙烯等）或其他材料时，应确保这些材料不会释放杂质从而污染水样。

7.1.2 传感器的温度响应会影响测量的准确性和重现性。玻璃电极、参比电极和温度测量电极均应对温度变化有较快的响应。

7.1.3 一些玻璃电极长期在低电导率水中会发生玻璃膜降解。应选择适合在低电导率水中长期使用的玻璃电极。

7.1.4 为了保证 pH 测量结果的准确性和稳定性，应避免低电导率水样扩散到参比电极内部的高电导率电解液中引起参比电极的电位变化。

7.1.5 宜选择密封（不需要补充电解液）的参比电极，该电极在长期测量低电导率水样过程中，应能避免参比电极内充液被显著稀释。测量过程中，参比电极中微量的 KCl 会扩散到水样中。

7.2 取样管系统

pH 测量传感器上游与水样接触的材料应选用不锈钢、聚四氟乙烯、玻璃等。在水样减压器和冷却器后，还应设有压力调节系统和流量调节系统。在水样进入传感器前，应设有人工取样旁路，用于 pH 仪表的整机在线校准。人工取样旁路应满足以下条件：进行在线校准时，流经在线 pH 仪表传感器的水样压力和流量保持不变。

7.3 传感器与二次仪表的连接

pH 测量传感器与二次仪表的连接线长度小于 3m，传感器与二次仪表直接连接，见图 1 a)。pH 测量传感器与二次仪表的连接线长度大于 3m，宜使用转换模块。该模块具有测量信号放大、抗干扰、温度补偿等功能。转换模块与 pH 传感器的连接线长度宜小于 3m，转换模块的输出端与 pH 二次仪表的连接见图 1 b)。

8 校准

8.1 检查性校准

8.1.1 检查性校准适用于新购仪表的初次使用，或者更换电极后的首次使用，使用中的 pH 仪表宜半年进行一次检查性校准。检查性校准的目的是检验电极与二次仪表的配套性能。由于低电导率水 pH 的在线测量受流动电位、液接电位、温度补偿等特殊干扰因素的影响，检查性校准后的 pH 仪表，并不能保证在线测量低电导率水样 pH 时的准确性。

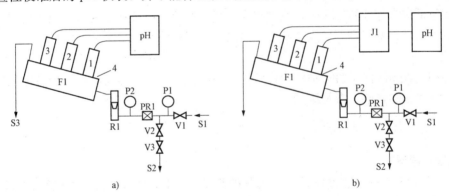

图 1　在线 pH 测量系统和取样系统示意

a) 连接线长度小于 3m；b) 连接线长度大于 3m

S1—水样进口；V1—高压水样进口截止阀；P1—水样进口压力表；V2—人工取样截止阀；V3—人工取样调节阀；S2—人工取样出口；PR1—二次压力调节阀；R1—转子流量计；P2—测量池压力表；F1—测量流通池；S3—水样排水管；1—温度测量电极；2—玻璃电极；3—参比电极；pH—二次仪表；J1—转换模块；4—pH 测量传感器（包括 F1、1、2、3）

8.1.2 检查性校准步骤如下：

a) 按照厂家说明书，将 pH 测量传感器与二次仪表连接，启动仪表，并进行后续操作。

b) 将 pH 仪表设置为自动温度补偿。

c) 将电极（参比电极、玻璃电极和温度测量电极）从流通池中取出，分别置于 pH 7 和 pH 9 的标准缓冲溶液中进行两点定位（见 GB/T 6904.3）。然后再把电极分别放入 pH 7 和 pH 9 的标准缓冲溶液中进行检验，并记录示值误差。每次更换标准缓冲液之前，使用二级除盐水彻底冲洗电极和玻璃器皿。

d）完成上述操作后，使用二级除盐水或被测水样彻底冲洗电极，按厂家说明将其安装在 pH 测量流通池中。调整水样流速不小于 250mL/min，冲洗流通池和电极至少 3h，彻底清除微量高电导率的 pH 缓冲溶液。

8.1.3 检查性校准结果处理如下：

a）若 pH 仪表的示值误差绝对值不大于 0.05pH，说明电极与二次仪表匹配。

b）若 pH 仪表的示值误差绝对值大于 0.05pH，或 pH 仪表示值上下波动幅度超过 ±0.02pH，应按照 DL/T 677—2009 中 6.9 的规定检查电极性能。

c）若无法将 pH 仪表的示值校准到标准缓冲溶液的 pH 值，说明电极与二次仪表不匹配。

8.2 准确性校准

8.2.1 准确性校准的目的是保证 pH 仪表在线测量准确。准确性校准时，pH 仪表处于正常在线监测状态，所有可能使仪表测量出现误差的因素都存在。因此，准确性校准合格的 pH 仪表，一定时间内，pH 在线测量误差的绝对值不大于 0.05pH。

8.2.2 对于连续运行的在线 pH 仪表，应每月进行一次准确性校准；如果发现 pH 仪表在线测量异常，应立即进行准确性校准。新购置的在线 pH 仪表，或者更换电极的在线 pH 仪表，在完成检查性校准后，应立即进行准确性校准。机组检修后投入运行，应进行一次准确性校准。

8.2.3 准确性校准的方法如下：

a）低电导率 pH 标准水样校准法。

被检在线 pH 仪表处于正常运行状态，温度补偿设置为自动温度补偿。对于参与控制或报警的在线 pH 仪表，应先解除控制或报警状态。然后将被检表流通池入口拆开，将一个低电导率 pH 标准水样（见表 2）接入被检表流通池入口（见图 2、参见 DL/T 677—2009 附录 C）。调节水样流量和压力到正常测量值，用标准水样冲洗 30min 以上。当被检表读数稳定后，对比标准水样的 pH 值，两者差值的绝对值不大于 0.05pH，即检验合格；当两者差值的绝对值大于 0.05pH，按照仪表说明书调整被检表，使被检表测量的 pH 示值与标准水样的 pH 值一致。

表 2 25℃下，pH 与电导率的关系

NH₃ mg/L	NH₄OH mg/L	pH	电导率 μS/cm
0.10	0.21	8.65	1.24
0.15	0.31	8.79	1.72
0.20	0.41	8.89	2.15
0.25	0.51	8.96	2.54
0.30	0.62	9.02	2.91
0.35	0.72	9.07	3.25
0.40	0.82	9.11	3.57
0.45	0.93	9.15	3.88
0.50	1.03	9.18	4.17
1.00	2.06	9.38	6.58
1.50	3.09	9.49	8.47
2.00	4.11	9.56	10.08
注：该表列出通过热力学数据计算得到的纯水中的低浓度氨水的 pH 和电导率的理论值。			

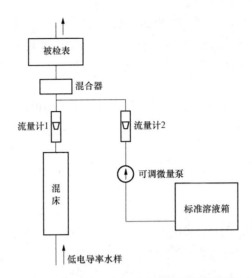

图 2　低电导率 pH 标准水样制备装置示意

b）标准表比对校准法。

被检在线 pH 仪表处于正常运行状态，温度补偿设为自动温度补偿。

标准 pH 仪表的整机温度补偿附加误差的绝对值小于 0.01pH，温度测量误差的绝对值小于 0.5℃，标准表比对校准前，应使用低电导率 pH 标准水样校准法校准标准 pH 仪表，使其工作误差的绝对值小于 0.02pH。

然后，将标准 pH 仪表流通池入口连接到被检 pH 仪表所测水样的人工取样点（见图3），使被检表和标准表测量同一个水样，调节流经两个表的水样流量与厂家推荐值一致。当被检表和标准表读数稳定后，对比两者差值的绝对值，不大于 0.05pH，检验合格；当两者差值的绝对值大于 0.05pH，按照仪表说明书调整被检表，使被检表测量的 pH 示值与标准表测量的 pH 示值一致。

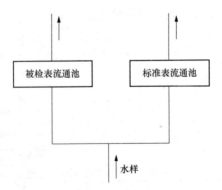

图 3　标准表比对校准法示意

8.3　注意事项

8.3.1　对于不能恒温在 25℃±1℃ 的水样，应检验在线 pH 仪表的温度补偿附加误差（见DL/T 677—2009，6.6）。温度对 pH 测量的影响，参见附录 C。

8.3.2　应定期检验被检表的温度测量误差（见 DL/T 677—2009，6.6）。

9　pH 的在线测量

9.1　按图 1 所示连接在线 pH 测量系统。所有与水样接触的材料应由不锈钢（316 不锈钢或电化学抛光的 304 不锈钢）、玻璃、聚四氟乙烯等组成。应避免使用不同金属，以防止不同金属间的电偶腐蚀。电偶腐蚀会在水样中产生电位梯度，会造成明显的 pH 测量误差。关于水样系统污染的讨论，参见附录 E。

注：聚四氟乙烯不适合于放射性的水样，应采用合适的材料替代辐射区域内的所有聚四氟乙烯组件。

9.2　对于新投运的仪表，尤其是电极浸入在 pH 标准缓冲液或其他高电导率溶液后，应使用低电导率水样，以 250mL/min 的流量，冲洗水样系统 3h～4h。

9.3　应控制水样流量在仪表厂家推荐流量范围内。流通池入口的水样压力应保持在 345kPa 以下。宜保持水样流量和压力稳定，以防止水样压力和流量的变化产生 pH 测量误差。确定水样流量应考虑的因素有：取样管路的长度、内径对取样滞后时间和取样代表性的影响，温度控制的影响，压力调节的影响等。水样流量和压力的影响参见附录 D。

9.4　宜保持水样温度在（25±1）℃（见 6.4）。低电导率水样温度对 pH 测量的影响参见附录 C。

9.5　应按照厂家说明书安装在线传感器和连接管路，保证系统严密，避免空气漏入。

9.6　按照厂家说明书将 pH 传感器与 pH 二次仪表相连接。

9.7　按第 8 章对在线 pH 仪表进行校准后，仪表才可投入正常测量。

9.8　按 8.2.2 规定的检验周期，定期检验和校准在线 pH 仪表，保证其测量准确。

10　精度和偏差

由于本测试方法为在线连续测定，不能进行不同单位的协同试验，无法获得精度或偏差数据。

附　录　A
（资料性附录）
本标准与 ASTM D 5128—2009 相比的结构变化情况

本标准与 ASTM D 5128—2009 相比在结构上有较多调整，具体章条编号对照情况见表 A.1。

表 A.1　本标准与 ASTM D 5128—2009 的章条编号对照情况

本标准的章条编号	对应 ASTM 标准的章条编号
前言	—
引言	—
1	1.1，1.2
—	1.3
3.1	3.1.1
3.2	3.1.2
3.3，3.4，3.5	—

续表 A.1

本标准的章条编号	对应 ASTM 标准的章条编号
—	3.2
4	4.1，4.2
—	4.3
5	5.1，5.2
6.3	6.3，6.3.1
—	6.3.2
—	8
8.1.1	9.2，9.5 的注释 6
8.1.2	9.1，9.2，9.3
—	9.4
8.1.3	—
8.2.1，8.2.2	—
8.2.3 a)	9.5，9.6
8.2.3 b)	—
8.3.1	9.5 的注释 4
8.3.2	9.5 的注释 5
9.1，9.2，9.3，9.4，9.5，9.6，9.7	10
9.8	—
10	11.1
附录 A	—
附录 B	—
附录 C	附录 X2
附录 D	附录 X3
附录 E	附录 X4

附 录 B

（资料性附录）

本标准与 ASTM D 5128—2009 的技术性差异及其原因

表 B.1 给出了本标准与 ASTM D 5128—2009 的技术性差异及其原因。

表 B.1　本标准与 ASTM D 5128—2009 的技术性差异及其原因

本标准的章条编号	技术性差异	原　因
1	删除"使用密闭的、无需补充电解液的参比电极"	此内容属规范性内容，且标准正文 7.1 节"测量传感器"中已有论述
1	删除"对于传统 pH 电极、方法和相关测量仪器而言，低电导率水的 pH 测量是有困难的"	此事实广为人知
1	删除 ASTM D 5128—2009 表 1、表 2	适应我国标准的编写要求，减少不必要的解释性内容

续表 B.1

本标准的章 条编号	技术性差异	原　　因
1	删除 ASTM D 5128—2009 图 1	适应我国标准的编写要求，删除不必要的解释性内容
1	删除 ASTM D 5128—2009 1.3 条	适应我国标准的编写要求，无此方面内容
2	关于规范性引用文件，本部分做了具有技术性差异的调整，调整的情况集中反映在第 2 章"规范性引用文件"中，具体调整如下： ——用 GB/T 6904.3 代替了 ASTM D 5464（见 8.1.2）； ——增加引用了 GB/T 13966（见 3.3、3.4、3.5）； ——增加引用了 DL/T 677—2009（见 8.1.3，8.2.3，8.3.1，8.3.2）； ——删除 ASTM D 1129，ASTM D 1193，ASTM D 1293，ASTM D 2777，ASTM D 3864，ASTM D 4453	适应我国标准的编写要求，便于国内标准使用者使用
3	增加术语和定义中的 3.3，3.4，3.5	便于标准使用者理解
3	删除 ASTM D 5128—2009 3.2 条	第 3 章术语和定义中已给出国内对应的参考标准
6.1	删除 ASTM D 5128—2009 附录 X1 "CO_2 对高纯水 pH 测量的影响"	表 1 足够说明，删除不必要的解释性内容
6.2	增加"减少电极表面流速"	多提供一种能有效减小流动电位的影响的可行办法
6.3	将"pH 电极暴露在比纯水具有更高离子强度的 pH 缓冲液，导致液接电位严重不稳定，造成 pH 测量误差，该误差是由于 pH 电极从一种离子强度的溶液转移到另一种离子强度溶液引起的。"修改为"pH 仪表的整机校准在 pH 标准缓冲液中进行，其离子强度远高于低电导率水样离子强度，因此将电极从标准缓冲溶液中转移至低电导率水样时，液接电位发生显著变化，导致在 pH 标准缓冲液中校准准确的 pH 仪表，在测量低电导率水样 pH 时，仍然会出现较大测量误差。"	表述更加具体、清晰，便于理解
6.3	删除 ASTM D 5128—2009 6.3.2	原标准旨在说明液接电位不可测定，对用户没有实际意义，删除不必要的解释性内容
6.3	低电导率水 pH 的校准"应按 9.5 进行"修改为"应按 8.2 所述的方法"	与标准章条号对应
图 1	采用分图形式表示	便于识图
8.1.1	增加了"使用中 pH 表的检查性校准要求"	满足仪表维护的实际需要
8.1.2	增加了"pH 电极两点定位的具体步骤"	便于用户实际操作

续表 B. 1

本标准的章条编号	技术性差异	原　因
8.1.2	删除 ASTM D 5128—2009 第 8 章	在"pH 电极两点定位的具体步骤"中介绍
8.1.3	增加了"检查性校准结果的处理方法"	给出详细的处理方法，便于指导用户进行仪表维护
8.2.1	增加了"准确性校准的目的"	强调"准确性校准"的重要性
8.2.2	增加了"准确性校准的周期"	便于指导用户进行仪表维护
8.2.3 a)	用 DL/T 677—2009 第 6.4.2 条的方法代替 ASTM D 5128—2009 第 9.6 条的准确性校准方法	二者原理一致，故引用国内现行行业标准，便于用户使用
8.2.3 b)	增加了"另外一种准确性校准方法"	提供另外一种有效、快捷的准确性校准方法，便于用户选择和使用
8.3.1	增加了"在线 pH 仪表的温度补偿附加误差的具体检验方法"	引用国内现行行业标准，给出具体的检验方法，便于操作
8.3.2	用 DL/T 677—2009 第 6.6.4 条的方法代替 ASTM D 5128—2009 NOTE 5 的温度测量误差检验方法	引用国内现行行业标准，且提供的检验方法更简单和便于操作
9.7	按第 8 章对在线 pH 仪表进行校准后，仪表才可投入正常测量	与标准章条号对应
9.8	增加了"对在线 pH 仪表进行定期检验和校准的要求"	指导用户进行仪表维护，有助于提高仪表的测量准确性

附　录　C
（资料性附录）
温度对低电导率水 pH 测量的影响

C. 1　在低电导率水样 pH 测量过程中，温度的影响主要有两方面。

C. 1. 1　标准能斯特方程温度系数。

C. 1. 2　超纯水的溶液温度效应（STE）：STE 是由水的电离平衡常数随温度变化引起的。然而，少量的酸性或碱性物质对该系数有着实质性影响。对低电导率碱溶液，STE 约为 $-0.03pH/℃$。这是因为水样的电离平衡随着温度的改变而改变。

C. 2　通常，多数带有温度测量元件和自动温度补偿功能的 pH 表提供标准能斯特补偿。

对于带有手动温度补偿的 pH 表，只要运行人员测量水样温度，并在 pH 仪表上选择该温度，也能得到同样的补偿效果。

C. 3　为了避免水样温度产生的误差，应确定溶液温度补偿系数（STC），以便在各种温度下准确测量水样的 pH 值。例如，一旦确定了 STC，技术人员可以在实验室测量 22℃ 的 pH

值，然后应用 STC 计算出 35℃下的在线 pH 值。

C.3.1 低电导率溶液 STC 的确定需要根据溶液的各个组分进行复杂的计算。因而，一个 STC 仅对某一特定溶液有效。

C.3.2 STC 的推导取决于所分析溶液的水化学性质。如果对水中微量成分测量不准确，推导得到的 STC 会产生较大误差。一个未知的微量组分会使推导的 STC 不能准确补偿溶液的 pH。

C.3.2.1 一种常用的方法是测量已知溶液在两个不同温度下的 pH 值，计算出 STC。这种方法的缺点是缺少两点之间的数据。然而，由于水化学性质在一定范围内相对稳定，所以通过多个测量数据回归出 STC 修正因子，使用该 STC 可以将在不同温度下测量的水样 pH 值补偿到 25℃的 pH 值。

C.3.2.2 以下几种水溶液可用温度补偿系数将 pH 测量值补偿到 25℃的 pH 值：

　　a）纯水。

　　b）1 溶液：4.84mg/L 硫酸，代表 25℃下 pH 值为 4.0 的酸性溶液。

　　c）2 溶液：0.272mg/L 氨水和 20μg/L 的联氨，代表给水的一般控制条件（pH9.0，25℃）。

　　d）3 溶液：1.832mg/L 氨水、10mg/L 吗啉和 50μg/L 联氨，代表有机胺调节高 pH 全挥发处理。

　　e）4 溶液：3mg/L 磷酸盐（钠与磷酸根摩尔比为 2.7）和 0.3mg/L 氨，代表磷酸盐处理的炉水。

C.3.3 上述溶液的 pH 计算值和温度补偿系数见表 C.1 和表 C.2。这些碱性溶液的温度补偿系数基本相同，是纯水温度补偿系数的两倍左右。使用表 C.1 和表 C.2 中的温度补偿系数，可避免溶液温度效应造成的 pH 测量误差。

C.3.4 带有可设定 STC 温度补偿系数的 pH 仪表，可以保证仪表测量标准 pH 溶液和连续在线 pH 测量时不受温度的影响。

表 C.1 不同溶液 pH 值随温度的变化

温度 ℃	pH			
	1 号溶液[a]	2 号溶液[b]	3 号溶液[c]	4 号溶液[d]
0	4.004	9.924	10.491	10.388
5	4.004	9.719	10.294	10.178
10	4.004	9.525	10.108	9.981
15	4.005	9.342	9.932	9.795
20	4.005	9.169	9.765	9.619
25	4.006	9.002	9.604	9.451
30	4.007	8.847	9.456	9.296
35	4.008	8.699	9.312	9.148
40	4.010	8.557	9.175	9.007

续表 C.1

温度	pH			
℃	1 号溶液[a]	2 号溶液[b]	3 号溶液[c]	4 号溶液[d]
45	4.011	8.422	9.044	8.874
50	4.013	8.293	8.919	8.748

[a]　1 号溶液 4.84mg/L SO_4。

[b]　2 号溶液 0.272mg/L NH_3＋20μg/L N_2H_4。

[c]　3 号溶液 1.832mg/L NH_3＋10.0mg/L 吗啉＋50μg/L N_2H_4。

[d]　4 号溶液 3.0mg/L PO_4（Na：PO_4＝2.7）＋ 0.30mg/L NH_3。

表 C.2　不同溶液 pH 测量温度补偿值

温度	pH 的温度补偿值				
℃	纯水	1 号溶液[a]	2 号溶液[b]	3 号溶液[c]	4 号溶液[d]
0	−0.477	−0.002	−0.923	−0.887	−0.937
5	−0.369	−0.002	−0.717	−0.690	−0.727
10	−0.269	−0.002	−0.524	−0.504	−0.530
15	−0.174	−0.001	−0.340	−0.327	−0.343
20	−0.085	−0.001	−0.167	−0.160	−0.168
25	0.000	0.000	0.000	0.000	0.000
30	0.078	0.001	0.154	0.149	0.155
35	0.153	0.002	0.303	0.292	0.304
40	0.224	0.004	0.445	0.429	0.444
45	0.292	0.005	0.580	0.560	0.577
50	0.356	0.007	0.709	0.685	0.704

[a]　1 号溶液 4.84mg/L SO_4。

[b]　2 号溶液 0.272mg/L NH_3＋ 20μg/L N_2H_4。

[c]　3 号溶液 1.832mg/L NH_3＋ 10.0mg/L 吗啉 ＋ 50μg/L N_2H_4。

[d]　4 号溶液 3.0mg/L PO_4（Na：PO_4＝2.7）＋ 0.30mg/L NH_3。

附 录 D
（资料性附录）
低电导率水样流速对 pH 测量的影响

低电导率水样 pH 的在线测量均受水样流速变化的影响。这种影响表现为：当水样 pH 值恒定，水样流速变化时，会导致玻璃电极和参比电极的电位差发生变化，这种变化不代表溶液的真实 pH 变化。玻璃电极和参比电极的电位差随水样流速变化，使 pH 测量的重现性变差。水样流速变化导致玻璃电极和参比电极的电位差的变化是不稳定和不可预测的。然而，给定流速下，纯水 pH 玻璃电极和参比电极的电位差是稳定的和可重现的。因此，在低电导率水中在线测量 pH 时，应保持水样流速恒定。

水样压力变化对 pH 在线测量的影响常被误认为是流速的影响。研究表明，水样压力变化影响参比电极的液接电位。这种影响在低电导率水 pH 的在线测量时更加明显。因此，在线测量低电导率水的 pH 时，应保持水样压力恒定，测量池排放口对空排放。

附　录　E
（资料性附录）
pH 传感器和取样管的安装

E.1　污染

发电厂纯水取样系统中一般会有各种沉积物。通常这些沉积物为氧化铁和其他金属腐蚀产物。这些小颗粒会粘附在水平采样管和测量池内壁。取样管路系统偶尔会有树脂颗粒、繁殖的微生物等污垢，像化学海绵一样，吸附和释放离子性杂质。这些杂质像一个离子仓库，当水样电导率上升时捕获离子，当水样电导率降低时，会释放离子到水溶液中，从而掩盖水质的真正变化。当水样流速突变或管路振动时，会释放大量含有离子的杂质，造成水质变化的虚假测量值。为了保证水样监测的准确性，应采取措施避免上述情况发生，其关键是保持水样流速达到一定值。

E.2　水样流速

研究表明，当雷诺数 Re 为 4000 时，80％的悬浮粒子将会沉积在长的水平取样管段中。一般取样流速下，取样管道中会产生几克的沉积物，但这些沉积物会储存大量的离子。美国电力研究院的研究表明，1.8m/s 是减少取样管内沉积的最佳流速。

由于流速是减少管内沉积的控制因素，选择取样管的规格很重要。对于内径 3.175mm（外径 6.35mm）的管子，1.8m/s 的流速对应的流量为 850mL/min；对于内径 6.35mm（外径 9.52mm）的管子，1.8m/s 的流速对应的流量为 3400mL/min。内径 3.175mm 的取样管比内径 6.35mm 的取样管减少 1 340 000L/年的取样量。因此，建议采用内径 3.175mm（外径 6.35mm）的取样管。在 40℃ 和 1.8m/s 条件下，内径 3.175mm 的取样管每 100m 产生压降为 1.8MPa。建议采用非焊接方式连接取样管，因为焊接会减少管内流通面积，增加流动阻力，如果水样中有树脂颗粒等杂物，还会堵塞取样管。取样管材应选奥氏体不锈钢，最好是 316 或 304 不锈钢。新取样管投运初期，需要几周时间冲洗管内的油和其他杂质。

E.3　水样温度控制

pH 传感器上游应安装冷却器和恒温装置。宜将水样温度恒温到 25℃±1℃。

附录 E 发电厂纯水电导率在线测量方法
（DL/T 1207—2013）

1 范围

本标准规定了发电厂流动纯水电导率在线连续测量的仪器设备、检验和测量方法，并对取样系统、水样流量和温度的控制要求也进行了规定。

本标准适用于电导率低于 $10\mu S/cm$，连续流动的取样管和工艺管道内纯水电导率的在线测量。

2 规范性引用文件

下列文件对于本文件的应用是必不可少的。凡是注日期的引用文件，仅注日期的版本适用于本文件。凡是不注日期的引用文件，其最新版本（包括所有的修改单）适用于本文件。

GB/T 6903 锅炉用水和冷却水分析方法 通则

GB/T 13966 分析仪器术语

DL/T 502.29—2006 火力发电厂水汽分析方法 第 29 部分：氢电导率的测定（DL/T 502.29—2006，ASTM D6504—2000，IDT）

DL/T 677—2009 发电厂在线化学仪表检验规程

ASTM D1125 水的电导率测量方法（Test Methods for Electrical Conductivity and Resistivity of Water）

3 术语和定义

GB/T 13966 界定的以及下列术语和定义适用于本标准。

3.1

电导 conductance

表示电解质溶液的导电能力的量。它是溶液电阻的倒数，并服从欧姆定律：

$$G = I/V \tag{1}$$

式中：

G——电导，S；

I——电流，A；

V——电压，V。

［GB/T 13966—1992，定义 3.29］

3.2

电导率 conductivity

边长为 1cm 的立方体内所包含溶液的电导。电导电极的两电极之间溶液的电导与溶液电导率之间的关系为：

$$\kappa = GL/A \tag{2}$$

式中：

κ——溶液电导率，S/cm；

G——电导，S；

L——两电极间距，cm；

A——两电极间溶液的截面积，cm^2。

注：改写GB/T 13966—1992，定义3.30。

3.3

电极常数 cell constant

电导电极的两电极间距与两电极间溶液的截面积之比，也称电池常数。

$$J = L/A \qquad (3)$$

式中：

J——电极常数，cm^{-1}；

L——两电极间距，cm；

A——两电极间溶液的截面积，cm^2。

为了防止干扰，一般使用电极常数为$0.01cm^{-1}\sim0.1cm^{-1}$的电极测量纯水的电导率。

3.4

流通池 flow chamber

用于安装电导电极和温度测量传感器、具有水样入口和出口的密闭容器。

3.5

电导传感器 conductivity sensor

用于在线测量电导率的传感器，一般由流通池、电导电极和温度测量传感器组成。

3.6

导线电容 capacitance of the leadwire

电导电极的两根引线之间的电容。

4 方法概述

4.1 测量基本要求

4.1.1 纯水电导率测量系统应包括电导电极、温度测量传感器或补偿器，并应将其安装在一个流动、密闭的系统中，应防止管路系统与水接触的表面释放的痕量杂质及大气污染。

4.1.2 电导率表应带有多种自动温度补偿的功能。温度对纯水电导率的影响包括离子导电能力变化、水的电离平衡移动、杂质离子对水电离平衡的影响。电导率表应将测量的电导率补偿到25℃的电导率值。

4.1.3 如果电导率表不具备自动温度补偿功能，应控制水样温度为25℃±0.2℃。

4.2 测量电极常数

4.2.1 如果电导率表用单支电极能够准确测量纯水至$150\mu S/cm$范围的水样，可直接按照ASTM D1125规定方法测量该电极的电极常数。

4.2.2 如果仪表在单支电极下不能准确测量纯水至$150\mu S/cm$范围的水样，可用根据ASTM D1125规定方法准确测定了电极常数的二级标准电极（与能够准确测量纯水电导率的仪表配套使用）和被测电极同时测量一个低电导率的水样（非标准溶液），将用二级标准

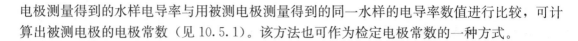

电极测量得到的水样电导率与用被测电极测量得到的同一水样的电导率数值进行比较，可计算出被测电极的电极常数（见 10.5.1）。该方法也可作为检定电极常数的一种方式。

5 意义和用途

通常测量高电导率水样时，空气的污染可以忽略不计，使用温度补偿系数为 $1\%/℃\sim3\%/℃$ 的线性温度补偿功能就可以满足测量要求。然而，测量纯水电导率时，水样中漏入空气或测量系统所释放的微量杂质均会使测量结果产生较大的误差。温度对电导率的影响是非线性的，并且影响更大，温度变化 $1℃$，电导率变化可达 7%。测量纯水的电导率表应具备非线性温度补偿功能，并且仪表各项性能应满足纯水电导率测量的要求。

本方法适用于监测纯水中微量离子杂质，是监测除盐系统和其他纯水处理设备出水质量的主要手段。本方法还适用于发电厂水汽系统、微电子工业漂洗用水、制药工艺用水的微量离子杂质的监测，以及发电厂水汽系统的加药控制。本方法填补了一般电导率测量方法在测量纯水时准确度差的不足。

当纯水中有微量碱性离子时，例如 $0\sim1\mu g/L$ NaOH，电导率会降低，甚至略低于不含任何杂质的理论纯水的电导率 $0.055\mu S/cm$（$25℃$）。这是因为碱性离子会使水的电离平衡移动，减少了导电能力最强的氢离子的浓度。所以，当测量水样的电导率低于不含任何杂质的理论纯水的电导率时，并不一定是仪表测量错误，可能是水中有微量碱性离子。这种现象有时会造成水的纯度很高（即电导率很低）的假象。

6 纯水电导率在线测量的影响因素

6.1 空气和取样管

6.1.1 水样与空气接触，会造成在水中可电离的气体的溢出或溶解，使水样电导率发生变化。空气中的二氧化碳在纯水中可以达到 $1mg/L$ 的平衡浓度，增加电导率约 $1\mu S/cm$。因此，应确保电导流通池和上游管路的严密性。

6.1.2 发电厂使用很长的取样管线容易产生污染。新投产的取样管线需进行长时间的冲洗。氧化铁和其他沉积物会在流速较低的水平管段沉积，能够吸收和释放水中的离子，导致很长的滞后时间。

6.1.3 电极和流通池表面会缓慢释放离子杂质，当水样流速很低时，会导致电导率测量值增加。因此，应保持厂家说明书推荐的水样流速，以减少这种影响。另外，通过镀层增加表面积的电极，如镀铂黑电极，不适合用于纯水电导率测量。

6.2 导线电容

电极连接线间的导线电容，会使纯水电导率测量值偏高。因此，所使用的电导率表应具备消除导线电容影响的功能（见 7.1.1 和附录 C）。此外，应严格遵守仪表说明书对电极连接线的要求。

6.3 温度

电导率测量值均应转换为 $25℃$ 的电导率值。宜将水样温度控制在 $25℃\pm0.2℃$，否则，应采用具备纯水电导率非线性温度补偿功能的电导率表。这种非线性温度补偿，不仅要适合不含任何杂质的理论纯水的温度补偿，还要适合含有微量杂质离子的纯水的温度补偿（见 7.1.2）。

6.4 水中气体

如果水样中含有溶解的气体，取样流速较低时，在流通池中会析出和积累气体，造成电导率测量值偏低。为了避免析出的气体在流通池中积累，应保持厂家说明书推荐的水样流速。应特别注意的是除盐水系统，水经过阳床后变成酸性，水中的碳酸氢根转换为碳酸，在加热和降压条件下，会析出二氧化碳气体。

6.5 其他干扰

6.5.1 pH传感器中的参比电极会渗出少量离子影响纯水的电导率，因而不能将电导传感器安装在pH传感器的下游。应采用专用取样管线，或者将电导传感器安装在pH传感器的上游。

6.5.2 测量氢电导率时，氢型交换柱漏出的树脂容易卡在电极之间，会引起电导率测量值显著偏高。应确保交换柱树脂捕捉器有效，并且应定期检查和清洗电极之间颗粒。选择电极间距大于1.5mm的电极，可以大大减少电极间卡树脂的可能。

6.5.3 除盐系统再生剂流经电导传感器后，需要很长时间的冲洗才能恢复准确测量。因此，在树脂再生前，应关闭取样管阀门。

7 测量设备

7.1 电导率表

7.1.1 使用的电导率表应能测量纯水，应具有合适的交流电压、波形、频率、相位校正和信号处理技术，以克服导线电容、电极极化和直流分量产生的误差。采用一种模拟电路可以检验电导率表是否符合测量纯水电导率的要求，具体检验方法见附录C。

7.1.2 电导率表应具有自动非线性温度补偿功能，将测量的电导率值补偿到25℃的电导率值。这种非线性温度补偿，不仅能补偿微量中性盐杂质离子的迁移随温度变化产生的影响，还能补偿水的电离随温度变化产生的影响。

7.1.3 对于含有碱性或酸性离子的水样，如发电厂水汽中含有氨的水、氢交换柱出水以及微电子工业的酸性漂洗水，应使用特殊的非线性温度补偿方式，以适应酸性或碱性离子对水电离平衡的影响。非线性温度补偿的准确性对这些水样的电导率测量是非常重要的。

7.1.4 对于测量混床出水直接电导率的电导率表，应选择中性盐非线性温度补偿；对于测量氢电导率的电导率表，应选择酸性非线性温度补偿；对于测量碱性纯水电导率的电导率表，应选择碱性非线性温度补偿。不含任何杂质的理论纯水的非线性温度补偿，不适用于含有微量杂质离子的纯水电导率的温度补偿。

7.1.5 应在被监测水样的实际温度变化范围内，检验电导率表非线性温度补偿的准确性，具体检验方法见DL/T 677—2009中5.5.4。含微量氯化钠的纯水、含微量盐酸的纯水、含微量氨的纯水、含微量吗啉的纯水和不含任何杂质的理论纯水的电导率受温度影响的情况见图1。

7.1.6 如果电导率表不具备自动温度补偿功能，应控制水样温度为25℃±0.2℃。在0℃～10℃的温度范围，非线性温度补偿系数超过7%/℃。

7.1.7 如果电导率表有信号输出，要确保输出端与电极和接地线绝缘，以免形成地回路。

7.2 电导电极和流通池

7.2.1 应使用在线流通池，以避免空气的污染及水样接触材料所释放杂质的污染（见

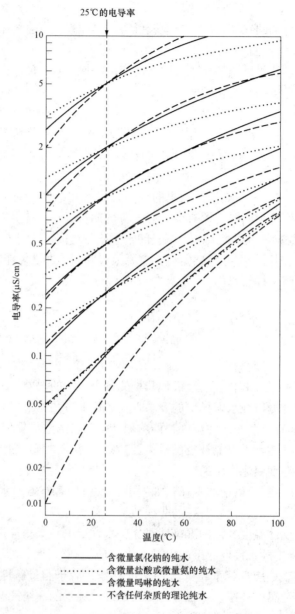

图1 温度对纯水电导率的影响

6.1)。水样流量应保持在仪表厂家建议的范围内。应在水样实际压力、流量和温度条件下定期校准电极常数。电导传感器应带有精确的温度测量传感器，能灵敏测量水样温度的变化，以确保准确的温度补偿。

7.2.2 测量纯水电导率的电导传感器，不能测量高电导率的水样（大于 $20\mu S/cm$），因为离子杂质会造成电导传感器的污染，需要很长的冲洗时间，才能使电极恢复到准确测量纯水的状态。用于除盐水制水系统的纯水电导传感器再生前应关闭取样管阀门。

7.2.3 测量纯水时，不能选用带镀层的电导电极，因为带微孔镀层的表面会存留杂质离子，导致测量响应时间过长。钛、镍、不锈钢或亮铂电导电极适合测量纯水，但是，使用铂电极时，应特别注意不能超过厂家推荐流量，不能用力处理电导电极表面，以防止电导电极表面弯曲造成电极常数变化。

7.2.4 如果检验电极常数超出正常值范围，宜清洗电导电极或者更换电导电极。即使在纯水测量系统，电导电极表面也会形成铁的氧化物、树脂粉末或其他固体杂质等覆盖层，使电导率测量值偏低。在电导电极之间堆积的导电性杂质，会引起电极短路，导致电导率测量值偏高。对于铂电导电极，为了防止电极常数的改变，不能采用机械清洗的方法。应按照厂家说明书的要求或按照 ASTM D1125 推荐的方法清洗电导电极。超声波清洗有时也是一种有效的方法。

7.2.5 如果需要加长电极连接线，导线的类型、规格和长度应符合厂家说明书的要求，以避免导线电容超出仪表的补偿能力。

8 试剂

8.1 应使用优级纯及以上试剂。

8.2 应使用符合 GB/T 6903 规定的一级试剂水。制备氯化钾标准溶液，应使用电导率小于 $1\mu S/cm$ 的纯水。必要时，可用带有气体分布管的不锈钢管或玻璃管将空气通入水中搅拌，直到达到平衡，平衡后水的电导率小于 $1.5\mu S/cm$。电导率标准溶液的制备方法参见 DL/T 677—2009 附录 A。

9 取样系统

9.1 直接在工艺管道上测量时，应将电导电极安装在水流畅通的部位，不能安装在水流静止的区域，以免水样缺乏代表性，以及防止气泡附着在电极表面。

9.2 设计和安装的取样管线应保证取样具有代表性。水样不能与空气接触，以免二氧化碳溶解到水样中改变水的电导率。电导传感器不能安装在 pH 传感器的下游（见 6.5）。

9.3 对于发电厂水汽取样系统，纯水水样中会有铁的氧化物和其他固体颗粒，应控制较高的取样流速，减少固体杂质在管道中积累，因为这些杂质会影响水样的电导率。水平管段最佳控制流速为 2m/s。

9.4 应保持取样流量连续稳定，以保证取样系统内表面与水样达到平衡。当水样流量突然变化时，需经过一定的时间后，才能得到准确的测量值。

9.5 将水样的温度控制在仪表非线性温度补偿的能力范围内，并保持水样温度稳定，以保证取样系统内表面与水样保持平衡。

9.6 纯水电导传感器不能接触树脂再生剂。

10 检验和校准

10.1 整机工作误差检验

10.1.1 按 DL/T 677—2009 5.3.1 的要求选用一台配备电导传感器的标准电导率表。

10.1.2 按图 2 将标准电导率表配备的电导传感器就近与被检电导率表配备的电导传感器并联连接，水样仍为被检表正常测量时的水样，水样电导率宜小于 $0.20\mu S/cm$。对于测量氢电导率的仪表，按图 3 将标准电导率表配备的电导传感器和被检电导率表配备的电导传感器分别连接在标准氢交换柱和在线氢交换柱后，水样为被检仪表正常测量时的水样，水样氢电

导率宜小于 $0.20\mu S/cm$。水样的流速按照要求调整至符合仪表厂家规定的范围，并保持相对稳定。被检电导率表通电预热并冲洗流路 15min 以上，将被检电导率表和标准电导率表的温度补偿设定为自动温度补偿。精确读取被检电导率表示值（κ_J）与标准电导率表示值（κ_B）。整机工作误差计算方法见式（4），即：

$$\delta_G = \frac{\kappa_J - \kappa_B}{M} \times 100\% \qquad (4)$$

式中：

δ_G ——整机工作误差，%FS；

κ_J ——被检电导率表示值，$\mu S/cm$；

κ_B ——标准电导率表示值，$\mu S/cm$；

M ——量程范围内最大值，$\mu S/cm$。

注：如果水样电导率不稳定，则使用能够连续产生稳定低电导率水样的装置产生稳定电导率的水样。

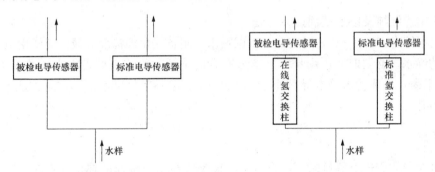

图 2　电导率表工作误差检验示意　　　　图 3　氢电导率表工作误差检验示意

10.1.3　按 DL/T 677—2009 表 1 规定，整机工作误差合格的电导率表，不必进行 10.2～10.5 条检验。整机工作误差不合格的电导率表，应进行 10.2～10.5 条检验，以确定整机工作误差超标的原因。

10.2　二次仪表检验

根据附录 C 评估未经检验的仪表测量纯水的性能，然后采用误差不超过 $\pm0.1\%$ 的标准电阻代替电导电极和温度电极。电导率等效电阻（R_x，Ω）等于电极常数（cm^{-1}）除以电导率（S/cm）。调整温度等效电阻（R_t），使仪表显示 25℃（基准温度），以便消除温度补偿的影响。标准电阻与仪表的连接方式如图 4 所示。

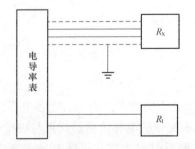

图 4　被检电导率表与标准电阻的连接

注：必须要明确的是，用一精确的电阻代替电导电极仅仅检验的是仪表测量纯电阻的能力，而实际仪表测量水样

时，存在电极表面微分电容和导线电容的影响。二次仪表还应具备克服电极表面微分电容和导线电容的影响，准确测量纯水电导率的能力，具体检验方法见附录 C。

10.3　电极连接线影响的检验

10.3.1　如果电极至电导率表的接线超过 7m，宜进行电极连接线影响检验。

10.3.2　按图 4 所示，用长度 2m 的电极连接线将电导率表和标准电阻连接，记录仪表示值；将该电极连接线换为实际长度的电极连接线，检查仪表的示值是否发生变化。如果短电极连接线换成长电极连接线后仪表示值发生变化，表明电极连接线对测量有影响。

10.3.3　检验时，要同时检查电导率示值和温度示值。电极连接线长度增加后，会增加导线电容和温度测量连接线的电阻，造成电导率和温度测量的误差。

10.3.4　部分仪表厂家采用单独屏蔽的两根电极引线来减少导线电容，部分仪表厂家采用氟碳绝缘材料或缩短电极引线长度的方法减少导线电容，应严格遵守厂家的接线规定。

10.4　温度测量校准

将被检电导率表的电导电极和温度测量传感器与标准温度计放入同一水溶液中，待被检表读数稳定后，同时读取被检表温度示值和标准温度计示值。如果温度示值误差超过 ±0.2℃，调整被检电导率表，使仪表显示温度与标准温度计测量值一致。

10.5　电极常数校准

10.5.1　电极常数测量方法

按 DL/T 677—2009 中 5.3.1 的要求，选用一台配备电导传感器、准确测量范围为 $0.055\mu S/cm \sim 150\mu S/cm$ 的标准电导率表。按 DL/T 677—2009 5.6.2 的规定，采用 $146.9\mu S/cm$（25℃）标准溶液准确测量该电导电极的电极常数 J_B，将该电极作为标准电导电极。

按图 2 将装有标准电导电极的电导传感器（电极常数为 J_B）与被检电导传感器并联连接，水样的电导率在被测水样的正常电导率范围内，保持水样温度和水样的电导率在检验期间不变（如果水样电导率不稳定，则使用连续产生一定电导率水样的装置产生稳定电导率的水样），将标准电导率表（电极常数设定为 J_B）与标准电导电极连接，测量水样电导率为 κ_B。

将标准电导率表（电极常数设定为 J_B）与被测电导电极的引线连接，测量水样电导率为 κ_X。被测电导电极的电极常数计算方法见式（5），即：

$$J_X = \frac{J_B \kappa_B}{\kappa_X} \tag{5}$$

式中：

J_X——被测电导电极的电极常数，cm^{-1}；

J_B——标准电导电极的电极常数，cm^{-1}；

κ_B——标准表连接标准电导电极时测量的水样电导率值，$\mu S/cm$；

κ_X——标准表连接被测电导电极时测量的水样电导率值，$\mu S/cm$。

10.5.2　电极常数调整

调整与被测电导电极配套的电导率表的电极常数设定值为 J_X。

11　测量

将电导传感器安装在取样管线，连接电导电极和电导率表。氢电导率测量用阳离子交换树脂柱应符合 DL/T 502.29—2006 中 6.1 的规定。对于新投运机组，应先切换取样管到排污冲洗管路，冲洗排放管路的杂质，以免杂物堵塞取样管。保持水样流量不低于 200mL/min，或调整到仪表厂家要求的流量，冲洗取样管和流通池中的杂质并排出空气。如果电导率表不具备合适的非线性温度补偿功能，应控制水样温度为 25℃±0.2℃。

随后对仪表进行整机工作误差检验（见 10.1）。以后每月进行一次整机工作误差检验。

校准整机工作误差合格后，投入正常测量。

12 精度和偏差

由于本测试方法为在线连续测定，不能进行不同单位的协同试验，因此无法获得精度或偏差数据。

<h2 style="text-align:center">附　录　A</h2>

（资料性附录）

<h3 style="text-align:center">本标准与美国 ASTM D 5391—99（Reapproved 2009）相比的结构变化情况</h3>

本标准与美国 ASTM D 5391—99（Reapproved 2009）相比在结构上有较多的调整，具体章条编号对照情况见表 A.1。

表 A.1　本标准与美国 ASTM D 5391—99（Reapproved 2009）的章条编号对照情况

本标准章条编号	对应的 ASTM 标准章条编号
前言	—
引言	—
1	1.1
—	1.2、1.3
3.1	—
3.2	3.1.1
3.3	3.2.1
3.4、3.5、3.6	—
4.2.1	4.2
4.2.2	4.3
5	5.1、5.2、5.3
6.1	6.1、6.2、6.3
6.2	6.4
6.3	6.5
6.4	6.6
6.5	6.7、6.8、6.9
7.1.3、7.1.5、7.1.6	7.1.3
7.1.4	—
7.1.7	7.1.4
8.2	8.2、8.3
9.2	9.2.1、9.2.2
9.3	9.2.3
9.4	9.2.4
9.5	9.2.5
9.6	9.2.6
—	9.2.7
10.1	—
10.2	10.1
10.3.1、10.3.2、10.3.3、10.3.4	10.2
10.4	10.3

表 A.1（续）

本标准章条编号	对应的 ASTM 标准章条编号
—	10.4.1
10.5.1	10.4.2
10.5.2	—
11	11.1、11.2、11.3
附录 A	—
附录 B	—
附录 C	附录 A

附 录 B

（资料性附录）

本标准与美国 ASTM D 5391—99（Reapproved 2009）的技术性差异及其原因

表 B.1 给出了本标准与美国 ASTM D 5391—99（Reapproved 2009）的技术性差异及其原因。

表 B.1　本标准与美国 ASTM D 5391—99（Reapproved 2009）的技术性差异及其原因

本标准章条编号	技术性差异	原　　因
1	将原标准中电导率低于 $10\mu S/cm$ 的高纯水修改为电导率低于 $10\mu S/cm$ 的纯水。 删除 ASTM D 5391—99（Reapproved 2009）中 1.2、1.3 对电导率测量单位的规定及使用本标准的安全说明	根据国内行业普遍共识，将原标准中电导率低于 $10\mu S/cm$ 的高纯水修改为电导率低于 $10\mu S/cm$ 的纯水。 电导率单位采用国际单位制，我国标准范围中没有使用该标准的安全说明
2	删除了 ASTM D 5391—99（Reapproved 2009）2.1 条中引用的部分 ASTM 标准条文。根据 GB/T 1.1—2009 要求将本部分修改为规范性引用文件，并列出具体标准名称	所删除的 ASTM 标准的内容与我国同类标准 GB/T 6903、GB/T 13966、DL/T 502.29—2006、DL/T 677—2009 中的内容类似，无技术冲突。为了便于我国标准人员使用本标准，因此用上述标准代替删除的 ASTM 标准
3	删除 ASTM D 5391—99（Reapproved 2009）术语中的 3.1.2、3.1.3，增加了电导、流通池、电导传感器、导线电容的定义（分别见 3.1、3.4、3.5、3.6），修改了电导率、电极常数定义（见 3.2、3.3）	在本标准中较多次出现了电导、流通池、电导传感器、导线电容等名词，为了帮助使用者理解这些名词的含义，防止产生混淆，增加了以上名词的定义
7.1.4	针对发电厂不同类型水质的纯水，增加了电导率表应该选择的温度补偿方式	ASTM D 5391—99（Reapproved 2009）标准中强调针对含有不同杂质的纯水应选择不同的温度补偿，并未指导标准使用者怎样设置电导率表的温度补偿。7.1.4 增加的内容明确了针对不同类型纯水、电导率表所应选择的温度补偿方式，使温度补偿方式具体化
7.1.5	增加了温度补偿电导率表非线性温度补偿准确性检验的方法	一些电导率表具备非线性温度补偿，但是否准确还需要进一步检验，并应明确检验方法
8.1、8.2	修改了对试剂的要求	ASTM D 5391—99（Reapproved 2009）8 中对试剂纯度的要求较低，为了保证电导率标准溶液的准确度，试剂要求按照国内相关标准执行
10.1	增加了整机工作误差检验的具体方法	ASTM D 5391—99（Reapproved 2009）10 中的各项内容是对电导率表的分项误差进行检验，检验工作量较大。按 DL/T 677—2009 表 1 规定，整机工作误差合格的电导率表，不必进行 10.2～10.5 条检验。整机工作误差不合格的电导率表，应进行 10.2～10.5 条检验，以确定整机工作误差超标的原因
10.2	增加了被检电导率表与标准电阻箱的连接图	使检验方法具体化，方便标准使用人员操作
10.3.2	增加了电极连接线影响检验的具体方法	使检验方法具体化，方便标准使用人员操作
10.4	增加了温度测量校准的具体方法	使检验方法具体化，方便标准使用人员操作

电厂化学仪表培训教材

表 B.1（续）

本标准章条编号	技术性差异	原　因
10.5.1	增加了电极常数测量的具体方法	使测量方法具体化，按照 DL/T 677—2009 方法便于国内标准使用人员操作
10.5.2	增加了电极常数调整	电极常数测量准确后，通过对电极常数进行调整，完成对电极常数的校准
11	修改 ASTM D 5391—99（Reapproved 2009）第 11 章	针对发电厂的纯水氢电导率测量，增加了对阳离子交换树脂柱的规定，增加了整机工作误差检验的频率，更便于标准使用人员操作执行
附录 C C.3	增加对电极常数的设置说明	使操作更加具体化，方便标准使用人员操作
附录 C C.4	修改 ASTM D 5391—99（Reapproved 2009）附录中的 A.1.5。增加电导率表是否满足纯水电导率测量要求的参照指标	使操作更加具体化，方便标准使用人员操作。给出详细的指标要求，便于用户判断电导率表是否能用来测量纯水

附　录　C
（规范性附录）
纯水电导率表的二次仪表性能检验

C.1　使用模拟电路检验电导率表测量纯水的性能，因为测量纯水电导率远比测量纯电阻的电导率复杂，不是所有电导率表适合准确测量纯水电导率。图 C.1 给出模拟电路示意图，该模拟电路表示电导电极在纯水中的实际导电情况。电导率表应能准确测量模拟电路中的标准电阻的电导率。

C.2　根据被测水样的电导率、电极常数和电极导线的长度，从表 C.1 中选择最接近实际情况的标准交流电阻箱和电容，组成模拟电路。将模拟电路的输出端与电导率表电导电极接线端连接，将一个直流电阻箱连接到电导率表的温度测量端，调整电阻箱使电导率表显示温度 25℃±0.1℃，或者将电导率表设为不进行温度补偿的状态。

C.3　调整电导率表不进行任何补偿和修正，将电极常数设为 $0.1cm^{-1}$ 或 $0.01cm^{-1}$，使电导率表显示未经修正的电导率值。

C.4　将被检电导率表与标准交流电阻箱连接，读取其电导率示值；再将被检电导率表与标准交流电阻箱和电容组成的模拟电路（见图 C.1）连接，读取被检电导率表示值；两次电导率示值的差表示电导率表测量纯水时受到微分电容和导线电容影响产生的误差（不包括温度补偿误差和电极常数误差）。本试验可以确定电导率表是否满足纯水电导率测量的要求（参见 DL/T 677—2009 表 1 "二次仪表引用误差要求"）。本模拟电路仅适用于电导率 $0.055\mu S/cm \sim 0.1\mu S/cm$ 范围的检验，对于电导率超过该范围的情况，用于检验的模拟电路各元件的参数需要重新确定。

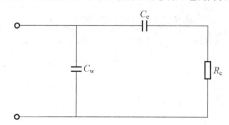

C_w—导线电容；C_e—微分电容；R_c—溶液电阻＝电极常数/电导率（用标准交流电阻箱调节）

图 C.1　纯水电导率表检验模拟电路

表 C.1　电导电极模拟电路的参数

模　拟　条　件	C_w pF	C_e μF	R_c $k\Omega$
$0.055\mu S/cm$，电极常数 $0.01cm^{-1}$，2m 电缆	330	1	182
$0.055\mu S/cm$，电极常数 $0.01cm^{-1}$，50m 电缆	8200	1	182
$0.055\mu S/cm$，电极常数 $0.1cm^{-1}$，2m 电缆	330	0.47	1820
$0.055\mu S/cm$，电极常数 $0.1cm^{-1}$，50m 电缆	8200	0.47	1820
$0.1\mu S/cm$，电极常数 $0.01cm^{-1}$，2m 电缆	330	5	100
$0.1\mu S/cm$，电极常数 $0.01cm^{-1}$，50m 电缆	8200	5	100
$0.1\mu S/cm$，电极常数 $0.1cm^{-1}$，2m 电缆	330	0.1	1000
$0.1\mu S/cm$，电极常数 $0.1cm^{-1}$，50m 电缆	8200	0.1	1000

附录 F 火力发电厂水汽分析方法 总有机碳的测定
(DL/T 1358—2014)

1 范围

本标准规定了火力发电厂水汽中总有机碳的测定方法。

本标准适用于水汽中 TOC 和 TOC_i 含量在 $10\mu g/L \sim 1000\mu g/L$ 水样的测定。

2 规范性引用文件

下列文件对于本文件的应用是必不可少的。凡是注日期的引用文件，仅所注日期的版本适用于本文件。凡是不注日期的引用文件，其最新版本（包括所有的修改单）适用于本文件。

GB/T 6903 锅炉用水和冷却水分析方法 通则

3 术语和定义

3.1

总有机碳（TOC）   **total organic carbon**

有机物中总的碳含量。

3.2

总有机碳离子（TOCᵢ）   **total organic carbon ion**

有机物中总的碳含量及氧化后产生阴离子的其他杂原子含量之和。

4 方法提要

水中有机物完全氧化后将发生下列反应：

$$C_x H_y O_2 \longrightarrow CO_2 + H_2O \tag{1}$$

$$C_x H_y O_2 M \longrightarrow CO_2 + H_2O + HM(O)_n \tag{2}$$

注：M 表示有机物中除碳外氧化后可能产生阴离子的杂原子。

当有机物仅含有碳、氢、氧，不含其他杂原子时［见式（1）］，氧化后产生的二氧化碳与水中总有机碳含量成正比关系，通过测定氧化器进出口二氧化碳的变化就可计算出有机物中的碳（TOC）含量，此时测量的 TOC 含量与 TOC_i 含量一致。当有机物中除碳外还含有其他杂原子时［见式（2）］，氧化后除产生二氧化碳还会产生氯离子、硫酸根、硝酸根等阴离子（详见附录 A），这时通过测量有机物中所有可能产生阴离子的原子（包括碳）氧化前后电导率的变化，折算为二氧化碳含量（以碳计）的总和即为 TOC_i 含量，而仅测定产生的二氧化碳含量计算得到的是 TOC 含量，这种情况下测得的 TOC_i 含量大于 TOC 含量，TOC_i 含量能更准确地反映出水中有机物腐蚀性的大小。

5 试剂

5.1 试剂水：应符合 GB/T 6903 规定的一级试剂水的要求，且总有机碳含量应小于

$50\mu g/L$。

5.2 试剂纯度：应符合 GB/T 6903 要求。

5.3 TOC 储备溶液（1000mg/L）：准确称取 2.3770g 在 100℃ 烘干 2h 的优级纯蔗糖（$C_{12}H_{22}O_{11}$），用试剂水溶解后定量转移至 1000mL 容量瓶，用试剂水稀释至刻度。此溶液应保存在冰箱的冷藏室，有效期三个月。

5.4 TOC 标准溶液（10mg/L）：准确移取 TOC 储备液 1.00mL 放入 100mL 容量瓶，用试剂水稀释至刻度。此溶液应现用现配。

5.5 氨缓冲液 1（氨含量大约 1200 mg/L）：移取 1.0mL 优级纯的氨水至 200mL 容量瓶中，用试剂水稀释至刻度。此溶液应保存在冰箱的冷藏室，有效期三个月。

5.6 氨缓冲液 2（氨含量大约 120 mg/L）：移取 10mL 氨缓冲液 1 至 100mL 容量瓶中，用试剂水稀释至刻度。此溶液应现用现配。

6 仪器

6.1 仪器的选择：测量 TOC 可选用膜电导法为测量原理或使用非色散红外检测器的仪器。测量 TOC_i 宜使用直接电导法为检测器的仪器，但仪器应具备克服氨、乙醇胺等碱化剂对测量干扰的功能。

6.2 最低检测限不应大于 $10\mu g/L$。

6.3 分析天平：感量 0.1mg。

7 分析步骤

7.1 仪器测试条件的选择：仪器接通，预热后选择工作参数，使 TOC 测定仪处于稳定的工作状态。

7.2 工作曲线的绘制。

7.2.1 按表 1 的要求，用移液管分别移取 TOC 标准溶液（见 5.4 节）至一组 100mL 容量瓶中，向每个容量瓶中加入 1.00mL 氨缓冲液 2，定容至 100.0mL。

表 1 TOC 工作液的配制[a]

编号	1	2	3	4	5	6	7	8	9
加入 TOC 标准溶液体积 mL	0	0.50	1.00	1.50	2.00	4.00	6.00	8.00	10.0
氨缓冲液 2 体积[b] mL	1.00	1.00	1.00	1.00	1.00	1.00	1.00	1.00	1.00
相当水样加入的 TOC 含量 $\mu g/L$	0	50	100	150	200	400	600	800	1000

[a] 也可采用称量法配制总有机碳标准溶液。称取 0.5g～10.0g TOC 标准溶液（见 5.4 节）和 1.0g 氨缓冲液 2 至 100mL 塑料瓶，加入试剂水直至称量质量达到 100.0g，盖上瓶盖，摇匀后进行测定；测量不同含量 TOC 的样品时，可根据测量要求选择至少 4 点制作标准曲线，标准曲线的线性相关系数应达到或高于 0.999。

[a] 加入氨缓冲液是为了模拟水汽系统的水质条件，如测量结果表明加入氨缓冲液与不加氨缓冲液测量结果一致，TOC 工作液配制时也可不加氨缓冲液进行测量。

7.2.2 按照仪器的操作要求测量配制好的标准系列溶液的 TOC 或 TOC$_i$ 含量，同时应进行空白水样的测量。

7.2.3 绘制 TOC 或 TOC$_i$ 含量和响应值（宜为二氧化碳含量，$\mu g/L$）的工作曲线或计算回归方程。

> 注：有机物含量为零的纯水很难制得，因此在进行工作曲线绘制时，标样的值应减掉空白值才是加入标样的响应值。

7.3 水样中 TOC 和 TOC$_i$ 的测定

7.3.1 取样瓶宜采用聚酯、聚乙烯或聚丙烯材质，取样后应迅速密封并尽快测量。

7.3.2 取样后应按照仪器的操作要求进行测量。

7.3.4 根据测得的响应值，查工作曲线或由回归方程计算得出水样中 TOC 或 TOC$_i$ 含量。

8 精密度

TOC 或 TOC$_i$ 含量小于 $200\mu g/L$ 时，两次测量结果的允许差应小于 $10\mu g/L$。

TOC 或 TOC$_i$ 含量在 $200\mu g/L \sim 1000\mu g/L$ 时，两次测量结果的允许差应小于 $20\mu g/L$。

9 分析报告

分析报告至少应包括下列内容：

a）注明引用本标准。

b）受检水样的完整标识：包括水样名称、采样地点、采样日期、采样人、厂名等。

c）水样中 TOC 或 TOC$_i$ 含量，$\mu g/L$。

d）分析人员和分析日期。

附 录 A

（资料性附录）

水中有机物的分解产物及潜在危害

A.1 热力系统有机物来源及潜在危害

有机物中不含卤素、硫等杂原子时，其在热力系统分解产物为甲酸、乙酸等低分子有机酸及二氧化碳；有机物中含氯，硫等杂原子时，其在热力系统分解产物除上述阴离子外还会有氯离子、硫酸根等阴离子。研究证明，水汽中有机物的含量超标会导致汽轮机低压缸叶片的腐蚀，由于低分子有机酸的腐蚀性远小于氯离子、硫酸根等强酸性阴离子，因此有机物对设备腐蚀与有机物中所含氯、硫等杂原子含量有密切关联。如污染严重的冷却水漏入凝结水、系统中添加药品质量不合格、补给水水源污染严重、除盐系统除有机物效率不高及树脂的溶出物较大时，均有可能在水汽系统中引起含卤素、硫等杂原子的有机物。许多电厂的案例表明，水中总有机碳（TOC）含量并未超标但 TOC$_i$ 含量已严重超标，此时已伴随出现蒸汽氢电导率超标及汽轮机低压缸叶片严重腐蚀的情况。因此要防止汽轮机低压缸叶片的腐蚀，应该监测和控制水汽中 TOC$_i$ 含量。

A.2 TOC 与 TOC$_i$ 测量指标的区别

A.2.1 TOC 测量指标的含义

有机物中总的碳含量。其测量原理是通过检测有机物完全氧化前后二氧化碳的含量变化，折算为碳含量来计算有机物中总的碳含量，可使用以膜电导法为测量原理或使用非色散红外检测器的仪器进行测量。不管有机物成分如何变化，水汽中 TOC 含量仅表述有机物中总的碳含量，杂原子的含量不被反映。

A.2.2 TOC$_i$ 测量指标的含义

有机物中总的碳含量及氧化后产生阴离子的其他杂原子含量之和。测量 TOC$_i$ 的原理为去除电厂水汽中的碱化剂及阳离子的干扰后，检测有机物完全氧化前后电导率的变化，折算为二氧化碳含量变化（以碳计）来表述有机物中碳含量及氧化后会产生阴离子的其他杂原子含量之和。测量 TOC$_i$ 应使用直接电导法为检测器的仪器，但仪器应具备客服氨、乙醇胺等碱化剂对测量干扰的功能。水汽中 TOC$_i$ 含量除表述有机物中总的碳含量外，卤素、硫等杂原子的含量也被反映出来，它表述的是 TOC 含量与有机物中杂原子含量之和。

A.3 几种典型有机物的分解产物

A.3.1 由碳氢化合物组成的有机物的分解产物

$$C_x H_y O_z \longrightarrow CO_2 + H_2O \longrightarrow H_2CO_3 \tag{A.1}$$

此时有机物的分解产物仅有二氧化碳，通过测量产生的二氧化碳即可测得总有机碳。如用蔗糖配置 $200\mu g/L$ 的总有机碳溶液，测出的 TOC 及 TOC$_i$ 含量一致，均能用于表征有机物含量。

A.3.2 三氯甲烷的分解产物

$$CHCl_3 \longrightarrow CO_2 + 3HCl \tag{A.2}$$

此时一个三氯甲烷分子的分解产物除一个二氧化碳外，还有三个 HCl，通过测量产生的二氧化碳仅可测得三氯甲烷中的碳，而三个氯离子均未被反应出来；如测量 TOC$_i$ 含量，氯离子产生的电导率可通过二氧化碳的量折算出来，因此可相对准确反应出有机物中杂原子的总量。如配制 $200\mu g/L$ 的三氯甲烷溶液，测得其中 TOC 含量仅为 $20\mu g/L$，TOC$_i$ 含量为 $196\mu g/L$，此时 TOC$_i$ 含量能更准确地反应出有机物中杂原子含量。

A.3.3 阳树脂溶出苯磺酸的分解产物

$$C_6 H_6 O_3 S \longrightarrow 6CO2 + H_2SO_4 \tag{A.3}$$

此时一个苯磺酸分子的分解产物除六个二氧化碳外还有一个 H_2SO_4，通过测量产生的二氧化碳仅可测得有机物中六个碳，而硫离子未被反应出来。如果测量 TOC$_i$ 含量，硫酸根离子产生的电导可通过二氧化碳的量折算出来，因此可以相对准确反应出有机物中杂原子的含量。如 $200\mu g/L$ 的苯磺酸溶液，测得其中 TOC 含量为 $91\mu g/L$，测得的 TOC$_i$ 含量为 $145\mu g/L$，此时 TOC$_i$ 含量能更准确地反应出有机物中杂原子含量。

A.4 有机物分解产生的常见离子的极限摩尔电导率值

有机物分解产生的常见离子的极限摩尔电导率值见表 A.1。

表 A. 1 常见离子在水中的极限摩尔电导率（25℃）

离子	$\Lambda_+^\infty \times 10^4$ $S \cdot m^2 \cdot mol^{-1}$	离子	$\Lambda_+^\infty \times 10^4$ $S \cdot m^2 \cdot mol^{-1}$
H^+	349.82	NH_4^+	73.5
OH^-	198.6	CO_3^{2-}	144
Cl^-	76.35	$HCOO^-$	54.5
HCO_3^-	170	NO_3^-	71.4
F^-	54.4	SO_4^{2-}	160
CH_3COO^-	40.9	PO_4^{3-}	207

附录 G 水的氧化还原电位测量方法
（DL/T 1480—2015）

1 范围

本标准规定了水的氧化还原电位测量的仪器和方法。

本标准适用于水的氧化还原电位的实验室测量和在线测量。

2 规范性引用文件

下列文件对于本文件的应用是必不可少的。凡是注日期的引用文件，仅注日期的版本适用于本文件。凡是不注日期的引用文件，其最新版本（包括所有的修改单）适用于本文件。

GB/T 6903 锅炉用水和冷却水分析方法 通则

GB/T 6907 锅炉用水和冷却水分析方法 水样的采集方法

3 术语和定义

下列术语和定义适用于本标准。

3.1

氧化还原电位 oxidation-reduction potential；ORP

由贵金属（铂或金）指示电极、标准参比电极和被测溶液组成的测量电池的电动势。氧化还原电位与溶液组成的关系见公式（1）：

$$E_m = E^\circ + 2.3\frac{RT}{nF}\lg\frac{a_{ox}}{a_{red}} \tag{1}$$

式中：

E_m——氧化还原电位，又称 ORP；

E°——常数，取决于所使用的参比电极；

R——气体常数；

T——热力学温度，K；

n——反应过程中得失电子数；

F——法拉第常数；

a_{ox}、a_{red}——反应过程中氧化性物质、还原性物质的活度。

4 方法概述

本标准用于测量水溶液中贵金属电极和参比电极间的电动势，即氧化还原电位。方法描述了测量使用的仪器设备、检验方法和测量方法。由于氧化还原电极是惰性的，因此测量的是溶液中氧化性物质和还原性物质的活度比。

5 意义和用途

氧化还原电位是水溶液氧化性或还原性相对程度的表征。氧化还原电位的测量主要用于

（内容）

6 水的氧化还原电位测量影响因素

6.1 溶液

氧化还原电位的测量电极能够可靠测量绝大多数水溶液的氧化还原电位，通常不受溶液颜色、浊度、胶体物质和悬浮物等干扰。

6.2 温度

水溶液的氧化还原电位易受溶液温度变化的影响，但由于影响小且反应复杂，可不进行温度补偿。只有在需要确定氧化还原电位与溶液离子活度之间的关系时才进行温度补偿。

6.3 pH

水溶液的氧化还原电位通常易受 pH 变化的影响，即使氢离子和氢氧根离子不参与反应。氧化还原电位通常随着氢离子活度的增加而增大，随着氢氧根离子活度的增加而减小。

6.4 重现性

非可逆化学体系的氧化还原电位不可重现。大部分天然水和地表水为非可逆体系或者易受空气影响的可逆体系。

6.5 电极表面状态

如果贵金属电极表面存在海绵状物质，即使反复冲洗电极，也可能无法洗净吸附的物质，尤其当测量完高浓度溶液后立即测量低浓度溶液时，电极可能存在"记忆效应"。为使测量准确，不能使用铂黑电极，而应选用光亮铂或金电极，并将电极表面抛光。

6.6 溶液组分

溶液的氧化还原电位是溶液中各种组分相互作用的结果，可能不代表任何单一化学物质。

7 仪器

7.1 氧化还原电位测定仪

根据使用要求选择氧化还原电位测定仪。分辨率为 1mV 的仪表可满足测量要求。具备毫伏显示功能的 pH 计可用于氧化还原电位测量，应选择合适的电极和量程。远程测量氧化还原电位时，需采用专门的屏蔽电缆连接电极与二次仪表。

7.2 参比电极

参比电极应选用甘汞、银－氯化银或其他具有恒定电位的电极。使用饱和甘汞电极时，饱和氯化钾溶液中应含有氯化钾晶体。如果参比电极为内充液外流型，电极内充液压力应略高于外部溶液，使内充液能缓慢向外流动；测量池不带压时，保持内充液液面高于外部溶液即可。对于参比电极为内充液不外流型，不考虑内充液向外流动和测量池压力。参比电极应满足 11.2 的检验要求。

7.3 贵金属电极

贵金属电极常用铂或金。电极结构应保证只有贵金属和待测溶液接触，与溶液接触的贵金属面积宜为 $1cm^2$ 左右。

7.4 电极组件

取样测量时，可使用电极支架。在线测量时，可根据应用条件选用不同类型的测量池。

8 试剂和溶液

8.1 试剂纯度

应使用分析纯及以上试剂。

8.2 水的纯度

应使用符合 GB/T 6903 规定的二级以上试剂水。

8.3 王水

将 1 体积浓硝酸（HNO_3，密度 $1.42g/cm^3$）和 3 体积浓盐酸（HCl，密度 $1.18g/cm^3$）混合。宜现用现配。

8.4 缓冲溶液

8.4.1 邻苯二甲酸氢钾缓冲溶液（缓冲液标准 pH 值为 4.00，25℃）

准确称取邻苯二甲酸氢钾（$KHC_8H_4O_4$）10.12g，溶解于水中并定容至 1L。

8.4.2 磷酸盐缓冲溶液（缓冲液标准 pH 值为 6.86，25℃）

准确称取经 130℃ 干燥 2h 并冷却至室温的磷酸二氢钾（KH_2PO_4）3.39g 和磷酸氢二钠（Na_2HPO_4）3.53g，溶解于水中并定容至 1L。

8.5 铬酸清洗液

称取重铬酸钾（$K_2Cr_2O_7$）5g，溶解于 500mL 浓硫酸（H_2SO_4，密度 $1.84g/cm^3$）中。

8.6 洗涤剂

可使用市售的"低泡沫"液态或固态洗涤剂。

8.7 硝酸 (1+1)

用 70%的浓硝酸，与除盐水按体积比 1∶1 稀释。

8.8 亚铁-铁氧化还原标准溶液

取硫酸亚铁铵 $[(NH_4)_2Fe(SO_4)_2 \cdot 6H_2O]$ 39.21g、硫酸铁铵 $[NH_4Fe(SO_4)_2 \cdot 12H_2O]$ 48.22g 及浓硫酸（H_2SO_4，密度 1.84g/cm³）56.2mL，溶解于水中并定容至 1L。配制的溶液应密闭保存在玻璃或塑料容器中。该溶液是较稳定的氧化还原电位标准溶液。表 1 给出了 25℃下铂电极与不同参比电极配对在亚铁-铁标准溶液中的氧化还原电位。

表 1　25℃下铂电极与不同参比电极配对在亚铁-铁标准溶液中的氧化还原电位

参 比 电 极	ORP mV
Hg，Hg_2Cl_2，饱和 KCl	+430
Ag，AgCl，1.00mol/L KCl	+439
Ag，AgCl，4.00mol/L KCl	+475
Ag，AgCl，饱和 KCl	+476
Pt，H_2 ($p=1$)，H ($a=1$)	+675

8.9 醌氢醌氧化还原标准溶液

将 10g 醌氢醌溶于 1L pH＝4.00 的缓冲溶液（见 8.4.1）。将 10g 醌氢醌溶于 1L pH＝6.86 的缓冲溶液（见 8.4.2）。两种溶液中应保持过量的醌氢醌固态存在。该溶液有效期为 8h。表 2 给出了 20、25、30℃下醌氢醌标准溶液的氧化还原电位。

表 2　醌氢醌标准溶液的氧化还原电位

参 比 电 极	ORP mV					
	pH＝4.00 的醌氢醌标准溶液			pH＝6.86 的醌氢醌标准溶液		
	20℃	25℃	30℃	20℃	25℃	30℃
Ag，AgCl，饱和 KCl	268	263	258	100	94	87
Hg，Hg_2Cl_2，饱和 KCl	223	218	213	55	49	42
Pt，H_2 ($p=1$)，H ($a=1$)	470	462	454	302	293	283

8.10 碘-碘化物氧化还原标准溶液

取碘化钾（KI）664.04g、再升华的碘（I_2）1.751g、硼酸（H_3BO_3）12.616g 及 1.0mol/L 氢氧化钾（KOH）20mL，溶解于水中并定容至 1L，混匀。该溶液的有效期为 1 年，在玻璃或塑料容器中密闭保存。表 3 给出了铂电极与不同参比电极配对在碘-碘化物标准溶液中的氧化还原电位。

表3　铂电极与不同参比电极配对在碘－碘化物标准溶液中的氧化还原电位

参 比 电 极	ORP mV		
	20℃	25℃	30℃
Ag，AgCl，饱和 KCl	220	221	222
Pt，H_2（$p=1$），H（$a=1$）	424	420	415
Hg，Hg_2Cl_2，饱和 KCl	176	176	175

9　取样

取样可参考 GB/T 6907。

10　准备

10.1　电极保存

按照厂家推荐的方法对氧化还原电位电极进行维护和保养。不测量时应将电极测量部分置于水中。长期保存时，应将参比电极的扩散孔和内充液添加孔套上保护罩，防止内充液的蒸发。

10.2　贵金属电极清洗

宜每天对电极进行清洗。使用洗涤剂或细磨料（如牙膏）进行初步处理，去除电极表面的异物。如果未能达到要求，则先使用硝酸（1＋1）清洗，再用水洗净，或在室温下将电极浸入铬酸清洗液中数分钟，再用稀盐酸冲洗，最后用水洗净。如果以上方法仍未能达到要求，则将贵金属电极浸入王水（70℃）中 1min。由于贵金属溶解于王水，因此电极浸入时间不能超过规定值，同时应防止玻璃－金属密封圈因温度骤变产生裂纹。

11　检验

11.1　零点检验

按照厂家说明启动仪表，将仪表输入端短接检验零点，仪表示值应在±0.5mV 范围内。

11.2　氧化还原标准溶液检验

用流动除盐水冲洗电极。使用 8.8、8.9、8.10 中的一种或多种氧化还原标准溶液检验电极的响应。将电极浸入标准溶液中，仪表示值与溶液标称电位偏差的绝对值应不超过30mV。更换新鲜的标准溶液后再次测量，两次仪表示值偏差的绝对值应不超过 10mV。

12　测量

12.1　取样测量

按照 11 所述对电极和二次仪表组件进行检验后，用流动除盐水冲洗电极。将水样倒入干净的玻璃杯，将电极浸入水样中，并在测量过程中充分搅拌，待仪表示值稳定后读数。连续多次测量，直至两次测量示值偏差的绝对值不超过 10mV。对于氧化还原电位不稳定的水样，可能无法测得有意义的氧化还原电位。

12.2 在线测量

配有电极和测量池的氧化还原电位测定仪能够进行在线测量，为工艺过程的全自动控制提供信号。要根据所测水样和测量条件选择相应的电极和测量池。安装测量池时应确保水样连续稳定地流经电极。通常仪表连续显示并记录氧化还原电位值。必要时需要连续测量、记录并保存 pH 值。

13 计算

13.1 记录仪表氧化还原电位示值（mV）及所用的贵金属电极和参比电极种类。

13.2 如果以标准氢电极做参比电极表示氧化还原电位，则应按公式（2）计算：

$$E_h = E_{obs} + E_{ref} \tag{2}$$

式中：

E_h——相对氢电极的氧化还原电位，mV；

E_{obs}——所用参比电极实测的氧化还原电位，mV；

E_{ref}——实测时所用参比电极相对氢电极的电位，mV。

14 报告

报告中氧化还原电位的测量结果保留整数。报告中宜注明测量时的温度和 pH 值。

15 精密度和偏差

15.1 协同试验

由不同人员测量标准溶液和测量一系列水样（包括蒸馏水、加药蒸馏水、自来水、加氯消毒的自来水和标准缓冲溶液），得到协同试验数据。由于氧化还原电位测试水样的不稳定性，未得到不同实验室之间的精密度。

本协同试验由 8 名测量人员分别使用两台仪器进行测试。所有测量人员用同一台仪器测量的结果计算出单人标准差，所有测量人员使用不同仪器测量的结果计算得出总体标准差。

15.2 精密度

表 4 给出了单人标准差（S_O）和总体标准差（S_T）。在蒸馏水中无法测得稳定的氧化还原电位，其测量值为 170mV～547mV，表 4 中未给出蒸馏水的精密度数据。取样时未能考虑自来水氧化还原电位的变化，其测量值为 166mV～504mV，因此表 4 中未给出自来水的精密度数据。

表 4 精　密　度

水　　样	饱和醌氢醌的除盐水溶液	碘 - 碘化物标准溶液	池　　水
平均值 mV	172.8	214.8	593.0
单人标准差（S_O）	14.3	3.8	16.5
总体标准差（S_T）	24.4	6.3	57.7

15.3 偏差

表 5 给出了测量已知标准溶液时的偏差。

表 5 偏　　差

水　　样	pH＝7.00 的醌氢醌标准溶液	碘 - 碘化物标准溶液	pH＝4.00 的醌氢醌标准溶液
平均值 mV	86.4	213.8	259.8
偏差 mV	−2.6	−6.2	−5.2
显著性	否	是	否

16 质量控制

16.1 质量控制程序

16.1.1　初始检验应符合下列要求：

a) 将仪表输入端短接检验零点，仪表示值应在±0.5mV 范围内。

b) 按照 11.2 检验在氧化还原标准溶液中的测量值，并满足要求。

16.1.2　仪表投入运行后，每日应进行下列检验：

a) 将仪表输入端短接检验零点，仪表示值应在±0.5mV 范围内。

b) 按照 11.2 检验在氧化还原标准溶液中的测量值，若不满足 11.2 的要求，则按照 10.2 的要求清洗电极。若清洗后仍不满足 11.2 的要求，则更换电极。

16.2　由于在试剂水中氧化还原电位不稳定，因此空白试验无意义。

16.3　可使用定量的氧化性或还原性试剂进行加标试验，但此法难度极高，在氧化还原电位的常规测量中不作要求。

16.4　个人和实验室精密度可通过重复性试验确定。

附 录 A

（资料性附录）

本标准与 ASTM D 1498—08 相比的结构变化情况

本标准与 ASTM D 1498—08 相比在结构上有较多调整，具体章条编号对照情况见表 A.1。

表 A.1　本标准与 ASTM D 1498—08 的章条编号对照情况

本标准章条编号	对应 ASTM 标准章条编号
前言	—
1	1.1
—	1.2，1.3
—	3.2
5	5.1
—	5.2
7.1	7.1.1，7.1.2
8.8	8.8，8.8.1
16.1.1	16.2
16.1.1 a)	16.2.1
16.1.1 b)	16.2.2
16.1.2	16.3
16.1.2 a)	16.3.1
16.1.2 b)	16.3.2，16.3.3，16.3.4
16.2	16.4
16.3	16.5
16.4	16.6
—	17
附录 A	—
附录 B	—
附录 C	附录 X1

附 录 B
（资料性附录）
本标准与 ASTM D 1498—08 的技术性差异及其原因

表 B.1 给出了本标准与 ASTM D 1498—08 的技术性差异及其原因。

表 B.1 本标准与 ASTM D 1498—08 的技术性差异及其原因

本标准章条编号	技术性差异	原 因
1	删除"测试方法未详述各种溶液的配制方法、氧化还原电位的理论解释，或者任何给定体系中标准氧化还原电位的建立。"	适应我国标准的编写要求，删除不必要的说明
1	删除 ASTM D 1498—08 中 1.2、1.3	适应我国标准的编写要求，无此方面内容
2	具体调整如下： ——用 GB/T 6903 代替了 ASTM D 1193（见 8.2）； ——用 GB/T 6907 代替了 ASTM D 3370（见 9）； ——删除 ASTM D 1129、ASTM D 2777	适应我国标准的编写要求，便于国内标准使用者使用
3	删除 ASTM D 1498—08 中 3.2	无其他需对应参考标准的术语和定义
3.1	将"A_{ox}"修改为"a_{ox}"，将"A_{red}"修改为"a_{red}"	符合我国符号表述习惯
5	删除"金属电镀槽中氰化物和铬废液的处理过程控制"，删除 ASTM D 1498—08 中 5.2	与本标准主旨无关
6	6.1~6.6 分别增加标题	适应我国标准的编写要求，便于国内标准使用者使用
6.4	删除"某些氧化还原滴定中终点电位的测量即为此类型。"	删除不必要的解释性内容
7.1	删除"与实验室精密仪表相比，在线 pH 计测定结果的精密度和准确性较差。"	不符合国内行业实际情况
7.4	删除"例如开口容器、工艺管线、压力容器或高压管线中的测量"	删除不必要的解释性内容
8.1	将"试剂纯"修改为"分析纯"，删除"所有试剂应符合美国化学学会关于分析试剂的规定"	采用我国试剂纯度等级表述方法，便于国内标准使用者使用
8.2	修改了水的纯度的参考标准	为了便于我国标准使用者使用本标准，用 GB/T 6903 代替 ASTM D 1193
8.4	将 8.4"缓冲性标准盐"修改为"缓冲溶液"，将表 1 中的内容移至 8.4.1、8.4.2 后，删除表 1，调整后续表格编号	表述更为简洁、合理
8.8	删除"溶液配制使用的试剂纯化学试剂成分与标称组成差别应小于 1%"	8.1 中已有规定
8.8	将 $Fe(NH_4)_2 \cdot (SO_4)_2 \cdot 6H_2O$、$FeNH_4(SO_4)_2 \cdot 12H_2O$ 分别修改为 $(NH_4)_2Fe \cdot (SO_4)_2 \cdot 6H_2O$、$NH_4Fe(SO_4)_2 \cdot 12H_2O$	符合我国药品名称化学式表述习惯

表 B.1（续）

本标准章条编号	技术性差异	原　因
8.9	将"将 10g 醌氢醌溶于 1L pH＝7 的缓冲溶液（见 8.4.2）。"修改为"将 10g 醌氢醌溶于 1L pH＝6.86 的缓冲溶液（见 8.4.2）。"	8.4.2 中溶液 pH 为 6.86
8.9	将 ASTM D 1498—08 表 3 中 pH＝7 的醌氢醌标准溶液的氧化还原电位修改为 pH＝6.86 的醌氢醌标准溶液的氧化还原电位，删除 pH＝9 的醌氢醌标准溶液的氧化还原电位	给出 pH＝6.86 的醌氢醌标准溶液的氧化还原电位，与配制的标准溶液对应，便于标准的使用；标准未给出 pH＝9 的醌氢醌标准溶液的配制方法，同时 pH＝9 的醌氢醌标准溶液的稳定性较差
8.9	将 ASTM D 1498—08 表 3 中"Ag/AgCl"修改为"Ag，AgCl，饱和 KCl"，将"甘汞"修改为"Hg，Hg_2Cl_2，饱和 KCl"，将"氢"修改为"Pt，H_2（p＝1），H（a＝1）"	表述更为清楚，格式统一
8.10	将 ASTM D 1498—08 表 4 标题中的"mV"移至表头	适应我国标准的编写要求，便于国内标准使用者使用
9	修改了取样的参考标准	为了便于我国标准使用者使用本标准，用 GB/T 6907 代替 ASTM D 3370
11	将"标准化"修改为"检验"	表述更为合理，便于理解
11.1	增加标题"零点检验"	适应我国标准的编写要求，便于国内标准使用者使用
12	将"步骤"修改为"测量"	表述更为准确
12.1	增加标题"取样测量"	适应我国标准的编写要求，便于国内标准使用者使用
12.2	将"流动或批量水样氧化还原电位的连续测量"修改为"在线测量"，删除"搅拌可使过程或批量水样更加均匀。"	适应我国标准的编写要求，便于国内标准使用者使用
13.1	将"电极系统"修改为"贵金属电极和参比电极"	表述更为明确
13.2	将"E_{ref}——所用参比电极相对氢电极的氧化还原电位，mV。"修改为"E_{ref}——实测时所用参比电极相对氢电极的电位，mV。"	表述更为准确
15.1	增加标题"协同试验"，将 ASTM D 1498—08 中 15.4 合并至 15.1，并删除"单人标准差与总体标准差的加和可反映不同实验室之间总体标准差的期望值。"	便于标准使用者理解
15.2	删除"由于没有足够的氧化还原电极对"	表述更为简洁
C.1	将"氧化还原电位电极测量溶液中的净电位"修改为"氧化还原电位仅反映溶液的特性"	便于标准使用者理解
C.3.1	将"E 与 T 关系曲线的斜率直接与温度 T 有关"修改为"E 与活度关系曲线的斜率直接与温度 T 有关"	表述更为准确
C.3.2	将"E 与 T 关系曲线的斜率不仅取决于 T"修改为"E 与活度关系曲线的斜率不仅取决于 T"	表述更为准确

附　录　C
（资料性附录）
氧 化 还 原 电 位

C.1　氧化还原电位的意义

氧化还原电位反映水溶液中氧化性物质和还原性物质的比例，不针对某种具体物质（与pH 测量不同）。氧化还原电位仅反映溶液的特性，可判断溶液氧化或还原能力的强弱。

C.2　氧化还原电位测量在废水处理中的应用

C.2.1　氧化还原电位测量常用于工业过程控制，监测发生氧化或还原反应的废水处理。通常仅对溶液中的某种物质进行处理，此时基本能够准确预测其氧化还原情况。例如电镀行业的废水处理，将氰化物氧化为氰酸盐（必要时可进一步氧化为二氧化碳和氮气），以及将铬由六价还原为三价。如果能够控制 pH 恒定，测量氧化还原电位可有效控制上述过程。

C.2.2　如果能够建立氧化还原电位与过程反应的对应关系，氧化还原电位测量除了用于具体物质处理的过程控制，也可用于非特指物质。例如在加氯处理城市废水时，氧化还原电位与气味大小具有相关性，能够用于气味控制。同样，监测废水的氧化还原电位，可防止废水处理材料被还原性或氧化性成分破坏。

C.3　温度对氧化还原电位测量的影响

C.3.1　温度对氧化还原电位测量的影响可用能斯特方程表示：

$$E = E^\circ + 2.3 \frac{RT}{nF} \lg Q \tag{C.1}$$

式中：

E——测量电位；

E°——25℃下参与反应各组分为单位活度时的电位；

R——气体常数；

T——热力学温度，K；

n——反应过程中得失电子数；

F——法拉第常数；

Q——氧化性物质活度积与还原性物质活度积之比。

E° 随温度变化，使 E 发生相同变化；E 与活度关系曲线的斜率直接与温度 T 有关；活度随温度变化，也会使 E 发生变化。

C.3.2　由于能斯特方程中存在 n，因此氧化还原电位测量很少进行自动温度补偿。E 与活度关系曲线的斜率不仅取决于 T，还与 n 有关，因此补偿值大小不同。如果确切知道氧化还原反应过程，且已知 n 值，则可进行自动温度补偿；如 n 值不可知或为变量，则无法进行自动温度补偿。

C. 4 极性检查

通过将二次表与已知极性的电池相连，可确定二次表接线端的极性。为防止仪表测量电位过高时超量程，可将电池与电阻接成分压电路，再与二次表连接。

C. 5 提高测量精密度

对于精密度要求在±5mV 范围内的电化学可逆系统，应控制电极和水样温度变化绝对值不超过 1℃。使用流动液接型的银－氯化银参比电极可避免温度滞后。

参 考 文 献

［1］崔执应．水分析化学．北京：北京大学出版社，2006．

［2］武汉大学．分析化学实验．4 版．北京：高等教育出版社．2010．

［3］何以侃．分析化学手册第三分册　光谱分析．北京：化学工业出版社，1998．

［4］刘约权．现代仪器分析．2 版．北京：高等教育出版社，2006．

［5］李安模，魏继中．原子吸收及原子荧光光谱分析．北京：科学出版社，2000．

［6］王世平．现代仪器分析原理与技术．哈尔滨：哈尔滨工程大学出版社，1999．

［7］牟世芬，等．离子色谱方法及应用．2 版．北京：化学工业出版社，2005．

［8］孙炳耀．数据处理与误差分析基础．开封：河南大学出版社，1990．